U0881656

编 委 会

顾　　问　Murray Stein　Thomas Kirsch
John Beebe　Paul Kugler
Joe Cambray

主　　编　申荷永

副 主 编　杨韶刚　冯　川　王浩威　高　岚

主编助理　徐维东　张　敏　陈　侃　杨登乐

编　　委　成　穷　吴和鸣　朱彩方　范红霞
李孟潮　蔡成后

荣格精选集
C. G. JUNG

英雄与母亲

[瑞士] C. G. 荣格 著 范红霞 译

译林出版社

图书在版编目（CIP）数据

英雄与母亲 /（瑞士）C.G.荣格（C. G. Jung）著 ; 范红霞译. -- 南京 : 译林出版社, 2025. 7. --（荣格精选集 / 申荷永主编）. -- ISBN 978-7-5753-0652-2

Ⅰ. B84-065

中国国家版本馆CIP数据核字第2025N9W167号

Collected Works of Carl Gustav Jung

Simplified Chinese language edition arranged through Stiftung der Werke von C.G. Jung c/o Paul & Peter Fritz AG, Literary Agency
Simplified Chinese translation copyright © 2025 by Yilin Press, Ltd
All rights reserved.

著作权合同登记号　图字: 10-2012-30 号

英雄与母亲　[瑞士] C.G.荣格 / 著　范红霞 / 译

责任编辑　王瑞琪
装帧设计　胡　苨
校　　对　王　敏
责任印制　董　虎

出版发行　译林出版社
地　　址　南京市湖南路 1 号 A 楼
邮　　箱　yilin@yilin.com
网　　址　www.yilin.com
市场热线　025-86633278
排　　版　南京展望文化发展有限公司
印　　刷　江苏凤凰通达印刷有限公司
开　　本　880 毫米 ×1240 毫米　1/32
印　　张　18.125
插　　页　2
版　　次　2025 年 7 月第 1 版
印　　次　2025 年 7 月第 1 次印刷
书　　号　ISBN 978-7-5753-0652-2
定　　价　79.00 元

版权所有 · 侵权必究

译林版图书若有印装错误可向出版社调换。质量热线：025-83658316

出版说明

“荣格精选集”简体中文版由瑞士苏黎世荣格作品基金会授权译林出版社出版。译本以20卷的瓦尔特出版社德文版和普林斯顿大学出版社英文版为底本，由申荷永教授精选其中关键篇目，并组织专业译者进行译介，意在向广大读者介绍荣格分析心理学的要旨。书中边码为原书段落码，插图编号为原书编号，方便读者检索。书中保留荣格原注、英译注、英编注，并增补了部分中译注，详细的参考文献可见http://www.yilin.com/Book/BookView?BookID=9284，希望有助于读者研读查考。《英雄与母亲》节选自Jung, C.G. *Symbols of Transformation: An Analysis of the Prelude to a Case of Schizophrenia*, Princeton University Press, 1956, pp.121—462。

译林出版社

导 读

英雄与母亲

《英雄与母亲》是荣格的早期著作，选自《荣格全集》第5卷第二部分。《荣格全集》第5卷原名为《力比多的变化与象征》(*Wandlungen und Symbole der Libido*)，1912年出版。正是该著作引发了荣格与弗洛伊德之间的分裂。从此，荣格陷入低谷，近于抑郁，开始了其面对与深入无意识的孤独旅程。

后来，荣格用《无意识心理学》来修订《力比多的变化与象征》；最后，在我们目前所看到的《荣格全集》中，该卷书名为《转化的象征》(*Symbols of Transformation*)；其变化也正反映了荣格分析心理学的发展脉络。

在《英雄与母亲》中，荣格仍然是从"力比多的变形"开始的，然后述及"英雄的起源"，接着呈现"母亲和重生之象征"，以及"从母亲那里解脱的战争"、"二分的母亲"和"牺牲"(或者“献祭”)；冥冥之中，他似乎已预知其著作出版后必然的转变，包括与弗洛伊德的分裂；撰写这部著作的同时，他也为自己深入无意识，接触“深度精神”(spirit of the depths)做了准备。

弗洛伊德在其《性学三论》中提出“力比多”概念——一种基于性力，性的本能欲望和能量的表达，并用其来解释神经症的形成及其背后的原因，几乎成为精神分析的信条。然而，在1911年，荣格撰写《力比多的变化与象征》时，他便从文化的视野来扩展对力比多的理解，尤其是象征性的表达和意象的寓意。实际上，更早的时候，荣格在其《早发性痴呆病心理学》(1906)中，便尝试使用“心理能量”(psychic energy)作为近似于力比多的表达。荣格在其《回忆·梦·思考》中说:“我真正的科学研究开始于1903年所进行的联想测验的实验。我认为这是我在从事自然科学方面的第一次科学研究。《词语联想研究》写出后，我又写了两篇精神病学方面的论文:《早发性痴呆心理》和《精神病的内容》。1912年，我的著作《转变的象征》出版了，而我与弗洛伊德的友谊也至此告终了，从那时候起，我便得单独去打天下了。”

阅读《英雄与母亲》，以及《转化的象征》，我们有机会感受在弗洛伊德精神分析基础上的分析心理学发展。荣格的导论，便是从弗洛伊德《梦的解析》开始，以“俄狄浦斯情结”(Oedipus Complex)的象征与意义作为切入点，包括其中无意识深处的乱伦幻想和意象，力比多的变形及其影响。荣格坦言，弗洛伊德著述中所呈现的俄狄浦斯传奇是伟大的心理学创作，于是我们必然要面对精神分析的“恋母情结”，尽管这是需要我们每个人鼓起勇气才能面对和理解的心理学事实。在荣格看来，这当然不仅仅是神话传说，正如弗洛伊德对于莱昂纳多·达·芬奇的个案研究与分析，这也正是当代人的心结所在，不管是英雄还是母亲。

与弗洛伊德有所不同，荣格不仅注重神话传说的文本及其象征，更注重象征背后的原型意象及其表达。于是，在《英雄与母亲》中，荣格深入解析俄狄浦斯的神话及其寓意。在荣格看来，俄狄浦斯破解了斯芬克斯之谜，就以为自己已经战胜了大母神派来的挑战者，殊不知此时的他已然成为母系乱伦的牺牲品；他由此将要娶自己的母亲伊娥卡斯特为妻并与其生育子女。

于是，作为恋母情结原型的俄狄浦斯神话固然十分重要，几乎是精神分析的核心神话，然而，神话形成的过程，心灵制造神话的事实则更为重要。这是荣格的基本观点。斯芬克斯的母亲厄喀德那本是大地母神盖亚的女儿。在斯芬克斯之外，海怪斯库拉、蛇发女怪戈耳工三姐妹（包括美杜莎），还有地狱犬刻耳柏洛斯，以及啄食普罗米修斯肝脏的那只秃鹰，都与厄喀德那有所关联。于是，在荣格看来，俄狄浦斯所代表的恋母情结其实非常复杂，世人不能满足于俄狄浦斯猜出斯芬克斯小儿般的谜语，而应该鼓起勇气，继续探寻谜语背后的隐秘。在《英雄与母亲》中，荣格给出这样一种解读：所谓的斯芬克斯谜语，实际上是斯芬克斯为俄狄浦斯设下的陷阱；陷入陷阱的俄狄浦斯，就此犯下乱伦之罪。这千古谜语由斯芬克斯来传递，真正解谜的线索，正在于其自身，其作为厄喀德那的女儿，以及厄喀德那背后的大地母神盖亚。

于是，在荣格的《英雄与母亲》中，我们每个人内心深处或者无意识中的内容，也总是与远古的神话遥相呼应。荣格在书中借用诸多神话传说与考古资料，以及原始文化的图画，来确认这种特殊的心理联结，同时也是在为其集体无意识与原型理论做论证。

《英雄与母亲》的最后部分，是作为附录的“米勒的幻想”。米勒小姐（Frank Miller）的幻想与创作，她在幻想与梦中创作的颂歌与诗篇，以及荣格的分析与阐释，其中的原型意象与象征意义，构成《转化的象征》第一部分。荣格是通过西奥多·弗卢努瓦（Théodore Flournoy）了解到有关米勒小姐的个案的，深受其幻想与梦中创作的吸引，投入精力进行研究，完成其《力比多的变化与象征》或《无意识心理学》的探索。早期的荣格，充满激情和诗意，对米勒小姐的无意识创作多有共鸣，也常引用诗人的意象，比如荷尔德林。荣格说：“在力比多的所有象征中，最精妙的象征莫过于被构思为魔鬼或英雄的人物形象。在此构思中，象征离开了具体的客体，离开了浩瀚星空中的物质领域以及气象中的风云闪电的意象，呈现出了人的形式，并进而把他转化成为一个历经欢乐到悲伤、悲伤到欢乐的人。而且，其生命轨迹犹如一轮红日，历经高悬天顶、暗入地线，旋即又身披金色光芒再次跃上天际。人的生命亦如天上的太阳，凭着自身的旋转，依照自身内在的法则，自清晨开始上升，直到正午落在天穹之顶，随即转而向下直到黄昏，留下它的光辉，毅然投身到无边无际的黑夜；人的生命何曾不是如此？”这便是《英雄与母亲》中的荣格，富有诗意的心理分析师。犹如荷尔德林《在柔媚的湛蓝中》中的表达：“人生充满劳作，然而人诗意地栖居在大地上。”荣格的早期著作，如《英雄与母亲》和《转化的象征》，以及《心理类型》(1921)等，都是如此充满诗意。荣格也为自己的这种风格做过特殊说明，就他所面对的无意识表达，幻想和意象，其背后的本质而言，诗人可作为导师，心理学家可以从诗中获得启示和指引。

《转化的象征》由范红霞[1]、张敏[2]和高彬翻译，《英雄与母亲》主要是范红霞完成。从某种程度上说，这部著作可以作为荣格分析心理学的专业入门书，我们不仅可以从阅读中获得荣格对精神分析经典问题的观点与发展，而且可以感受年轻荣格

1　范红霞，心理分析博士，山西大学心理学教授，具有国际资质的心理分析师(IAAP)，澳门城市大学兼职博士导师。

2　张敏，心理分析博士，博士后，资深编辑与出版人，具有国际资质的心理分析师(IAAP)，澳门城市大学兼职博士导师。

的情怀与志向。正如荣格1950年为《转化的象征》第四版撰写的序言中的表达，他1911年写作《力比多的变化与象征》时三十六岁，遭遇一生极为关键的转折，面临与弗洛伊德分裂，以及几乎近于蜕变的心灵体验。从那以后，荣格开始创作《红书》，寻找灵魂，上穷碧落下黄泉，最终感悟自性，获得自在。此著作虽三易其名，从《力比多的变化与象征》到《无意识心理学》到《转化的象征》，似乎已是包含荣格整体思想发展的轨迹，均具有重要的原型意象与启示，尤其是其中英雄与母亲的主题。

申荷永

2019年3月于洗心岛

目　录

一

引　言

176 在开始阐述这一部分内容之前，我们有必要回顾一下与其相关的内容。在分析诗歌《逐日飞蛾》时，我们用一种独特的分析思路揭示了这首诗的深层意义。虽然这首诗与之前的"赞美诗"有所不同，但出于对太阳进一步探究的渴望，当我们仔细研读这首诗的时候，我们会被它引入神话般的思想王国，从而感悟到这些思想与前面第一首"造物主"之诗所表达的思想之间的隐秘联系。造物主的双重意义清晰地表现在约伯的案例中，但此刻的"造物主"已经带有天文学、占星术以及性格上的特征。他已经变成了太阳，因此找到了一种自然表达的方法，并且这种表达超越了他与天父、魔鬼对立的道德区分。正如雷纳（Renan）所说：不管我们采纳原始野蛮人的观点，还是依据现代科学的观点，太阳都确实是唯一"合理"的上帝意象。无论在哪一种情况下，太阳都是“天父”的象征。他赋予万物生命与成长，他孕育生命，是造物主，又是天地能量之源。人类灵魂已经陷入的不协调，通过人们熟知的、没有任何内在冲突的自然客体——太阳，能够被和谐地解决。太阳并不只是有益的，它也可以摧毁万物。因此，表达八月酷暑的就是黄道十二宫中那只破坏性的狮子，这只狮子就是传说中的参孙（Samson）[1]为了帮助大地摆脱干旱的磨难而用力斯杀的那只肆虐的狮子。然而，太阳的本性就是要灼烧，并且这种灼烧的能量对于人类而言是再自然不过的事情。它平等地照耀正义，也温暖非正义；让有益的生命繁荣昌盛，也一样让有害的生命沐浴阳光。因此，在这个世界上，太阳是表征上帝的最完美且最合适的可见意象。比如来自我们自己灵魂的创造力，即我们称之为“力比多”的能量，其本性就是既能产生有益的能量，又能产生有害的能量；它可以使事物向好的方向发展，也可以向坏的方向发展。这种比喻不只是文字问题，我们可以从神秘主义教派的教义中发现：当其潜沉到自身存在的深度时，就会在“心中”发现太阳的意象，发现被合理地称为“太阳”的自身生命能量。而且，也可以说这是一种**物理**理由，因为我们的能力之源与生命之源确实就是来自太阳。从生理学上看，我们的生

1　参孙，作为太阳神。See Steinthal, “Die Sage von Simson”. 如同密特拉教的“公牛献祭”一样，参孙宰杀狮子，是神的自我牺牲的预示。

命被视为一种能量过程，完全就是一个太阳能。关于神秘主义者对这种太阳能的特殊本质的内在理解，印度神话描绘得相当清楚。下面有关鲁陀罗（Rudra）[1]的片段，选自《白识净者奥义书》（*Shvetashvatara Upanishad*）：

> 只有一个鲁陀罗，他们不允许有第二个，鲁陀罗用他的能量统治着全世界。他站在众生的身后，守护着众生；他创造了众生，并在时间终止的那一刻将众生聚集在一起。
>
> 他眼观六路，面向八方，无所不及，无处不在。他是创造宇宙和大地之神，用其神手和天翼把世界万物联结在一起。
>
> 鲁陀罗，你是众神之源、万物的主宰。伟大的先知啊，你于远古播下一颗金色的种子，在今天，它赋予了我们无限光明。[2]

177 透过这些特征，我们依稀可以感受到万能的造物主，在造物主之后便是太阳，他高展天翼，慧开千眼，俯瞰着整个世界

1 鲁陀罗，恰当地说，作为风神马鲁斯的父亲，一个风神或者风暴神，就像文中显示的那样，是作为唯一的造物主出现在这里的，造物主的角色和使命就自然地落在了这个风神身上。

2 此处和下文的翻译基于Hume, *The Thirteen Principal Upanishads*, pp.399—401；以及Max Müller, *The Upanishads*, II. p.244。

(见图11)。[1]以下文字证实了这一点,并反映出一个重要的观点:神,存在于个体生命之中。

图11. 带有何露斯之眼的音乐舞蹈神贝斯铜像
埃及,公元前6世纪

1 与此类似,波斯的太阳神也拥有无数只眼睛。劳耀拉展现的幻象——长着很多眼睛的蛇也可能正是这种主题的变幻。详见我的"On the Nature of the Psyche"(1954/55,p.409)。

超越此处的是梵天(Brahma),至高无上,隐身于万物之躯,包含万物于其中。那些认他为主的人将获得永生。

我知道普鲁沙(Purusha)这位巨神,他很像太阳,超越了黑暗;那些真正了解他的人绝不会误入歧途,必将超越死亡。

他化身于一切生命的容颜、头颅、脖颈,存在于万物的内心深处,到处都是神的气息,他是如此慷慨富有,他是如此仁慈善良,他的气息传遍世界,他的灵性无处不在。

178 万能的神,"如同太阳一般",存在于我们每个人心中,无论是谁,只要真正了解他,都会变得不朽。[1]下面这段文字,帮助我们进一步了解普鲁沙存在于人类中的形式。

一个强大的主是普鲁沙,他激励我们的灵魂达到最高境界,以获取最纯洁的成就,沐浴心中那永恒之光。

这个神,拇指般大小,永远居住在人类的心中,便是我们内在的自性,它只有通过我们的心灵、思想和精神才可能显现出来。了解此事的人将会变得不朽。

普鲁沙神有千首、千眼和千足;他包容世界万物,主宰宇宙空间。

1 相信自己心中有神——太阳神——的任何一个人,都会获得像太阳一样的永恒。

> 普鲁沙神就是这整个世界，无论是过去已经存在的还是将来即将有的。他是永恒之神和一切依食物生存者之主宰。

179 在《诃萨奥义书》(*Kartha Upanishad*)中，也有一段与此类似的著名表述：

> 心中的那个神，如拇指般大小，无烟无雾却像火焰般燃烧。他缔造了过去，创造着未来，亘古不变。那就是自性。[1]

180 我们知道大拇指汤姆(Tom Thumbs)、指头人(dactyls)和卡皮里(Cabiri)，他们都有与生殖器相关的一面。这并不难于理解，因为他们都是富于创造力的人格化形式，而阳具也是如此，是创造力的象征。它在其创造力方面代表着力比多或心灵能量。而在人们的梦中或日常言谈中常常出现的，性的众多其他意象也是如此。无论何种情况，我们都不该按字面意义解释这些意象，因为它们不能被当作代表确定事物的符号来理解，而应当被理解

1　4, 13; trans. by Purohit Swami and Yeats, p.34.［或者参见René Guénon, trans., *Man and His Becoming according to the Vedanta*, p.45："这个普鲁沙，拇指般大小，像无烟之火却清澈光亮；它是过去之主也是未来之神；是今天之主，也是明天之神，它始终如一。"——英译注］

为象征。一种象征是一种具有多种意义的不确定的表达，它指向那些难以界定而且又未被我们充分认识的事物。而符号则通常具有相对固定的意义，它或者是一件人们已知的、形成惯例的事情的缩写，或者是人们普遍接受的、众所周知的一些事物的表示。象征具有很多相似的变体，并且这些变体数量使用得越多，被投射在它的客体上的意象就越完整、越清晰。同样的创造力既可以用大拇指汤姆来象征性地表达，也可以通过阳具来得以象征性地表达，或者通过其他无数的象征加以表达，这样就可以进一步勾勒出隐藏在深处的模糊事物的方方面面。因此，具有创造力的小矮人们常年秘密地劳作；阳具，亦在黑夜里加紧工作，创造生命；因此，这把钥匙打开了一扇神秘的禁门，而这扇禁门里面却有着一些美好的事情等待着人们来探索和发现。这种联结令人想起了《浮士德》中的“玄牝”（the Mothers）：

梅菲斯特：在你和我分手之前，我想和你说句赞美的话；
你显然已理解我（魔鬼）的心意。
请带上这把钥匙。

浮士德：带上这个小玩意儿？为什么呢？
梅菲斯特：你好好拿着，不可轻视。

浮士德：它在我的手中开始膨胀，渐渐发热，变得明光熠熠！[1]

梅菲斯特：它价值无限，你很快就会理解。

这把钥匙将帮助你辨别出正确的方向：

跟随它，它会把你带去玄牝[2]所在的地方。

181 这里，魔鬼再次把神奇的工具放在浮士德的手中。在此之前，当他化身为那只黑犬的时候，他向浮士德这样介绍自己：

我是那种能量的一部分，

看起来作恶多端，实质上积德行善。[3]

182 他这里所描述的正是力比多，这里的力比多不仅具有创造力、生殖力，同时还具有一种与生俱来的能力，即一种能够“嗅出正确位置”的神奇能量，这种能量仿佛就是具有自己独立生命的活体（因此易于被人格化）。它具有明确的目的性，如同性本身，因此二者非常容易被人们拿来进行比较。“玄牝之域”与子宫和母床有着很多的关联（见图12），它们常被用来象征无意识的创造功能。

力比多是大自然之力，善恶兼备，道德中立。浮士德与其

---

1 关于Øaλλós在词源学中的象征意义的讨论见Pars.321f。

2 *Faust*, Part II, trans. based on MacNeice, p.177.

3 Ibid., Part I, trans. by Wayne, p.75.修正版。

图12. 生育洞口，来自墨西哥亚麻布画

完美结合，起初恶果累累，最终造福人类，成就了他生命的杰作。于玄牝之域，他找到了宝鼎，即“赫尔墨斯之皿”，在那里缔结成“皇家姻缘”。但是他需要具有生殖力的魔棒带来天地间最伟大的奇迹——帕里斯（Paris）和海伦（Helen）[1]的诞生。浮士德手中那个不起眼的工具就是看不见的无意识的创造力，只有那些顺从它的旨意并真正具有创造奇迹之能力的人才可以揭示其中的秘密。[2]这个自相矛盾的怪物看起来非常古老，在《白识净者奥义书》（19，20）中对这个矮个子神，即宇宙之神普鲁沙是这样描述的：

> 无脚、无手，但他可以移动，可以抓握；无眼，但他能看；无耳，但他能听；他能够知道所有发生的事情，也能够

1 *Psychology and Alchemy*, index, s.v. “coniunctio”. 对此问题的一种心理学思考，可见我的“Psychology of the Transference”。

2 歌德在此处是指炼造黄金之奇迹。

知晓还没有发生的事情。人们都叫他“原生人”和“宇宙人”。

他非常之小，却无比伟大……

183 男性生殖器经常代表创造之神，赫尔墨斯（Hermes）便是极好的例子。阳具有时候被认为是一个自主存在体。我们不仅可以从古人那里发现这种想法，也时常从今天的儿童画中或者艺术作品中看到它。因此，假如我们在先知的神话里，在艺术家的或是一些奇迹般的创作中看到具有一定生殖器特征的作品应该毫不惊奇。赫菲斯托斯（Hephaestus）、铁匠维兰德（Wieland the Smith）和摩尼（Mani，摩尼教的创始人，还因其艺术天赋而著名）的脚部都有残疾。这里我需要及时解释一下：足，一直都被认为具有神奇的生产能量。古代的先知墨兰普斯（Melampus），据说是“阳具崇拜”的创立者，他有一个非常怪异的绰号——黑足。[1]此外，失明，看来也是先知们的特点。相貌丑陋与身体畸形则是那些神秘的冥界之神的专有特征，如赫菲斯托斯之子和卡皮里等，[2]都拥有创造奇迹的非凡力量（见图13）。

萨莫色雷斯的卡皮里崇拜和赫尔墨斯有着紧密的关系，据

1 据说，为了特别感谢黑足葬母的善举，那些幼蛇清理干净了他的双耳，因此他变成了千里耳。

2 见底比斯、卡皮里花瓶画，这里卡皮里经漫画处理后的形象显得更加高贵（Roscher, *Lexikon*, s.v. “Megaloi Theoi”）。也可参见Kerényi, “The Mysteries of the Kabeiroi”。

图13. 奥德里修斯（卡皮里侏儒）和喀耳刻
来自一位卡皮里画家所绘制的钵，约公元前400年

希罗多德（Herodotus）所说，赫尔墨斯的阴茎形象是由佩拉斯吉人（Pelasgians）介绍到阿提卡的。他们当时被称作“伟大的神”，而伊达山指头人则是他们的近亲（手指或其他拇指人[1]），神的母亲已经将铸铁工艺传授给他们。他们是最早的智者，俄耳甫斯（Orpheus）的老师，正是他们创造了奇妙的以弗所灵符和音乐节拍。[2]《奥义书》和《浮士德》里描述过的神在特征上的差异再现于此。巨人海格力斯（Hercules）被说成是伊达山指头人，身材高大的弗里吉亚人、瑞亚的技师们[3]也被称作指头人。宙斯（Zeus）的双生子狄俄斯库里（Dioscuri）与卡皮里相关。他们头上也戴着古怪的小尖顶帽，即弗里吉亚帽[4]，这是

1 称手指为“拇指人”，可以在普林尼的记录（VII, 57; Bostock and Riley trans., II, p.225）中找到依据。其中写到在克里特有一些珍贵的石头，铁褐色，形状如大拇指，即著名的伊达山拇指人。

2 因此产生了诗歌中的抑扬扬格。

3 Roscher, s.v. “Daktyloi”.

4 头顶上戴着帽子的雕像只有一英尺高，发现于佩珀斯岛沿海地区的普拉西厄。

这群充满神秘色彩的神祇的特殊装扮，之后继承下来成为其秘密的身份标志。阿提斯和密特拉神都戴着这种小尖顶帽，今天这顶帽子已经成为冥界小鬼、精灵和小妖怪头上典型的道具。

184 侏儒这一主题让我们联想起神童的形象：《永恒的少年》，幼年的狄俄尼索斯（Dionysus），青年朱庇特（Jupiter Anxurus），塔吉斯（Tages）等。在底比斯（Theban）花瓶画中已经提到（见图 14），蓄有胡须的是狄俄尼索斯，标有 ΚΑΒΙΡΟΣ，他和一个被标识为 ΠΑΙΣ 的漫画男孩形象在一起，这个漫画男孩形象所紧随着的则是标为 ΠΡΑΤΟΛΑΟΣ 的形象，另一个留着胡须的是被标为 ΜΙΤΟΣ 的漫画形象。[1]Μίτος 的意义确实是“穿越”，但在俄耳甫斯教语言里它代表着“精子”。我们猜测这组形象和圣殿里供人膜拜的神像相一致。我们从崇拜历史中获得的相关知识支持了这种猜想。而崇拜历史最早起源于腓尼基派的父子崇拜，[2]这里的父与子就是在很大程度上与希腊神祇相似的大小卡皮里。花瓶画上成年与幼年狄俄尼索斯的双重形象正契合了这种相似性，人们有时可能称他们为大人与小人崇拜。现在，以各种面貌展示的狄俄尼索斯是一个神，对其阳具的崇

1 他身边的是一位女性形象，被标为 ΚΡΑΤΕΙΑ，按俄耳甫斯教义的解释是：她繁衍后代。

2 Roscher, s.v. “Megaloi Theoi”. 在今天看来，一种古地中海的、古希腊前的起源更有可能。Cf. Kerényi, *Die Geburt der Helena*, p.59.

拜占据了显赫的地位，比如阿哥斯人（Argive）的狄俄尼索斯公牛崇拜就是一例。还有，刻有赫姆神像的阳具造型的石柱神像又派生出了一个法勒斯（Phales）神，它是狄俄尼索斯生殖器的人格化——其实他什么也不是，只是一个酒神的同伴普里阿波斯而已。他被称为陪伴者或参与者。[1]《奥义书》文本中在表达伟大和渺小、巨人和侏儒这一矛盾时略为含蓄，采用了男人与男孩或是父亲与儿子这样的措辞。在卡皮里崇拜中反复出现的畸形这一主题在花瓶上也有所表现，与狄俄尼索斯和Πατς并行的是漫画形象Μίτος和Πρατόλαος。[2]正如前面提到的，大小方面的悬殊曾导致他们分道扬镳，现在身体的畸形也使他们很难并驾齐驱。

图14. 卡皮里宴会
卡皮里画家手绘的钵，约公元前435年

[1] “巴克顿酒神聚会的同伴和参与者。” Roscher, s.v. “Phales” .

[2] 插图见Kerényi, “The Mysteries of the Kabeiroi” , fig.1。

185 所有这一切都进一步显示：虽然弗洛伊德所提出的"力比多"概念带有性的内涵，但将此概念完全定义为性则是片面的，必然招致反对。[1]欲望和强制是一切冲动和自发性症状特有的特征。日常用语中的性隐喻最能被用来进行本能过程中的类比，包括由其滋生的症状与梦，从而被逐字理解。心灵自主性的性理论是一种站不住脚的偏见。一个单一的本能想要衍生出心灵现象的所有复杂性是不可能的，这一重要事实严禁人们为"力比多"下一个片面的定义。我使用这个名词基于那些古典作家们的理解，他们把它理解为更具普遍意义的内涵。西塞罗（Cicero）便赋予了它非常宽广的意义：

> 他们认为：愿望与愉悦产生自两种期待中的美好，由此意义来看，愉悦之情关乎目前之美好，愿望则关乎未来之美好……由于愿望总是充满诱惑和容易被点燃激情，所以它很容易把人们带向那些看似美好的事情……因为

---

1 在Freud, "Notes on a Case of Paranoia", p.387中，有一观察与我基于"疯狂的施雷伯的幻想"的一些关于"力比多理论"的评论非常相似。施雷伯所说的由精子、神经纤维和太阳光线浓缩而成的"上帝之光"，实际上什么也不是，只是一个具体的表现和本能欲望贯注的外部投射而已；这种欲望贯注的外部投射及其具体表现导致他的妄想与我们的理论惊人地相似。他认为因为他的自我正在吸收所有的光，所以世界即将消亡。在心理重建过程中，他稍后一个阶段的焦虑便是担心上帝会切断"上帝之光"与他的联结——这些现象和施雷伯的其他一些妄想形式的细节听起来几乎就像心灵内部进程的知觉，这种心灵内部进程知觉的存在，我在本章节中已经把它假定为我们解释偏执狂的基础。

几乎所有的人都自然而然地趋向于追求美好而躲避丑恶。因此，任何事物只要将自己装扮得看似美好，本性自然就会驱使人们努力得到它。如果人们在争取的过程中表现得节制、谨慎，斯多葛派学者就将这种努力称为意志。他们认为只有智者才拥有意志，因此把意志定义为：它是理性的欲望。若失去理智，被过分强烈的激情点燃，意志就变成了愚人身上的力比多或放纵的欲望。[1]

186 此处力比多的含义是一种“渴望”或者一个“愿望”，与斯多葛派所说的“意志”相对应的是“放纵的欲望”。西塞罗讲下面的话时正是基于这一意义的，他说：“力比多，出于任性的欲望而非理智行事。”[2] 与之相似，萨卢斯特（Sallust）也说：“仇恨是欲望的一个部分。”或者我们还可以举一个把力比多的意义理解得更柔和、更广泛的例子，这种意义也更接近于我们使用它时所赋予它的意义：“和在酒会上寻欢作乐比起来，享受精美武器和战马嘶鸣的战场能让他们获得更多的快感。”[3] 或者再举一个例子：“你是否真正关心你的国家。”[4]

力比多一词的使用是如此普遍，短语“libido est scire”的

1 Cicero, *Tusculan Disputations*, Book IV, vi, 12.

2 *Pro Quinctio*, 14.

3 *The War with Catiline*, VII, trans. by Rolfe, pp.14—15.

4 *Letter to Caesar*, XIII, trans. ibid., pp.488—489.

意思只是说“我喜欢”“它令我愉悦”。[1]在短语“aliquam libido urinae lacessit”中，力比多更多地具有“激励”之意。它可以表达“挑动情欲”的微妙之意。圣奥古斯丁很恰当地将力比多定义为一个“表达所有欲望的普遍性术语”，并且阐释道：

> 有一种强烈的复仇欲望被人们称作愤怒；一种强烈的对金钱的欲望被称作贪婪；不惜一切代价地赢取胜利的欲望叫倔强；自命不凡的强烈欲望叫自负。欲望的种类不计其数，其中一些被人们给予专门的名称，另外一些则没有。比如，谁能轻而易举地给“控制欲”起个名字呢？然而，正像我们从不断的内战中看到的那样，在暴君心里，这种控制欲是如此地强大。[2]

187 对于圣奥古斯丁而言，力比多表示一种像饥渴一样的欲望。只要一谈到性，他就说：“快乐是通过母体哺食时与孩子肉体的接触时先出现的，这是一种像饥渴一样的欲望。”[3]谈到性，他认为“肉体先要感受到如饥似渴的欲望，才会产生快感”。这种在其经典著作中对术语的宽泛使用与词源学中关于这一概念的来龙去脉相吻合：

---

1 在此种意义上，该词现在仍普遍使用于托斯卡纳。

2 *De Civitate Dei*, XIV, xv.

3 Ibid.

188 Libido或者lubido（现在使用libet，原来用作lubet），意即“它令人高兴”；libens或者lubens，意思是“高兴的，心甘情愿的”；在梵文中，lúbhyati意即“体验强烈的向往”，lôbhayati意即“激发某种憧憬”，lubdha-h意即“渴望的”，lôbha-h意即“憧憬，渴望”；在哥特语中，liufs还有古高地德语中的liob，都是“爱”的意思。还有与古高地德语中这个词相关的一个词是lubains，意即“希望”，古高地德语中的lobôn、loben、lob，都表达“赞美，荣耀”的意思；古保加利亚语中的ljubiti，意即“爱”，ljuby则是名词的“爱”，在立陶宛语中，liáupsinti意即“赞美”。[1]

189 基于以上论证，我们可以说，心理学中的力比多这一概念，从功能上讲，与自从罗伯特时代[2]以来的物理学中能量的概念具有同样的意义。

---

1 Walde, *Wörterbuch*, p.426, s.v. “libet”.据那扎里，liberi（孩子）与liber同组。假如这是对的，那么古意大利生育之神Liber也将被认为是与libet有关的，因为这个生育之神是被人们确认为与liberi最有关联的。至于大家都认为与libet相关的死亡之神Libitina，应与维纳斯的别称Lubentina或者Lubentia毫不相关。这个名字迄今仍是未解之谜。

2 见我的“On Psychic Energy”（Swiss edn., pp.36ff.）。

二

力比多的概念

190 弗洛伊德在其《性学三论》[1]中提出了他的"力比多"概念。正如我们前面所提及：在《性学三论》一书中，他是从性的角度出发对力比多进行定义的。力比多出现时似乎进行了"置换"，置换成了"力比多流"的形式。这种置换后的力比多流可以融入身体其他不同的功能和区域中，而身体的这些不同功能或区域事实上已与性毫无关系。这一事实使弗洛伊德将力比多比喻成一条河流，这是一条可以被分支，可以被筑坝，又可以被溢出从而流入支流中的河流等。[2]因此，尽管弗洛伊德把力比多定义为性，但他也并非像人们通常所猜想的那样，用性

1 ［初版*Drei Abhandlungen zur Sexualtheorie*，1905。——英编注］

2 "Three Essays on the Theory of Sexuality", pp.135ff.

这个术语来诠释一切。他只是认为:确有某些特殊的本能力量存在,而这种本能力量的本质我们尚不明了。不过,他是一定要把那种占用这些“力比多流”的能量归因于性的。在这一切背后,隐藏着一种假定,即“本能丛集”的存在。[1]在这些“本能丛集”中,性本能只是作为其中一部分而出现。在临床中我们已经经历过一种事实:性本能侵蚀到其他本能的范围中去。[2]由此而来的弗洛伊德的心理学理论便认为,一种神经系统的本能力量恰恰对应于那些被其他的、无性的本能功能所占据了的“力比多流”中的本能部分,[3]这已经成为神经症心理分析的关键原则,也是维也纳学院崇尚的信条。不管怎么说,一些时间之后,弗洛伊德本人也不得不认真思考,力比多最终是否不可能与通常意义上的利益相一致。(在这里我想说,这是由一个偏执型精神分裂症的个案引发的思考。)下面我逐字逐句摘录在这里,以便做一个很好的说明:

---

1 莫比乌斯试图复苏的一种思想。富耶、冯特、贝内克、斯宾塞和李伯特都属于认识到本能之心理优先地位的当代作家。

2 但是饥饿之真实是与之一样的。我曾经有过一名病人,我已经把她很好地从其象征中解放出来。某天她突然表现出一种似乎其早期神经症完全复发的状态。一开始我无法解释它,直到我发现她沉浸在自己忘记吃午饭这一鲜活的幻想中。一杯牛奶和一片面包就成功地消除了这一“饥饿涌入”的现象。

3 弗洛伊德(“Essays on the Theory of Sexuality”, p.163)说道:“我必须首先解释……我所有的经验都显示,这些精神性神经症都基于性的本能性驱力。在这里我不仅仅是说性本能的能量提供了保持心理表征(症状)的驱力。我特别地指出这一贡献最为重要,而且其是神经症能量唯一的不竭源泉,并且因此患者的性生活问题表达(不管是完全地或大部分地还是部分地)都在这些症状中。”

由此引发的第三种思考是：我们是否可以假定，力比多与外部世界的总体分离是一种足够有效的中介力量，从而导致“世界末日”观的产生？或者说，个体依旧留存的自我中心式的全神贯注已不足以有效地维持他与外部世界的和谐一致？为了满足这一难题的需要，我们必须作以下假定中的一种。要不，我们就假定对性欲本能的贯注(即来自性本能的兴趣)在总体上与个体兴趣是一致的；要不，我们就必须承认一种可能性，那就是具有非常广泛干扰作用的力比多能量相应地也产生了对自我贯注的广泛干扰。然而，迄今我们对这些问题的把握还相当生疏，面对它们，我们颇有些束手无策。假如我们以某种雄厚的本能理论基础为出发点，那么结果将会截然不同；但事实上我们并不拥有任何此种理论。我们把本能视作处于肉体和心理之间较前沿的一个术语，视作各种官能力量的心理表征。进一步讲，我们接受了这种自我中心本能与一种性本能间普遍的差异；因为这种差异看起来很符合一种生物学观点，即一方面是自我保护，另一方面是种族延续。但除此之外，只有诸如此类的假说(那些被我们已经捡起来无数次，又无数次准备将其放下的假说)，帮助我们在朦胧晦暗的心理过程的混乱中寻找自己的“轴心”。我们之所以对病理性的心理过程进行这样的分析和研究，就是期望这些工作能够促进我们对本能理论的理解并得到一些结论。然而，至今上述工作仍处于襁褓之中，只有个别研究人员在做，而我们在他们身上所寄托的希望还依旧保持在“来日方长”的状态。[1]

191 尽管如此，弗洛伊德最终还是认定偏执狂患者的病理改变足以用性力比多的退行来解释。他说道：

> 因此，在我看来，在更大的可能性上，偏执狂患者与外部世界关系的改变，可以完全地或大部分地解释为其力比多兴趣的丧失。[2]

192 在这一段中，弗洛伊德开始讨论偏执狂和精神分裂症患者是否广为人知的现实感缺失的问题，[3]我在《早发性痴呆病心理学》[4]一书中也对此问题曾给予关注：早发性痴呆患者的心理情形是否仅仅可以回溯到力比多状态的退行？一般情况下，这种力比多是否与其目标利益相吻合？按照让内（Janet）的说法，[5]我们很难把正常的“现实功能”假定为仅通过力比多流或爱欲

---

1 “Notes on a Case of Paranoia”, pp.460f.

2 Ibid., p.462.

3 弗洛伊德在这里讨论的施雷伯的案例，不是纯粹的偏执狂。See Schreber, *Memoirs of My Nervous Illness*.

4 同见“The Content of the Psychoses”。

5 Cf. “The Psychology of Dementia Praecox”.

兴趣而实现维持。事实上，在许多病例中，真实感已经全然消失，以致患者身上无法表现出丝毫的心理适应的迹象（在这些状态下，真实已经被深深地埋藏在无意识内容之下）。我们不得不承认的一点是，不只是爱欲兴趣，而且还包括患者的其他一切的兴趣都已完全熄灭，只残存着点滴余烬，与之一道消失的还有患者与现实之间的整个联系。假如力比多真的只是性的欲力，那么太监的情形又当如何？他们被割去的器官恰恰是力比多兴趣的寄托之处，但他们也并不一定就表现出精神分裂症的反应。力比多流这个术语中暗含着某些相当值得质疑的问题。许多带有明显性含义的内容和过程其实不过是一些隐喻和类比，比如用“火”比喻激情，“热”代表愤怒，“婚姻”象征某种纽带或联合等。大概没有人会认为那些整天忙着连接阴阳管道接口的管道工，摆弄阴阳适配插座的电工都是“力比多流”特别丰富的人吧？

193 早些时候，我曾在《早发性痴呆病心理学》这本书中使用了“心理能量”（psychic energy）这种说法。因为在这类患者身上缺失的显然并不仅仅是爱欲兴趣本身。如果人们试图单纯以爱欲的退行来解释精神分裂症状态下人与世界关系的疏离，将不可避免地陷入典型的弗洛伊德式套路，把性观念夸大到过于膨胀的程度。那时，便不得不宣称人与世界间的一切关系实质上就是一种性关系。如此一来，性的观念就变得过于宽泛而含混，它本应具有的所有意义从而也被剥夺掉。当下流行的所谓“意淫或精神性欲”之说法正是“性”这一概念膨胀的明显表现。但在精神分裂症的状态下，患者现实感的缺失远远地超出了严格意义上的“性”这一概念所能被置放的相关意义的缺失。患者的“现实功能”已经缺失到了如此严重的地步，以致一定程度上的性本能的力量也都缺失了，这让我们无法想象——假如我们还有一些理性的话，他们怎么能够保持与现实间的联系？！因为现实绝不只是一种性的功能而已。退一步讲，即使这种主张是真的，那么神经症患者的力比多内倾岂不是必然要导致和精神分裂症患者相似的脱离现实的症状吗？实际情况如何呢？远非如此。正如弗洛伊德本人曾经指出的，性的力比多的内倾和退行所导致的最坏的结果也不过是神经症，而不至于是精神分裂症。

194 我在《早发性痴呆病心理学》一书的前言中对性理论采取了一种有所保留的态度，主要是基于当时口述的、一般意义上的力比多的意义。尽管，事实上那个时候我已经意识到了弗洛伊德提出的一些心理机制，但在当时的那种状态下，单从片面的性理论出发，我无法解释为什么那些功能性紊乱对性领域和其他本能领域的影响同样强烈。在我看来，“能量说”的解释似乎比弗洛伊德《性学三论》中设定的信条更符合事实。这使得我把“心理能量”与“力比多”统一了起来。后者指的是某种不受道德或任何其他权威约束的欲望或冲动，它是自然状态下的欲望。从遗传学角度看，力比多是和饥饿、口渴、睡眠和性欲一样的身体需求，再加上情绪状态或心情，这便构成了力比多的本质。在高度复杂的人类心灵中，以上所有因素都有其自身的分化及更精细的分支。但毫无疑问，即使最高级别的分化也是由较简单的形式发展而来的。因此，在今天看来并无一丝性色彩的许多复杂功能，最初也是来自生殖本能的演化。正如我们所知，动物王国的繁殖原则从上古至今经历了一个重大的变化：从需要大量配子生成的偶然结合式受精方式，渐渐过渡到无须过多配子，且能为幼仔提供有效保护的更有把握的受精方式。产生卵子和精子的数量减少，原本供给此种生理功能的能量便被大量解放出来，它们很快寻找并找到了新的释放途径。因此，我们在动物身上发现了艺术冲动的最初躁动，但它仍然从属于生殖本能，而且只在繁殖季节中有所表现。随着以上生理现象的有机固化并获得了功能上的独立性，它们渐渐地褪去了最初的性色彩。就拿音乐来说，尽管它最初无疑从属于繁殖领域，但如果我们现今把音乐和性归入同一范畴，则是一种不当的、异想天开的泛化。这样的观念就好比因为科隆大教堂主要是用石头砌成的就把它放在矿物学课本里讨论一样。

195 因此，如果把力比多理解成单纯的繁殖冲动，那就等于把自己局限于一种观念之中，即认为力比多与饥饿分属于不同领域的观念范围内。这就如同说，种族存续的本能和自我保护的本能是两码事。当然，事实上并不存在这种人为的区分。我们只是看到一股持续的生命驱动力，一种通过个体存活而寻求确保种族延续的生存欲望。至此,我们关于“力比多”的概念恰好与叔本华的“意志论”不谋而合,认为外显的可见行为只能被当作内在意志或欲望的外显表现而把握。哲学上把这种将心理感知投放进物质的现实世界的现象称为“内向投射”。[1]通过内向投射,人眼中的世界图像便被主观化了。也正是由于这一同样的过程,物理学上的力学概念才得以存在。伽利略曾恰如其分地指出,“力”这个概念的起源来自人类对自身肌肉力量的主观感知。同样,“力比多”作为欲望的概念是对心理能量过程的解读,我们所体验到的恰恰是这种能量的欲望表现形式。在这个表层之下有些什么,我们知之甚少,就像我们并不了解人的心理本身究竟是什么一样。

196 既然前面我们已经做出了大胆的假定,推测原来用于产生卵子和精子的力比多现已转而有机地固着于另一种功能(比如筑巢功能)当中,无法再被利用于别的方面,那么我们现在便只能把所有的欲求,包括饥饿和本能在内——无论你怎样理解它,一视同仁地看成能量现象。

197 由此观点出发,“力比多”概念便延展成为一个表达笼统意向性的概念。正如上面来自弗洛伊德的引文所示,我们对人类本能的性质及其心理推动力所知甚少,不足以以此认定任何

1 费伦奇对“投入”这一术语的使用指向完全相反的意义:将外在世界带入自身。见他的“Introjection and Transference”, p.47。

一种本能较其他更为重要。因此，当谈到"力比多"问题时，我们最好的建议是把它理解成一种能量。这种能量具有这样的价值，即它能够被传达到任何一种活动领域中——无论是力量、饥饿、仇恨、性，还是宗教，但从来不表现为哪一种特定的本能形式。正如叔本华所云："意志，就其本身来说，与其作为'现象的显现'有着极大的不同，且完全超脱了任何现象显现的具体形式。只有当意志转化成能被感知的现象时，才会产生出其显现的具体形式，故这些形式只能影响到意志的客体性，而与意志本身无关。"[1]

198 无数神话学和哲学尝试都曾试图对这种只能由人的主观经验感知的创造性力量进行系统阐释和形象化的表达。这里举例为证：请读者想一想赫西奥德（Hesiod）诗篇中的爱神厄洛斯（Eros）对宇宙起源的重要意义，[2]还有俄耳甫斯秘教所崇拜的法涅斯神（Phanes），那位闪亮者、创造者、"厄洛斯之父"的创世意义。在俄耳甫斯教中，他的意义等同于普里阿波斯；他是阴阳合体的，相当于底比斯的狄俄尼索斯—利西乌斯（Dionysus Lysius）。[3]俄耳甫斯教中法涅斯神的意义与印度教中的爱神伽摩（Kama）相近，同样也是一个天体演化的原理。在新柏拉图主义者普罗提诺（Plotinus）看来，"世界魂"就

---

1 *The World as Will and Idea*, trans. by Haldane, Kemp, I, p.145，修订版。

2 *Theogony*, 120.

3 Cf. Roscher, *Lexikon*, III, II, 2248ff.

是理性流溢的能量。[1]他把原初的创世要素“太一”比作光，把“理性”比作太阳(♂)，把“世界魂”比作月亮(♀)。他又把“太一”比作父，理性比作子。[2]被描绘成乌拉诺斯（Uranos）的“太一”是超越物质世界的；统辖可见世界的是儿子克洛诺斯（Kronos），而“世界魂”宙斯又从属于后者。因此，“太一”，或整体中存在的实体（ousia），被普罗提诺描述为“本质性”的东西，以上是它所生发出的三种形式，故有“三位一体”之说。正如德鲁兹曾经指出的，这也是基督教历史上经尼西亚（Nicaea）教义大会和后来的君士坦丁堡教义大会确定的“三位一体”教义所遵循的程式。[3]在此补充一点，即某些早期基督教派赋予圣灵某种母性意义（世界魂或月亮）。根据普罗提诺的说法，“世界魂”具有分裂及可分性倾向，这是所有变化、创造和繁殖的必要条件。它是一种“无止境的生命全体”与整体能量；它是一个活的观念有机体，观念只有在它里面才能产生效力，化为真实。[4]“理性”是“世界魂”的起源，是“世界魂”之父，“理性”所孕育的，是由“世界魂”诞生现实。[5]“理性所孕育的，以逻各斯（Logos）的形式由世界魂诞生出来，后者使其充满意

1 Drews, *Plotin*, p.127.

2 Ibid., p.132.

3 Ibid., p.135.

4 Plotinus, *Enneads*, II, 5, 3.

5 Ibid., IV, 8, 3.

义，酣然沉醉，犹如啜饮过天上的神酒。”[1]这神酒和苏摩酒一样，都是能带来丰饶和永生的仙饮。“理性”使“灵魂”“世界魂”结果，作为超灵，它被称为神界的阿芙洛蒂忒，作为“下界之灵”，它是地上的阿芙洛蒂忒。它了解“生育的产痛”。[2]阿芙洛蒂忒的鸽子之所以成为圣灵的象征，并不是无缘无故的。

199 能量说的观点将心理能量从一种太过狭隘的定义束缚下解放出来。经验告诉我们，任何一种本能的进程，常在涌溢的能量作用下强化到惊人的地步，而无论这能量来自何方。不仅在性的方面如此，在饥饿、口渴等方面也一样。一种本能能够因另一种本能的兴起而暂时失去生命的潜能，这是普遍适用于一切心理活动的规律。那种认为只有性才会影响到生命潜能丧失的观点，无异于在心理学中再现物理学和化学中的燃素说。弗洛伊德本人对现存的本能理论也有着某种疑问，他这种想法是很有道理的。本能是一种极为神秘的生命表现形式，其本质部分属于心理学，部分属于生理学。它是人类心理当中最恒定的一种功能，如果说它真的有可能改变的话，也是极难改变的。因此，对病理性的调适不良，比如神经症，从患者对本能的态度而不是从本能的突变角度来加以解释，会显得更容易理解一些。然而，患者的态度是一个复杂的心理问题，假如它

1 Plotinus, *Enneads*, III, 5, 9.

2 Drews, p.141.

取决于本能的话，则不至于如此复杂。神经症背后的驱动力量来自所有先天特性和环境影响的叠加，它们共同作用所形成的一种态度，令患者无法过上满足他本能的生活。因此，一个年轻人身上神经症式的本能变态，会与其父母的类似性情息息相关，而性方面的困扰则退居其次，不是最主要的现象。所以，不可能出现一门神经症的性理论，尽管很可能有这方面的心理学理论出现。

200 这又带我们回到先前的假设，即光、火、太阳这类象征得以形成的力量并不是性本能，而是某种中性的能量。精神分裂症患者的现实功能缺失并没有带来性欲的增强，而是创造了一个带有陈旧特性的幻想世界。[1]不可否认，在精神分裂症病例中，特别是在最初的发病阶段，有时可能出现强烈的性扰乱，尽管这种症状也同样经常地出现在任何一种强烈的情绪体验中，如惶恐、愤怒、宗教狂热等。在精神分裂症患者心中，陈旧的幻想世界替代了现实，这丝毫不能表明现实功能本身的性质；它只能证明那个众所周知的生理事实，即每当一个近期的系统遭到损害时，它就很可能被某种更原始的、早被废弃的古老系统所代替。在神经症患者身上，这种替代性产物是来自患者个人的幻想，其中几乎没有丝毫陈旧特征，而在精神分裂症患者的幻

---

1 Cf. Spielrein, “Über den psychologischen Inhalt eines Falles von Schizophrenie”, p.329.

想当中，上述特征则是一种典型存在。此外，神经症患者从未真正失去现实，只是对其加以篡改而已。而另一方面，对精神分裂症患者而言，现实已经完全消失了。在此，我必须感谢我过去的学生霍内格（J. Honegger）（不幸的是，由于他的早逝，其著作[1]未及完成便戛然而止），他为我们提供了以下的简单描述：一位心智聪慧的偏执狂患者，他完全了解自己苦心构建的一套体系，说地球是一个扁平的圆碟，太阳环绕它周而复始地运行。我们从史毕尔莱因的书里也看到一些有趣的例子，说一些词汇已经过时的古义会在患者发病过程中再度涌现，凌驾于其当今意义之上。比如，她的一位女病人声称，神话中酒的类似物是“精种的流泄”，即苏摩酒。[2]这位病人还提到一个与烹饪有关的象征，与炼金术士佐西莫斯（Zosimos）的心象可谓异曲同工：她在幻象中看到祭坛上有一个大“盆”，盆里沸腾的水中，是正在转化形态的人。[3]这位病人把大地[4]和水[5]的概念都替换成了“母亲”。

201 上述关于“被扰动的现实功能这一古义所取代”的论点，在史毕尔莱因的一句话中找到了佐证，她说：“我常有一种错

1 未出版。（他于1911年自杀。——英编注）

2 Spielrein, pp.338, 353, 387. 见par.246，n.41，下文，将“苏摩酒”视作“精液”。

3 Berthelot, *Collection*, III, 1, 2ff.（Textes, pp.107—112; Traductions, pp.117—121）[Cf. “Transformation Symbolism in the Mass”, pars.344ff.——英编注]

4 Spielrein, p.345.

5 Ibid., p.338.

觉，好像我的病人们只不过是被某种根深蒂固的民间迷信左右着罢了。”[1]实际上，精神病患者所构筑的替代现实的幻象确实和某些曾经具有现实功能的古老观念相类似。然而，正如佐西莫斯的心象所表明的，那些古老的迷信乃是一些象征，[2]为的是适当表达外部世界中的未知事物。“构义”（Auffassung）为我们提供了把握事物的一个便利的“把手”，由此而来的概念使我们有能力把它们据为己有。从功能上讲，概念犹如对某事物拥有强大控制力的魔法般的名字，当我们重复地念这个名字的时候，不仅能降低该事物的威胁性，还能将其纳入自己的心理系统，从而扩展人类头脑的意义范畴，增强其力量。史毕尔莱因显然认为象征也具有类似的重要意义，她说：

> 因此，在我看来，象征的起源似乎是“情结”力争着要分解自己并融入共有的思维整体的结果……由此，情结被剥夺了它的个体特质……这种存在于每个情结当中的分解或转化的倾向是诗歌、绘画及一切艺术形式的源头。[3]

202 如果我们把这段话中的“情结”都换成“能量值”，即情结

1 Spielrein, p.397.

2 这里我也要提及那些北美印第安人，他们相信最初的人类起源于剑柄和梭子的结合之中。

3 Spielrein, p.399.

的总体情感作用，那么我们将清楚地看到，史毕尔莱因的观点与我的观点是一致的。

203 这种类比的构筑过程，似乎渐渐地改变着人类头脑中的观念和名称储备，并不断为其增加新的内容，最终大大地扩展了人类眼中的世界图像。那些特别生动或特别激烈的内容（带有“情感基调”的情结）在无数比喻中得到反映，也产生了大量的同义词，并将其对象带进了心灵的魔力场。不同事物间借着比喻而达成的密切关联就这样生成了，这种关联被列维—布留尔贴切地形容为“神秘参与”。显而易见，这种“根据具有情结基调的内容创建类比的倾向”对“人类头脑的发展”曾经有过非同寻常的重要意义。我们完全赞同斯坦达尔的观点，认为“like”这个不起眼的字眼在人类思维进化史上起到过无比重要的积极作用。很容易想象得出，原始人类的某些至关重要的发现，正是力比多的这种河流状的转换系统注入了这种类比构筑过程的结果。

三

力比多的转化

204 在接下来的篇幅中，我将就力比多的这种河流状的转换系统（Canalization，亦称“渠化”）举出一些实例。我曾治疗过一位患有紧张性抑郁症的妇女。由于她有轻微的精神病，所以我对她表现出来的大量歇斯底里症状并不感到惊奇。在治疗的开始阶段，在向我讲述自己的一次非常痛苦的经历时，她陷入了一种歇斯底里像是做梦的状态，明显表现出性兴奋的迹象（有足够的症状表明，处于上述状态中的她已经完全意识不到我的在场）。性兴奋发展到后来，她开始手淫，同时伴随着一个奇特的动作：她用左手食指一直按住自己的左侧太阳穴，剧烈地转动，仿佛要在那里转出一个洞似的。过后，她对刚才发生的一切全然没有记忆。经过再三诱导，我还是找不到她那种奇特的手部动作的原因所在。尽管可以把这种举动简单地归结为吮手指、掏鼻孔或掏耳朵等行为转移到太阳穴位置的表现，从而将其视为类似于手淫的行为，但它给我留下了深刻的印象，使我觉得十分重要，尽管起初我也不晓得这是为什么。几星期后，我有机会和这位患者的母亲交谈，她告诉我说，她的女儿从小就是个极其异常的孩子。两岁的时候，她会一连数小时背靠一扇开启的橱柜门坐着，有节奏地以头[1]撞门，令那扇门反复开关，把全家人都搅得心烦不安。稍大一些时，她不像其他小孩那样玩耍，反倒迷上了用手指在灰泥墙上挖洞，伴有轻微的旋转和刮削动作，这样一挖就是好几个小时。在她父母眼里，这个孩子完完全全就是个谜。大约从四岁起，她就开始手淫。于是，一切便清楚了：在她幼儿阶段早期的消遣中，我们已经看到了她后来行为的端倪。

205 看来，这种手指的旋转式掏挖动作可以一直追溯到她手淫之前的幼儿阶段。这在心理发展上还是一个极其朦胧的时期，因为在此阶段人们通常没有个体记忆。对这个年龄阶段的孩子来说，如此奇特的行为方式绝对是不同寻常的。后来，由她的成长史中我们得知：正如常见的情形一样，她的成长经历伴随着种种外部事件，以致她患上了精神疾病，是一种众所周知的、一种附属于这些事件的人格性和原创性结果，被称为精神

1 在紧张性神经症病人身上，我见到过这种头部摇摆动作，在弗洛伊德所定义的性交动作的“上移”概念中逐渐增强。

分裂症。这种疾病的独特之处在于，它令人吃惊地显现出一种已经消失的古老的心理现象。我们之所以会在患者的幻象中无数次地接触到神话内容，原因便在于此。我们以为出于患者个体独创的许多东西，其实大多都相当于古老时候的某些创作。我们必须把这个原理应用于理解这种不同寻常的疾病及其所创造的一切产物，包括这种奇特的旋转式挖洞症状。我们已经看到，它发端于极早的人生阶段，长大后不复出现。后来，在她结婚几年之后，这种行为又从遥远的往昔复活了。当时，她把自己的小孩子认同为自己，对其极其溺爱，但不幸的是这个孩子过早夭亡。受此打击，她又陷入了早年的手淫习惯之中。在失去孩子之际，这位母亲尚未发展到精神病的地步，但是幼时的症状再次缠住了她，表现为阵发性的手淫，同时伴随着前面说过的这种旋转式的掏挖动作。我们说过，患者最初的旋转式掏挖动作先于幼儿期手淫的出现。这一事实的重要性在于，旋转式掏挖动作显然是有别于她开始手淫后附带产生的与之相似但在时间上较晚的动作习惯。

206 我们知道，婴幼儿的力比多最初完全集中在口唇区域，通过有节奏的吸吮动作而获取母乳的营养。与此同时，在肌肉运动方面，婴儿也发展出了能产生快感的、有节奏的四肢运动（如踢蹬动作等）。随着个体以及各个器官的发展，力比多为自身开创了新的活动通道。最初带来快感和满足的节奏性运动伴随着性的根本目的而转移到了其他功能区，但这并不等于说，节奏性运动的驱动力来自营养摄取行为。为了幼儿生长，通过营养所供应的相当一部分能量必须使自身发生转化，成为力比多或其他形式的活动。这种转化并非如人们通常以为的那样突发于青春期，而是在童年时代一个很长的过程中极缓慢地渐渐完成的。据我所知，这一过渡期可大体分为两个显著的阶段：吸吮阶段和节奏性运动阶段。吸吮仍然属于摄取营养的功能领域，但它后来渐渐摆脱了营养摄取功能，转化成了一种看起来与之类似，却不再伴随着营养摄入的节奏运动，从而超出了上述领域。此时，手作为一种起到辅助作用的器官不知不觉地就参与了进来。在节奏运动阶段，手作为辅助器官的作用更为明显。随后，节奏运动离开口唇区域，开始向身体其他区域转移。具体转向何方，此时出现了无数种可能。一般来说，这种转移的主要兴趣目标是身体的其他洞孔，皮肤或皮肤的某些特殊部分次之，最后是一切种类的节奏运动。具体表现为伴随着一定节奏性的揉擦、钻孔、掏挖等动作。显然，这种活动一旦到达性区域，就可能提供最初的手淫机会。力比多在其移动或转化过程中，把营养摄取阶段的一些痕迹带入了新的作用领域，这就是营养摄取功能和性功能之间存在许多密切关联的原因所在。一旦这种较高层的活动遭遇阻碍而被迫退行，就会退到更早的发展阶段上。节奏运动阶段大体上与人类心理和言语的发展相吻合。因此，我提出，把从出生到第一次产生清晰的性表现之间的这个阶段称为“前性阶段”。通常情况下，这一阶段是在一岁到四岁之间。大体上相当于蝴蝶的“蛹期”，即进入“有性时期”前的转变时期。这一阶段的特点是：它或多或少地混杂了来自营养摄取阶段和性阶段的一些元素。一些“心理退行”可直接退回到“前性阶段”：经验告诉我们，精神分裂症和癫痫所带来的心理退行似乎都属于此类。下面我将试举两例说明。第一个病例中，患者是一位年轻少女，她在订婚期间患病，陷入紧张症状态。她初次来我这里就诊时，突然凑到我跟前吻我，对我说：“爸爸，给我点东西吃！”第二个病例是一位年轻的女仆，她抱怨人们总是用电流追击她，说这在她的生殖器部位造成一种古怪的感觉，“就像在那里连吃带喝似的”。

207 以上情况表明，早期阶段的力比多能量是能够被退行再激活的。这种现象很容易发生，并且在过去常常发生。假如这一假定是真的，那么很可能在人类发展的早期，这种表现形式不仅仅是一种病理症状，还是一种常见的和正常的情形。因此，我们抱着浓厚的兴趣，想考察一下这种情形是否曾在历史上留下过任何痕迹。

208 应该感谢亚伯拉罕，[1]是他把我们的注意力引向了人类文化学方面的钻孔和取火之间的关系。关于“取火”，阿达尔贝特·库恩（Adalbert Kuhn）在其著作中做过详尽的

1 *Dreams and Myths*.

阐述。[1]从他们的研究中我们得知，把火种带到人间的普罗米修斯很可能是印度钻木取火仪式中阳性代表普拉曼萨(Pramantha)[2]的兄弟。印度神话传说中把火带到人间的神叫摩多利首(Matarisvan)，但在一些经文中表达取火活动时总是用manthami这样一个动词来表达。[3]而这个动词本身有震动、摩擦、通过摩擦产生等意义。库恩还指出，这个动词与希腊语中一个意为"学习"的词之间存在着关联，并对二者间的概念关系进行了诠释。[4]其对比的基础可能在于节奏性，也就是头脑中的往复运动。根据库恩的说法，由最初始的词根manth而一步步转化，最终转化的形式正是希腊神话中著名的盗火者普罗米修斯的名字。[5]他还以宙斯等神的名字为例，从词及其意义的转化过程论证了一个道理：从普拉曼萨到普罗米修斯的关联，不只是通过词汇衍生的，而更有可能是通过观念或意象的传递来完成的。这样，普罗米修斯最终还是获得了与普拉曼萨等同的含义。只不过，这是一种原型上的对比，而非一种语言传递意义上的情形。

---

1 *Mythologische Studien*, I: *Die Herabkunft des Feuers und des Göttertranks*. (Cf. pl.XV.) 相关内容的总结可见Steinthal, "Die ursprüngliche Form der Sage von Prometheus", 和Abraham, *Dreams and Myths*。

2 普拉曼萨，印度文化中钻木取火的传说，具有"真凭实据"或"真理"的含义。——中译注

3 同mathnāmi和māthāyati。词根是manth或math。

4 Kuhn, *Zeitschlift für Vergleichende Sprachforschung*, II, p.395和IV, p.124。

5 K. Bapp, in Roscher, *Lexikon*, III, 3034.

209 相当长一段时间以来，人们都以为普罗米修斯这个名字只是在较晚时才拥有了“先知者”这样一个意义（就像他那个愚笨的、叫作厄毗米修斯的兄弟被称为“后知者”一样），并且这个词原本就与pramantha、manthāmi和māthāyati之间存在着关联，而在词源学上却毫无瓜葛。相反，pramati，“precaution”，与印度传说中的火神阿耆尼相关，与manthāmi没有任何关联。然而，近来学术界出现一种倾向，认为普罗米修斯一词终究还是来源于μανθάνω。[1]在此复杂的情境中，唯一能够确定的是，我们发现，思考、预知或先见在某种意义上与钻木取火间存在着一定意义上的关联，尽管这些词语之间并没有表现出任何词汇学上的关联。因此，在进行语源学考察的过程中，我们不仅要考虑到词根的转化，还要考虑到一些土著的原始意象的复苏。

210 普拉曼萨，Pramantha，或者说manthana的工具（祭火），钻木取火之燧与臼，在印度人心目中带着绝对的性色彩：阳性取火木代表阳具或男性；而下面被钻的阴性取火木则代表阴性或女性。由此而生的火焰就是男女结合而生出的孩子——神圣之子阿耆尼。在取火仪式上，上述两块取火木分别被称为补噜罗婆（pururavas）和优哩婆湿（urvasi），当它们被人格化时，

1 Cf. Kerényi, *Prometheus*.

分别表达男性和女性，火则是从女人的生殖器中被取得的。[1]韦伯（Weber）对钻木取火仪式进行了如下的描绘：

> 祭火，是通过摩擦两块被放置在一起的取火木而将其点燃。祭司先是拿起一块取火木并说道："这里将是火的诞生处。"他接着拿起两片草叶放在那块取火木上面，说："这是两个睾丸。"然后，祭司拿起那块下面的取火木放在它们上面，说："这是黎明女神（Urvasi）。"随后又拿起放在最上面的那块取火木并用黄油涂抹在上面，说："这是精液。"然后，他将涂好油的取火木放在原来的那块取火木上面，说："你是太阳英雄。"说完这些，祭司将它们相互摩擦三次，同时说着："我将你与 Gayatrimetrum 相擦，我将你与 Trishtubhmetrum 相擦，我将你与 Jagatimetrum 相擦。"[2]

211 此处的性象征意味是显而易见的。在出自《梨俱吠陀》的一首颂歌中，我们也发现了同样的观念和象征：

---

1 "命名为gulya（外阴）指的是神的yoni（出生之地）；此地的出生之火被称为慈善"：*Katyayanas Karmapradipa*, I, 7 (Kuhn, *Mythol. Studien*, I, p.67)。库恩对于德语bohren（生）和geboren（被生）二者的词源学联系的看法是极其不同的。据他所说，德语boron（bohren）根源上联系到拉丁语forare和希腊语Øαράω，"去耕地"。他推测出一个印欧语系的词根，*bher，"去承担"，也就是梵语bhar-，希腊语φερ-，拉丁语fer-，还有古高地德语的beran，"生"；拉丁语fero，fertilis，和fordus，"怀孕"；希腊语øορós. "怀孕"。然而，在《拉丁语词典》（s.v. *ferio*）中瓦尔德确切地将forare联系到词根bher。Cf. the plough symbolism，下文，par.214，n.22，和fig.15。

2 Weber, *Indische Studien*, I, p.197, cited in Kuhn, p.71.

摩擦即将开始，点燃物已备好，准备迎接火花。

把人类的女主人带来吧：[3]我们要以古老的方式来获取阿耆尼。

在这两块取火木中，孕育着Jatavedas，就如同受精的种子安然地孕育在孕妇的子宫中。

让人们每天送上他们对阿耆尼的赞美，献上祭品，顶礼膜拜。

让此物进入她舒展的身躯中吧，相信它谙熟此道；

让她立即受孕吧，滋养那种子让其生产：

跟随着他的“红柱”照亮的路行走吧，伊拉（Ila）之子将从这珍贵的木头中诞生。[4]

212 值得注意的是，在这首颂歌中，普拉曼萨又是阿耆尼，即被生产出的儿子。菲勒斯（阳具）等于儿子，或儿子等于菲勒斯（阳具）。在当代德语口语中，还能隐隐听到这一原始象征的遥远回声：傻瓜中顽皮的孩子被叫作“棒槌”，而在黑森地区的方言中则被称为“橛子”或“门闩”。[5]德语中有种植物叫作“棒

1 或者一般是人类。Vispatni是女性火棒；vispati是男性化的阿耆尼（印度火神）的特质。

2 Rig-Veda, III, 29, 1—3, trans. Griffith, II, p.25.树木被视为母亲象征，见Freud, *The Interpretation of Dreams*, p.355。“伊拉之子”：伊拉是曼努，印度诺亚之女，曼奴在他的鱼的帮助下逃过了洪灾，之后与其女儿创造了新的人类历史。

3 Cf. Hirt, *Etymologie*, p.348.

根”，但在英语里则被称为“男孩之爱”。阴茎有时被俗称为“小弟弟”，就连格林兄弟的作品中也出现过这种说法。取火仪式在欧洲作为一种迷信习俗一直延续到19世纪。库恩提到，1828年在德国曾发生过这样一例事件，那场魔法仪式遵循应有的程式按部就班地举行，当地人称之为驱祟篝火（Nodfyr），[1]这一仪式的主要目的是抵御牲畜疫病。库恩引用了1268年《莱纳科特史志》记载的一次特别有趣的驱祟篝火活动，其中各种仪式的性象征被明显地表达了出来：

> 为了维护神圣信仰的完整性，请诸君牢记，当劳多尼亚的畜群本年遭到传染性肺病侵害时，一些牲畜养殖者和修道院人员的行为只是出于习俗惯例而非他们自身秉性邪恶，他们教那无知村民举行钻木取火的仪式，并竖起普里阿波斯的形象，以求保佑牲畜平安。在芬东附近，一位西多会的信徒在庭院前完成上述取火仪式后，又用狗的睾丸蘸了圣水，洒向畜群……[2]

213 以上这些例证源于不同的历史时期和不同的民族，它们证明，钻木取火与性倾向间的联结确实曾经广泛存在。祭祀或魔

1 查理曼大帝的牧师会于942年专门禁止了“illos sacrilegos ignes quos niedfyr vocant”（那些被称作Niedfyr的该受天谴的火灾）。Cf. Grimm, *Teutonic Mythology*, II, p.604，其中描绘了相似的火之仪式。

2 *Mythologische Studien*, I, p.43.

法仪式中对这一古老发现的再现，表明人类头脑是多么执着于固守古老的形式，而钻木取火的记忆又是何等根深蒂固。人类可能倾向于把钻木取火的性象征简单地看作在祭祀的奉献内容之外的添加之物。祭司们对火的某种仪式性的渲染是可能的，但关于取火与性之间原本是否存在更深的联系，答案仍然是个未知数。我们知道，澳大利亚华昌地族原始部落也举行类似的仪式，[1]每年春季，他们祈求富有丰饶时，都要进行以下所述的类似的仪式：在地上挖出一个洞，修整其形状，加以灌木装饰，使之看起来如同女性生殖器的样子。接下来，他们便整夜绕洞而舞，同时以长矛向洞里戳，嘴里喊着："这不是坑，不是坑，这是阴户！"（Pulli nira, pulli nira wataka!）像这种具有性意义的舞蹈，在其他土著部落中也被发现过。[2]

214 在以上这种春季仪式中，[3]上演的是一场交配圣礼。地上

---

1 Preuss, "Der Ursprung der Religion und Kunst" , p.358.

2 Cf. Schultze, *Psychologie der Naturvölker*, pp.161f.

3 这一原始行为导致更高级文化中阴茎犁的象征。"Αροῦν指去耕，此外还有'怀孕'的意思。但是'fundum alienum arare'这一短语等同于'在邻居的花园中采摘樱桃'。"在（或曾经在）佛罗伦萨考古博物馆的一个花瓶上曾经有一幅关于阴茎犁的杰出的画：它描绘了一排六个裸露着阴茎的男人抬着一架犁的情境，这一犁代表着阴茎。（Cf. Dieterich, *Mutter Erde*, pp.107ff.）中世纪时我们春季节日期间的狂欢有时也是春耕（Hahn, *Demeter und Baubo*, p.40, cited in Dieterich, p.109）。苏黎世的埃米尔·阿贝格教授把我的注意力引向了梅林格的作品《话语和事物》，这部著作展示了力比多系统与外在材料和外在活动的深远融合，且为我之前所提出的观点提供了最强力的支持。梅林格基于两个印欧语系词根展开他的观点：*uen和*ueneti。印欧语中的*uen，古印度语中的*ván*, *vána*, ="树木"。阿耆尼被称作garbhas vanām，"树木子宫之果实"。古印度语中的*ueneti="他耕耘"（er ackert）——刺穿土地并用一片尖锐的木头撕（转下页）

挖的坑象征女性，长矛则象征男性。圣婚（hieros gamos）在许多崇拜仪式中都是至关重要的组成部分，在多种教派中也扮演着非常重要的角色。[1]

215 人们很容易想象，正如澳洲丛林土著进行的某种与大地的圣婚一样的仪式，同样或类似的观念也可以通过两块木头摩擦生火的过程加以表达。仪式性的交欢不是借着两个人来完成的，而是借着被称为补噜罗婆和优哩婆湿的这两个模拟物——分别代表男女的取火木来完成。

（接上页）裂它。这一动作本身未得到证实，因为它所展示的原始农业方式（某种耕种方法）很早之前就已经灭绝了。当更好的耕种方式出现的时候，原初耕地的名称转变为牧场和草场。所以哥特语中的 υinja，希腊语中的νομή，古冰岛语中的υin，"牧场，草场"，也有可能是冰岛语中的Vanen，"农业之神"。印欧语中的*uenos，"爱之享受"，拉丁语中的Venus。从*uenos的情绪意义上出现了古高地德语中的υinnan，"暴怒"，还有哥特语中的υens，希腊语中的ἐλπίs.，古高地德语中的wân，"期盼，希望"；梵语中的υan，"想要，欲望"；德语中的Wonne，"狂喜"；古冰岛语中的υinr，"被爱，朋友"；从ackern的内涵中出现了德语中的Wohnen，"栖住"，古英语中的won，"居住"，这一翻译只在日耳曼语系中可查找到。从wohnen中出现了gewöhnen，"慢慢习惯，习惯于"；古冰岛语中的υanr，"习惯"。从ackern中也出现了sich mühen，plagen，"经历麻烦或痛苦"；古冰岛语中的vinna，"去工作"，古高地德语中的winnan，"做苦工或苦劳力"；哥特语中的υinnan，希腊语中的πάσχετν，"去经受痛苦"，υunns，πάθημα，"受苦"。另一方面，从ackern中出现了gewinnen，erlangen，"去赢得，获得"，古高地德语中的giwinnan；但是也有verletzen，"去伤害"，哥特语中的vunds。"wound" 在其原始意义上指的是土地经耕耘而撕裂。从verletzen出现了schlagen，"打击"，besiegen，"去征服"；古高地德语中的winna，"冲突"；古萨克逊语winnan，"战斗"。

1 田野中 "bridal bed（威尼斯新娘的红床单）" 的古老风俗，意在使田地肥沃，其以最清晰的可能方式表达了此一类比：因我使此一妇女多产，因此我也使得土地丰饶。这一象征将力比多能量引入耕耘土地，使之结出果实。Cf. Mannhardt, *Wald-und Feldkulte*, I，我引用其来作为详尽的证据支持。

图15. 阳具崇拜的耕犁，希腊陶器绘画

216 在人类心理的所有组成部分当中，性无疑是最具有情感色彩的。有些人便据此断定，任何明显带有性喻义的事物必定来源于性，他们假定这是性力比多遇到了某种阻碍，从而被迫转向，在仪式性的类同形式中寻求替代。为诠释力比多的部分转向和转化，弗洛伊德假定这一阻碍力量就是乱伦禁忌（incest-taboo）。然而，从严格意义上讲，乱伦禁忌所抑制的其实是人类内心的族内婚倾向。要将某种本能抑制性地转化为另一种东西，或者只是部分地对其加以抑制，必须有一种比这种本能更强的力量来对抗它。弗洛伊德正确地推测道，这种能量来自恐惧。出于诠释这种恐惧的需要，他不得不乞灵于一种多少有些似是而非的关于初民部落的假设，说这些原始族群和大猩猩群落一样，都是由一名凶暴非常的男性家长高高在上地严厉统治着的。为使整幅图景更加完整，我们还必须在其中添加一个同样可怕的主妇形象，她在女儿们心头灌注畏惧，正如原始部落中的父亲在儿子们心头强行打下凶狠的敬畏烙印一样。于是，我们看到，原始族群中就有了父系和母系两个焦虑源头。我完全想象得出，史前穴居人当中的那些较为神经质的人确实有可能以这种方式来“思考”问题。

图16. 钻木，阿兹特克人的图画文字

217 在我看来，如此推导而来的关于本能动机抑制的结论，至少有些令人怀疑。再简单不过的原因就是：初民部落所面临的内部压力从来不会大过部落整体为生存而战所带来的压力。否则，这个群体就会很快消亡。对初民部落形成严重威胁的是“族内婚”倾向，为了去除这种危险，就必须对族内婚倾向加以抑制。为了达到这一目的，最好的解决办法似乎就是广泛流行的“交表婚”习俗。[1]因为这能在族内婚与族外婚之间促进一种平衡。在此情况下，威胁着部落的危险恰恰来自它通过实行

1 Cf. “Psychology of the Transference”, pp.433ff.

乱伦禁忌抑制族内婚而获得的优势。此时，部落达成了内部稳定，赢得了外部扩张的机会，从而更加安全。也就是说，恐惧的源头并非来自部落内部，而是来自生存之战所带来的真真切切的风险。对外和对饥饿的恐惧甚至超过了性的欲望。我们知道，性的满足对原始人来说根本不是问题，得到一个女人比获得食物要容易得多。原始人类对无法适应现实造成的后果的恐惧才是他们抑制本能的强制性缘由。人们在面临灾难时，不得不自问如何去补救。由于受阻而被迫退行的力比多总是要回头诉之于蛰伏在个人内心的种种可能性。一只狗若是发现门关上了，它就会不住地挠门，直到门被打开为止；而一个人如果被什么问题难住，他就会下意识地做出拍脑门、捏鼻子、抠耳朵、扯下唇等动作。如果他觉得不耐烦了，种种其他的节律性动作又会随之而来：他开始用手指头敲打某处，双脚来回搓地。不用多久，某些明确的性意象就会表现出来，比如手淫手势。科赫—格吕内贝格在他论述南美岩画的著作中告诉我们，印第安人坐在岩石上，一边等候他们的独木舟穿越激流平安归来，一边用尖利的石块在岩石上随手乱画。天长日久，岩石上满是乱七八糟的图画或笔迹，就像一块布满涂鸦的写字板。[1]这使我们更容易理解梅特林克（Maeterlinck）在其作品《青

1 *Südamerikanische Felszeichnungen*, p.17.

鸟》[1]中想要告诉我们的思想：两个孩子在未生之国寻找青鸟，他们发现了一个挖鼻孔的男孩。据说，将来有一天，当地球变冷，这个男孩将发现新的火。史毕尔莱因的病人[2]也把钻孔的动作与火和生育联系起来。她说："你需要铁来穿透大地。有了铁，你能用石头造出冷的人来。有了热的铁，你就能钻透大山。当铁钻入石头，它就变得炽热。"

218 当力比多因遇阻而被迫退行，它并非必然退到更早的性适应模式，而是更倾向于回归婴儿期的节奏运动，后者本身既是一种营养摄取的行为模式，又是一种性行为模式。凭着我们面前的这些材料，似乎无法排除一种可能性，即钻木取火的发明来自上述行为模式，也就是因退行而唤醒的行为律动。[3]在我看来，这种假说在心理学上是可能的，尽管我并不坚称这是人类发现取火之术唯一可能的途径。也可能是哪个原始人偶然拿两块燧石相碰，打出了火花，就此学会了取火用火。在这里我所关心的只是心理过程，其中的象征向我们暗示，钻木取火可能就是这样被发明出来的。

219 虽说这种节律性运动给人一种强烈的游戏印象，但这所谓的游戏中蕴含的专注性和能量也同样令人印象深刻。众所周知，此类仪式（我们只能如此看待它们）是极其严肃的，展现了

1 Teixeira de Mattos trans, p.100.

2 p.371.

3 关于此之证据，见 Bücher, *Arbeit und Rhythmus*。

非同一般的精力投入，这与原始人出名的懒惰形成了鲜明的对比。这种所谓的游戏具备了一种有意图的努力的特征。如果说某些部落的人能伴着只有三个音符的单调旋律彻夜舞蹈，那么，以我们的思维方式来想，这种举动是完全缺乏游戏因素的：它更像是一种出于特定目标的活动。事实也正是如此，因为节奏是一种令特定观念或行为在头脑中打下深刻烙印的传统办法，在这里，需要被镌入人的头脑并使之有序排列的内容，就是力比多向一种新的行为模式渠化的过程。在人的发展过程中，随着营养摄取阶段的过去，节奏性运动已经再不能从进食行为中找到发泄出路，它便转向别的方面，不只包括严格意义上的性领域，还包括音乐、舞蹈等“诱骗机制”（decoy mechanisms），并进而渗透到劳动中。在原始社会中，劳动总是与音乐、歌唱、舞蹈、鼓点及所有其他的节奏形式之间存在着密切关联，这是一种十分引人注目的现象。这种关联形成了通向性领域的一座桥梁，从而使原始人有机会从手头的劳作中转移注意力，稍得消遣。由于这种注意力转移是司空见惯的，普遍存在于人类文化的各个方面，所以人们受此误导，总以为无论哪种类型的成就都是对某种形式的性的替代。我认为这种观点是错误的，不过也错得情有可原，因为性本能对人的心理来说实在是太重要了。我本人也一度持有类似的观点，至少我曾经以为，父母对孩子各种形式的喜爱和保护欲从本源上讲，来自性力比多的分化和变异，或者说来自最广泛意义上的繁殖本能，因此是一切文化活动的初级阶段——只要这些文化活动就其本性而言是受本能驱使的。弗洛伊德的影响是造成这种错误的原因之一。另一个更有说服力的原因是，节奏因素往往附属于这种功能。后来我才认识到，节奏运动根本不是来自营养摄取阶段而后转移到有性阶段的，而是普遍存在于各种情感过程中的一种特点。无论发生在人生任何阶段的任何一种兴奋，都体现出节奏性表达、持续言语及重复的倾向。就像在语词联想实验中很容易看到对语调复杂的反应语的重复、半谐音、押头韵现象，都是上述倾向的表现。[1]因此，我们无法以各种节奏模式为依据来认定它们的作用功能来源于性。

220 由于性在心理上的重要性，加之存在着如此似是而非的性意象，令人非常容易在面对退行问题时偏离正路，而走上唯性论的小道：似乎人的一切困扰都应归因于受到不公正拒绝而得不到满足的某种性渴望。这种推理方式对神经症患者来说是很典型的。原始人似乎能够本能地意识到这种偏差的危险性：澳洲的华昌地人在举行圣婚庆典时，在整个仪式进行过程中都不可以看女人一眼。美洲某印第安人部落有这样的传统习俗：武士们在出征前，要全体围成一个圈，圈子中央站着一个年轻漂亮的裸体姑娘。如果有谁勃起，那么他就被判定为不

1 Eberschweiler, “Untersuchungen über die sprachlichen Komponenten der Assoziation”.

适合参战，从而失去出征资格。遁入性中通常是逃避现实问题的一个途径——尽管并不总是这样，但十分常见。一个人会自欺欺人地认为，问题纯粹出在性的方面，麻烦在很久以前就开始了，其原因要追溯到久远的过去。这就等于把眼前的问题偷换成了别样的、危险性较小的问题，是一条逃避现实的天赐小径。不过，这种非法获利是以牺牲心理适应为代价的，个人还会因此而患上神经症。

221 我们在前文中已经探讨过，本能抑制的源头在于对生存之战真实危险的恐惧。然而，外在现实并不是这种本能恐惧抑制的唯一来源，因为原始人对“内在”的现实（梦境、祖先之灵、精灵鬼怪、神仙、魔法师、巫术等）往往抱着更大的恐惧。今天的我们以理性自诩，认为只要指出这些事物的不真实性，就能截断这种恐惧的来源；然而，一直以来，它却始终作为一种心理现实而存在，任何理性论证在其非理性本质面前都显得无能为力。你可以说服土著人放弃某种迷信信仰，但你无法凭着规劝把他从酗酒、道德堕落和空虚无望的境地中拉出来。有一种心理现实，与外在世界一样地无情，一样地不可抗拒，但你若知道如何回避它的危险，发现深藏在其中的宝藏，它就会像外在世界一样变得对你有用、有益处。“魔法是丛林的科学”，一位著名探险家曾如是说。文明世界中人对原始迷信极尽轻蔑，这就如同一个人对中世纪的长矛战戟、城堡和尖顶大教堂嗤之以鼻一样，是一种不明事理的表现。原始手段用于原始环境，正如机枪和收音机可用在现代环境下一样有效。我们的宗教和政治意识都是提供拯救和挽回的手段，可堪比原始时代的魔法观念，一旦这类“集体表象”（collective representations）告缺，立即有形形色色的个体痴呆和特异癖、躁狂症、恐怖症、灵鬼崇拜等涌现出来填补它们的空位，若论原始性，这些东西可谓登峰造极，更不用说我们这个时代那些足以令16世纪的猎巫事件相形见绌的心理流行病了。

222 尽管我们的理性试图通过论证消除这种心理现实，但它依然是，并且今后还将继续是一种真实的焦虑的源头，人越是否认，它所带来的危险性就越大。人的各种生理本能不仅要面临外在的种种阻碍，还要面对来自内部的阻抗。同一个心理系统一方面是以本能的强烈欲望为基础，另一方面又建筑在与之相对立的意志之上，这种意志至少和生理欲望的驱动力同样强大。

223 除了受到外在必要性的驱策之外，压抑或潜抑自然本能的意志，或者毋宁说是克服本能的自我主张和自我放纵的意志来自某种灵性的源头；换言之，其中的决定性因素在于超自然的原始意象。这种意象、观念、信仰或理想，通过个体的特异能量而发生作用，人并不是总能随心所欲地支配这种能量来达到此种目的，但是上述意象似乎能在人的身上激发出这种能量。即便是父亲的权威也难以强大到让儿子永远在精神上处于降服状态。只有当父亲借助于或表达出这样一个在人类心目中被视为超自然的，或者至少是得到意见共识支持的意象时，才能做到这一点。环境的暗示力量本身就是这种意象的超自然性的一个结果，又反过来加强了它的超自然性。如果没有这种暗示，意象的集体效力就将变得微不足道，或者根本不存在，尽管它作为个人经验可能是极为强大的。我之所以提到这种情况，是因为这涉及一个存在争议的问题，即内在意象或集体表象是仅仅来自环境的暗示，还是也来自一种真实、自发的经验。前一种观点属于以未经证实的假定作为论据的诡辩，因为被暗示的内容显然必须先得在某个时间以某种方式生成才行。曾经有过一段时间，神话的表述完全是出于创新，是一种超自然的体验，甚至在今天，任何人只要付出足够的努力，还能观察到这种主观体验。我在前文中已经举出了一个关于神话叙述（太阳阳具象征）在特定情境下复活的例子，[1]就其知识获得途径来讲，已经排除了一切直接传递的可能性。那位患者是一个小企业的雇员，最多只接受过初中教育，自小生长在苏黎世。我无论如何也想象不出，他关于太阳阳具象征的观念，那种来回摇摆的幻觉形象，以及关于起风的想法都是从何而来的。按理说，我本人在接触知识方面条件比他优越得多，似乎更应该了解这一系列相互联系的观念，然而我当时对此一无所知，直到我读了迪特里希在1910年出版的一本书，才发现他的幻觉与书中内容存

1 ［See pp.100ff，上文。］

在类同，而那已经是我最初观察到他这种幻觉的四年之后了。[1]

224 我所观察到的并不是一个孤立的病例：[2]这显然不是一个观念传承的问题，而是关于人类天生具有制造类同意象的禀赋的问题，或者毋宁说是人人共有一些相同的心理构造，我后来把这些相同的心理构造称为集体无意识的原型。它们与生理学上的"行为模式"概念是相对应的。

225 回眸宗教现象史，我们看到原型具有典型的超自然影响力，因此它才会对人形成不亚于本能的支配力。更有甚者，这种力量能抑制直至战胜本能，这是一个无须再提供任何例证的事实。

226 每当本能受到抑制，便会因受阻而退行。更准确地讲，假如性欲受到抑制，最终就将发生退行，在此过程中，性能量从这一领域回流，从而激活其他领域的功能。通过这种方式，能量转换了形态。还是以华昌地族土著的仪式为例：他们在地上挖出的坑有可能是一种母亲生殖器的喻体，因为当男人被禁止看女人的时候，他的爱欲便转回到母亲身上。然而，由于必须不惜一切代价避免乱伦，地上挖出的坑便起到了一种母亲替代物的作用。这样，在仪式进行中，乱伦性质的能量成分可以说是经历了一种去性化过程，被引导回到了婴儿期，如果操作得

1 关于本案例之详细信息，见"The Concept of the Collective Unconscious"。

2 Cf. Jung with Kerényi, *Science of Mythology*，以及 Jung, *Psychology and Alchemy*, pp.47ff。

当，它将就此获得另一种形式，相当于另一种功能。然而，可以设想，这种操作的完成也是极其困难的，因为原始本能由（乱伦性质的）族内婚和族外婚两种倾向构成，因此必须被分成两半。这一分割关联着意识和形成自觉意识的过程。退行总是伴随着某些困难，因为心理能量还固恋着它原来的对象，当它从一种形式转化为另一种形式，总是把前一种形式中的某些特点带入下一种形式中。[1]故，尽管作为结果的现象具有性行为的某些特点，但它也不再是一种性行为了。同样，钻木取火也只是对性行为的一种类比，正如后者在语言使用中常被用来比喻其他各种活动一样。力比多回溯到婴儿期之初的前性阶段，其特点是具有无数种被应用的可能性。因为，力比多一旦到达那里，就被恢复成了原来未分化的多方面的可能性状态。因此，可以理解为，因退行而"投入"这个阶段的力比多会发现自己面临着多种多样的应用可能。既然在华昌地族的仪式中，力比多系于性这个对象身上，那么它至少会把这种功能部分地带入新的形式当中，成为后者的一个主要特点。其结果就是，一种带着比喻性的对象被"投入"新的形式中，代替了被推到背景中的原来的对象。一个完美的例子就是提供哺育的大地母亲。前性阶段的心理决定了她具有提供哺育的特点，而性阶段

1　在古典物理学中以"延展性特征"而为人知。Cf. von Hartmann, *Die Weltanschauung der modernen Physik*, p.5.

的心理则决定了对她而言最典型的崇拜形式——圣婚。由此生成了有关农业的古老象征，耕耘、播种的工作交织着饥饿和乱伦。从古代的地母崇拜仪式中我们看到的是母亲的受精，但这一活动的目的在于获得田地的产出，它更多地与魔法相关而不是与性相关。在这里，力比多的退行重新激活了母亲作为欲望目标的形象，不过这一次不是作为性的象征，而是作为哺育者的象征。

227 如果说火的发现要归功于力比多向前性阶段的退行，这也同样是大有可能的。在此阶段，节奏性的行为模式可以有效地施以配合协作。力比多因本能受抑而被迫退行，它重新激活了婴儿式的钻孔行为，并为其提供了对象材料——“材料”一词用在这里真是再恰当不过了，因为这一阶段的行为对象正是母性。正如我在前文中指出的，钻孔这种行为，只消加上成年人的力气和恒心，便能够生出火来。因而，钻木取火最初时很可能是类似前面提到的手淫钻孔举动的一种准手淫行为的客体表达。尽管我们不可能指望为我们的论点提供任何真正的证据，然而至少可以想到，这种最初的取火行为或许尚有遗痕存留至今。我成功地在一部不朽的印度文学典籍中发现了下面的段落，其中描写的正是力比多转入取火功能的过程。此段出自《广林奥义书》(*Brihadaranyake Upanishad*)：[1]

---

1 《奥义书》详释了吠陀梵语作品的神学体系，包含了教导的推测部分和神智学部分的内容，吠陀语作品几乎都难以确定其年代，鉴于很长时间以来它们只是口口相传，因此它们可追溯至极其久远之过去。

他（阿特曼[1]）的大小相当于男女结合体，他自分为二，夫与妻便由此而来……[2]他与她结合，人便由此而生。

她想："他既造了我，又怎能与我共寝？我要躲藏起来。"于是她化为一头母牛，他随之化为一头牡牛，二者交欢生出小牛。她化为母马，他随之化为牡马；她化为母驴，他随之化为牡驴；二者交欢生出各种各样的有蹄动物。她化为母绵羊，他随之化为公绵羊；她化为母山羊，他随即化为公山羊；二者交欢生出绵羊和山羊。就这样，他造出万物，直至公母蚁类……

之后他自觉道："我便是造物，因我由自己生出了万物。"这便是造物。他知道这些，并在此造物中创造了自身的存在。

遂做如此摩挲动作（双手置于嘴前）。由他的口，即火之洞口，由他的双手，他造出了火。[3]

1　一种原始的普遍存在，此概念在心理学术语体系中与力比多概念有一致性。

2　阿特曼因此被视作原始的双性恋或雌雄同体。这世界由欲望所创造：Cf. Brih. Up.1, 4, 1—3："世界之初，只有自性单独以人（原人）的形式存在。他环顾四处而发现除己无它……他变得害怕，因而人们独自一人时会害怕。他想：'为什么我会害怕，是因为除我之外空无一物吗？……它没有任何欢乐；因此独自一人时人们了然无趣。他想要第二个人。'"因此如上所述，紧接着他一分为二。柏拉图的世界灵魂思想非常接近于这一印度意象："我不需要眼睛，因为外在无任何需看见之物，我不需要耳朵，因为外在无任何需听到之声……无处出自它或进入它，因为无物存在。"（*Timaeus*, 33, trans. based on Cornford, p.55.）

3　Brih. Up.1, 4, 3—6, trans. based on Hume, pp.81—82.

228 我曾观察到一个一岁婴孩做出了一种非常奇特的动作：他把一只手放在嘴前，同时用另一只手不断摩擦着它。不过几个月后，孩子便放弃了这种习惯。此类情形表明，那种认为此类基本神话母题乃建筑在早期婴儿动作基础上的解读方式自有一定的道理。

229 从另一方面讲，这个婴孩的动作还有一处令人倍感兴趣的地方：它着重强调了嘴部区域；在这个早期年龄段，嘴的意义还完全在于摄取营养。在摄食过程中，他所体会到的愉悦和满足都集中在嘴部。不过，如果把这种愉悦诠释为性的愉悦是很不恰当的。摄食是一种实在的活动，其本身就能带来愉悦，加之它是一种维持生命的必需活动，大自然又特别强化了这种愉悦。不久，嘴又开始发展出了作为语言器官的第二种意义。语言的极度重要使嘴对幼童的重要性又翻了一番。它所进行的节奏性活动表达了情感力量即力比多在此部位的聚集。如此，嘴部（以及较为次之的肛门部位）成为首要的起源之地。据《广林奥义书》所云，原始人类最重要的发现，即火的发现，便源出于口。不负我们所望，古代典籍中确有将火与语言之间画上等号的文本。《他氏奥义书》（*Aitareya Upanishad*）中说道：

> 接着他又从水中拽出人（原人），并塑成其形貌。他静对此人，一心不乱，作种种观想。于观想之际，此人口为之开，有如蛋的开裂。由口中生出了语言，由语言生出

了火。[1]

230 这里说到，语言生成了火，但隔了不久，书中又告诉我们，火生成了语言。在《广林奥义书》中有一段阇那迦（Janaka）国王与耶若婆劫（Yajñavalkya）的对话，表现了语言与火之间的类似关联：

> “耶若婆劫，人的光是什么？”
>
> “太阳是他的光。”耶若婆劫答道，“人在日光指引下休息、出行、劳作和归来。”
>
> “你说的是，耶若婆劫。请问，当太阳沉落后，人的光又是什么？”
>
> “月亮是他的光。”耶若婆劫答道，“人在月光指引下休息、出行、劳作和归来。”
>
> “确实如此，耶若婆劫。但是请问，当月亮沉落后，人的光又是什么？”
>
> “火是他的光。”耶若婆劫答道，“人在火光的指引下休息、出行、劳作和归来。”
>
> “那你的意思是，耶若婆劫，要是当太阳和月亮都已沉落，火光也已经熄灭之后，人的光又是什么呢？”

---

1 I, 3—4, trans. based on Hume, p.294.

“语言是他的光。”耶若婆劫继续答道，“人在语言之光指引下休息、出行、劳作和归来。”

“你的意思是，耶若婆劫，当太阳和月亮都已沉落，火光已经熄灭，语言也归于寂静之后，人的光又是什么呢？”

“梵（我）是他的光。”耶若婆劫答道，“人在梵光指引下休息、出行、劳作和归来。”[1]

231 嘴、火和语言之间的这种关联其实并不像它们表面看起来那么令我们感到陌生。我们常说一个人被别人的话气得“火冒三丈”“怒火中烧”，又形容一些话语令我们“如火一样地燃烧”，我们也常说某人像“炽烈的人”等。在《旧约》的用语中，常把嘴与火联系起来，如《撒母耳记下》第22章第9节写道：“从他鼻孔烟气上腾，从他口中发火焚烧……”《以赛亚书》第30章第27节写道：“看哪，耶和华的名从远方来，怒气烧起……他的嘴唇满是愤恨，他的舌头像吞灭的火。”《诗篇》第29章第7节（据英语修订本《圣经》）写道：“耶和华的声音使火焰分岔。”《耶利米书》第23章第29节写道：“我的话岂不像火吗？”最后，在《启示录》第11章第5节中，有火从两位做出预言的见证人口中出来，烧灭仇敌。

232 火被一而再，再而三地称为“吞噬的”“吞灭的”，令人联想

1 Trans. based on Hume, p.133.

到嘴的功能，就如《以西结书》第15章第4节中所写的："它被抛在火中当作柴烧，既被火吞噬了两头，中间也被烧了。"《申命记》第4章第24节说："因为耶和华你的神乃是烈火，是忌邪的神。"最为人熟知的例子恐怕就是《使徒行传》的第2章第3节、第2章第4节了："又有舌头如火焰显现出来，分开落在他们各人头上。他们就都被圣灵充满，按着圣灵所赐的口才说起别国的话来。"是火的舌头令使徒们有了说方言的能力。而在《雅各书》第3章第6节中，使用了火的负面意义："舌头就是火，在我们百体中，舌头是我们罪恶的世界，能污秽全身，也能让生命之轮着火，并且是用地狱之火点着的。"《箴言》第16章第27节同样说道："匪徒图谋奸恶，嘴上仿佛有烧焦的火。"《启示录》中描写的龙或马（《启示录》第9章第17节）口中喷着火、烟和硫黄，正如《约伯记》第41章第19节中说的："从它口中发出烧着的火把，与飞迸的火星。"

233 嘴与火和语言的关联是无可置疑的。另一个应当纳入考虑范围的事实是，多部词源学词典都将印欧语词根 *bhā 与"明亮、闪亮"的概念联系起来。这个词根可见于希腊语、古爱尔兰语和德语中表示"白色的""使闪亮"等意义的词。不过，其同形异义词根 *bhā 又有"说话"之意：这个词根可见于梵文的 bhan，意即"说"；亚美尼亚语中的 ban，是"词"的意思；德语中的 Bann、bannen，意即"诅咒，以咒语加于某对象"；这些也对应于希腊语和拉丁语中的一些词。

234 词根la（出声、吠叫）出现在梵文“回响、回荡”以及“发光发热、闪耀”等词中。

235 类似的古代词义融合出现在由同源词根ben和bel衍生出来的一组埃及词汇中，两个词根分别自我重复，形成benben和belbel两个词。它们的原意为“迸发、出现、膨胀、涌起”，其相关意义为“冒泡、沸腾、充盈”。belbel与一个方尖形字符共同出现，表示某种光源。这个方尖形字符可以代表好几种意思：teshenu，men，benben，以及比较罕用的berber及belbel。[1]印欧语词根*vel意为像火焰般跃动，出自梵语ulunka，即火焰。希腊语和雅加地语中的“太阳般的温暖”一词、哥特语中的“波动”一词、古高地德语和中古高地德语中的“温暖”一词等相互之间都有着一定意义的关联。[2]尽管，我们只能看见天上群星的星光，但我们仍和毕达哥拉斯一样，纵谈穹苍的音乐与天空的和声。歌德也用同样的手法打开了他的《天堂序曲》：

---

1 Cf. Brugsch, *Religion und Mythologie der alten Aegypter*, pp.255f., *Dictionnaire hiéroglyphique*.

2 “swan（天鹅）”这一单词也可能在此提及，因为天鹅在其死亡之时会歌唱。天鹅、鹰和凤凰在炼金术中以相关符号出现。它们指代太阳，因而是哲学黄金。也可见于海涅的诗句（德亨特译）：

湖上天鹅孤独吟唱，
他来回划动双桨，
歌声越发微弱，
沉入他的坟墓之下。

星,依旧清澈明亮,
沿着它既定的轨道向前;
相伴弹奏起竞赛的歌时,
四周不时有雷声滚过。[1]

在第二部中,他又写道:

新生的一天就要开始,
听,时光女神的风暴,
正响彻精灵的耳边。
巨岩般的大门渐渐分离,
福玻斯雷动般的车轮正在开启,
火车带着光,还有轰鸣。
鼓声震响,号音雷鸣,
令人眼花缭乱、哑然失色、双耳欲聋。
快快躲进花草丛中,
深藏在那里千万别动,
躲入岩下,钻进树叶底,
否则你们的听力会被毁坏。[2]

---

1 Trans. by Wayne, p.39.

2 Trans. based on MacNeice, p.159,以及Philip Wayne,未发表。

236 我们也不应忘记荷尔德林(Hölderlin)的诗句:

> 你在何方? 一定是带着你无尽的荣光醉饮
> 我的灵魂在梦里酣畅; 但我依然还在倾听,
> 当光芒四射的青春太阳充满金色的时候
> 弹起他神圣的七弦琴,唱起他的晚歌,
> 让这歌声伴随着金色的阳光,流泻并回荡在树林山间……[1]

237 诗中的众多意象把我们带回到太阳神阿波罗那里,他那精湛的琴艺使他在众神之中享有音乐家的美名。诗中的音乐、声音、光与火的融合,几乎调动了人们所有的生理通道,表达出了一种类似于"听得到的色彩"般的意境,就如可以让我们感受色彩的音调品质和音乐的色彩品质一般。这不由得令人思索: 在音乐和色彩之间是否存在着某种前意识的一致性? 这两种现象尽管确有不同之处,但它们之间仍有某些共通之处。使人类区别于其他生物的两个重大发现(语言的使用和火的使用)应该拥有共同的超自然能量的背景,可能并非偶然。它们都是心理能量(力比多或超自然力量)的产物。梵语中有一个术语,它所表达的正是我在前面已经提到的,音乐和色彩在前

1 "Sunset". [Cf. trans. by Hamburger, p.97.]

意识情境中的所有的细微差别。这个词就是“tejas”(光辉)，它包含了以下一些意义：

1. 锋利度、刀锋。

2. 火、闪亮、光、情欲、热度。

3. 健康的外貌、漂亮。

4. 人类器官引起激情和感受色彩的能力(位于胆汁中)。

5. 力量、能量、生命力。

6. 激情。

7. 精神与魔力；影响、地位、尊严。

8. 精液[1]。

238 所以，tejas在梵语中恰恰描述了“力比多”一词所涵盖的心理情境。它确实标识出了主体的强度。任何强有力的、经由能量高度控制的内容，都因此具有广泛的象征意义。这一点在语言上表现得足够明显，语言能表达几乎任何事物。在此，我们有必要就火的象征意义略加讨论。

239 梵语中的“火”是agnis(拉丁文是ignis[2])，其人格化为火神阿耆尼(Agni)，一位神的使者，在象征意义上与基督教观念有某些相似之处。

240 一个波斯语中以火命名的名字就是Nairyosagha，是一个

---

1 [Cf. Macdonell, *Sanskrit Dictionary*, p.112, s.v. “tégas”.——英编注]

2 与ag-ilis相关，“敏捷的”，见Max Müller, *Origin and Growth of Religion*, p.212。

表达"阳性"的字(参照印度语中的Narasamsa,见"男人的心愿"[1]),马克斯·缪勒(Max Müller)在论到阿耆尼时谈道:

> 在婆罗门观念中,将火同时视为祭祀的主体与客体,这并不令人感到陌生。火拥抱着祭品的样子就像火是祭司;它又把祭品带往天神面前,充当着人神之间的中介。但是,火又在一定意义上代表着神圣,代表着一位备受尊崇的神灵。因此,火既可以成为祭祀的主体,也可以成为祭祀的客体。阿耆尼"自我献祭"的观念便由此而来,说他"为自己奉上祭品",又说他"献上自己为祭"。[2]

241 以上思想与基督教象征之间的相似性是显而易见的。奎师那(Krishna)在《薄伽梵歌》中表达了同样的思想:

> 万物皆神!
> 酥油谷物,供奉给梵天,
> 火为梵天,它所吞食之肉带给梵天。
> 身处如此境界,作梵天观想者,
> 欲成为梵天者,欲到达梵天者,

1 Spiegel, *Erānische Altertumskunde*, II, p.49.

2 Max Müller, *Introduction to the Science of Religion*, pp.164—165 n.

将修得梵天。[1]

242 柏拉图的《会饮篇》(*Symposium*)中那位智慧的第俄提玛(Diotima)对"神使"和人神间的"中介"有着相当不同的理解。在第23章中,她告诉苏格拉底:亲爱的苏格拉底,爱神厄洛斯是"介乎神与人之间的中介……他是一个力大无比的精灵。凡是精灵都介乎于人神之间"。他的功能就是"来往于天地之间,传递和解释人神之间的信息。他把人间的崇拜和祈祷传给神,又把神的应答和意旨传到人间。由于居于人神之间,他们沟通天地,把整个乾坤连成一体"。第俄提玛为爱神厄洛斯描绘了一幅出色的肖像:"他勇敢、无所畏惧、奋发向前。他像一个极有智慧的猎人,总是会有很多神奇的点子。他对知识如饥似渴,充满智谋,像一位灵巧的魔法师、一位炼金术士、一个真正的哲学家。他既不是凡人,也不是神仙。但没有一个人可以像他那样,在同一天之内,时而鲜活且富于生命力,时而却接近于死亡,时而又借助于他父亲本性的神奇力量而重获新生。还有,他赢得的所有丰富的资源也永远地从他身边悄悄溜走。"[2]

243 在《波斯古经》(*Avesta*)和《吠陀经》(*Vedas*)中,火是神的使者。基督教神话中也有与阿耆尼神话暗合之处。《但以理书》

1 In Book IV, trans. by Arnold, pp.25—26.

2 *Symposium* 202 E, 203 D—E, trans. by Hamilton, pp.81f,修订版。

(*Daniel*)第3章第24节描述了三个人被投入熔炉中的情形:

> 那时,尼布甲尼撒惊奇,急忙起来,对谋士说:"我捆起来扔在火里的不是三个人吗?"
>
> 他们回答王说:"王啊,是。"
>
> 王说:"看哪,我见有四个人,并没有捆绑,在火中穿行,但没有受伤,那第四个人的相貌像是神的儿子。"

244 1471年出版的《平民圣经》(*Biblia parperum*)中评论道:

> 我们在先知《但以理书》的第3章中看到,巴比伦王尼布甲尼撒二世命人把三个人投入熔炉中,然后,王来到熔炉口往里张望,看见与这三人一起还有第四个身影,相貌好像神之子一样。这里的"三人"对我们来说意味着人的神圣的三位一体,第四个形象代表着他们合一后的存在。基督的形象转化中也同样表达三位一体及其合一的存在。

245 根据这一诠释,三人被投入熔炉中的传说实为一个魔法般的过程,在此过程中那第四个形象被创造了出来。燃着熊熊烈火的熔炉,像《浮士德》中"烧红的宝鼎"一样,都是母性的象征。从那宝鼎中生出了炼金术中所描述的"由皇室的一对配偶帕里斯和海伦生出的孩子",而在流行的民间传说中,这小孩子乃是从烤箱里烘焙出来的。在炼金术器具当中，熔炉是身体的象征；而蒸馏器，即赫尔墨斯之皿，则代表子宫。熔炉中的“第四者”在火中显现出宛如神之子的相貌。而耶和华本身就是火。[1]在《以赛亚书》第10章第17节中（据修订本《圣经》）讲到以色列的救赎主时说道：“以色列的光必如火，他的圣者必如火焰。”古叙利亚圣徒厄弗莱姆（Ephraem the Syrian）在一首赞美诗中向基督祈祷：“纯粹为火的基督啊，请怜悯我。”此说法的依据是《次经》中主耶稣的一句话：“凡靠近我者就是在靠近火。”

246 阿耆尼是献祭之火，是献祭者，又是祭品。正如基督以圣餐之酒的形式为世人留下了他救赎的宝血，阿耆尼也是以苏摩酒的形式献上了他那精灵般的仙饮及不朽的琼浆。[2]在吠陀文学中，苏摩酒和火是一回事。古代印度教徒一方面把火视为阿耆尼的象征，另一方面又将其他看作内心欲力之火的发散。对他们来说，那醉人的仙饮中起作用的也是同样的心理原动力（苏摩酒被称为“火水”，苏摩—阿耆尼被称为“雨与火”）。《吠陀经》中将苏摩酒定义为“精液”，[3]这更确证了这种观念。阿耆尼作为苏摩酒的象征意义，相当于基督教义中把圣餐视为基督血肉的观念。

---

1 炼金术师也对这个故事感兴趣，他们把“第四个形象”看作是“filius philosophorum”。Cf. *Psychology and Alchemy*, pp.333ff.

2 阿耆尼的这一面指狄俄尼索斯，他表现的与基督教和印度教神话相类似。

3 “所有液体都由精液创造，那就是苏摩酒。”Brih. Up.1, 4, 6.

247 苏摩酒又是“滋养的饮品”。它的神话特点与火的特点恰恰相符，于是二者在阿耆尼的形象中得到了统一。另一种不朽的甘露是印度教诸神合力搅和的结果，这种搅和的动作与取火的动作极为相似。

248 至此，我们的论述一直围绕着阿耆尼祭祀中的钻木取火这一组成部分展开，而且我们也只讨论了其一重含义，即表达摩擦层面意义时的含义。不过，正如库恩已经阐明的，这个词还可表示“撕下或掰下”“攫取”“抢夺”[1]之意。在他看来，这种含义即使在早期的吠陀典籍文本中也是极其明显的。神话传说中总是把火的发现说成是窃得的，在这一点上，它与“难以获得的宝物”这一广泛流传的母题之间存在着渊源。在许多神话中，生火都是被禁止之事，是对神权的非法窃夺，只能通过诡计或暴力获得火种，而在大多数情况下，人都是凭着智谋达到了目的。[2]古代印度教的宗教法典规定，对任何不以规范程序取火的人都施以严惩。天主教会有在复活节点燃新火的习俗。如此看来，即便在西方，点火也是宗教秘仪中的一个组成部分，这更证实了它富含象征和意义模糊的特性。若想获得想要的魔法效力，就必须严格恪守仪式的规程。这种仪式通

1 问题在于这一意义是否仅仅是一个二次开发。库恩似乎这么认为，他说道（*Mythol. Studien*, I, p.18）：“但是，与此一意义一道，manth这一词根已经有所发展，它作为一种撕裂或采挖的自然程序，也在《吠陀经》有了发展。”

2 例子见Frobenius, *Das Zeitalter des Sonnengottes*。

常都具有一种预防性的、驱邪的含义，当被错误地履行或使用时就可能适得其反，招来本应避免的危险。语言和生火代表着原始人对自身动物性无意识的胜利，因而成为用来征服始终潜伏于无意识中的“魔鬼”势力的一种有力的魔法武器。力比多的上述两种应用都需要人全神贯注以及内心的自律，从而促进意识的进一步发展。另一方面，对仪式的不正确履行或使用会导致力比多的逆行，这是一种危险的退行，在这种退行中，早期的本能无意识状态可能重现。其危险潜藏于那些众所周知的“心灵之灾”——人格的分裂（“灵性的丢失”）和意识的减弱之中，二者都会自动地强化无意识的力量。这种后果所带来的危险不仅仅原始人无法避免，文明人也同样身陷其中。

249 力比多的受阻导致本能的积聚，从而造成形形色色的心理失常和偏离常规的情形。其中，性方面的扰乱是颇为常见的，这不出我们的预料。一个特别富于启发性的例子便是关于纵火狂的心理学：纵火狂实际上是一种因退行而来的生火行为，在某种程度上还伴有手淫。施密德（Schmid）[1]曾报告过一个患有痴呆症的乡下男孩多次纵火的案例。有一次，有人看到他站在一座房子的大门洞里，手插在裤袋里，狂喜地凝望着烈焰腾腾的火场，于是便怀疑他是纵火者。后来，经过盘问，他承认自己总是一边欣赏自己放的大火一边手淫。

1 “Zur Psychologie der Brandstifter”, p.80.

250 生火是一种自古以来的惯例，它本身是无害的，没过多久就失去了它最初的神秘性。然而，在特别情境下（比如一些仪式性的丰食酣饮场合）采用神秘仪式来生火的倾向却始终存在，且要完全照规定的程式而行，无人敢做半点更改。这种仪式的作用就是让我们忆起最初取火的神圣，除此之外便无实际意义。生火记忆，相当于追忆起原始时代的祖先，以及相对来说处于更高文明阶段上的众神。从心理学角度看来，这种仪式是一种颇有意义之举，因为它代表着一种规范清晰的对力比多的渠式化进行疏导的程式和意义。事实上，它对我们具有范例性的实用价值，告诉我们在力比多受阻的情况下应当如何行事。我们所谓的力比多受阻，在原始人那里是必须面对的铁一般的事实：他的生命之流凝滞了，万物失去了光彩，动物、植物和人丁都不再兴旺。中国古代的《易经》哲学针对这种状态发明了一些精辟的喻体。处于同样状况下的现代人则有一种停滞不前的体验（“我被困住了”），感到失去了能量和快乐（“生活的热忱——力比多——消失了”），或者经历消沉抑郁。做医生的必得常常告诉他的病人，在他身上究竟发生着什么，因为现代人的内省能力已经大为欠缺了。即便在今日，如果我们在复活节点燃圣火，那也是为了纪念人类初次钻木取火行为的救赎和拯救意义。通过这种方式，人类从自然那里夺来了一个秘密——普罗米修斯窃得了火种。他令自己犯下了通天之罪，把一片古老的无意识碎片重新纳入自身头脑的阴影之地。通过这种窃夺，他擅自盗用了某种珍贵之物，因此触怒了众神。任何人如果了解原始人对创新行为及其未知后果有多么惧怕，都能想象得到此种发明会令他们如何地忐忑不安。这种原始体验在普遍存在的抢劫母题中得到了呼应（比如，牵走革律翁的牛群，攫取赫斯珀里德斯的金苹果，以及盗取不死仙草等），值得铭记的是，在阿里恰的狄安那秘教崇拜中，唯有他才有资格充当她的祭司，从这位女神的圣林中折取金枝。

四

英雄的起源

251 在力比多的所有象征中，最精妙的象征莫过于被构思为魔鬼或英雄的人物形象。在此构思中，象征离开了具体的客体，离开了浩瀚星空中的物质领域以及气象中的风云闪电的意象，呈现出了人的形象，并进而把他转化成一个历经欢乐到悲伤、悲伤到欢乐的人。而且，其生命轨迹犹如一轮红日，历经高悬天顶，暗入地线，旋即又身披金色光芒再次跃上天际。[1]人的生命亦如天上的太阳，凭着自身的旋转，依照自身内在的法则，自清晨开始上升，直到正午落在天穹之顶，随即转而向下直到黄昏，留下它的光辉，毅然投身到无边无际的黑夜；人的生命何

---

1 所以太阳神美丽的名字吉尔咖美什(欢乐与忧伤之人)，in Jensen, *Das Gilgamesch-Epos*。

曾不是如此？按照其不可改变的法则发展，当他的旅程即将结束之际，便没入黑暗，而后又经由他的儿女后代再次开始新一轮的生命。由太阳到人的象征转化是很容易产生的，米勒小姐创作的第三部分和最后一部分便是遵循了这一模式。她将其命名为“Chi-wan-to-pel：入睡前发生的戏剧”，并向我们提供了以下与此剧来源相关的信息：

> 对我来说，那天晚上充满了担心和焦虑，直到十一点半左右我才上床休息。尽管已很疲惫，但我心里无法宁静，辗转反侧，无法入睡，似乎心灵的天线始终处于接收状态。那时屋里一片漆黑，我紧闭双眼，预感到有什么事情即将发生，我等待着。忽然，一阵强大的放松感流泻全身。我没有动，保持着尽可能完全被动的状态。接着，线条、火星和螺旋状的火苗出现在我的眼前（这都是神经紧张和视力疲劳的征候），接踵而至的便是最近发生的一些事情千变万化、断断续续地闪现。

252 读者想必也和我一样，为不知道她那些担心和焦虑的原因而感到遗憾。获得这一时间点上的相关信息，对接下来的一切将是极为重要的。从米勒小姐创作第一首诗（1898）到现在我们所讨论的幻想作品问世（1902），其间过去了整整四年，当这一问题在无意识中确实并非处于停滞状态的同时，我们却对这一时期的一切信息一无所知。或许这种信息的缺失也有它的好处，那就是现在我们对她这种普遍有效性的幻想的呼之欲出的兴趣，不会被我们对作者个人命运的同情性关心所掩盖。这就避免了一种困难，即临床医师们经常遇到的麻烦：在日常工作中，医师们常常被一件件细节烦琐的事情所吸引，而远离了发现那些更为广泛的联系。在这种广泛的联系中，每一个神经症性的冲突都是构成人类命运总体的部分。

图17. 海格力斯的前三项伟业
经典大理石雕

253　作者所描述的心理状态，与一例有意策划的梦游症发作前出现的状态极为相似，[1]媒体上也经常有对此类现象的描述。人们内心一定存在着某种意向，乐于倾听这种夜间发出的虚弱

1　Cf. Silberer, “Phantasie und Mythos” , pp.513ff.

声音，否则这种微妙而难以察觉的内心体验将会被人忽略。借助于这种倾听的态度，我们依稀能够体会到一股向内流淌的力比多流，流向一个至今依然是不可见的和神秘的目的地。似乎在无意识深处力比多突然发现了一个具有强烈吸引力的目标。由于我们的生活是向外的，一般不会允许此类内倾指向的发生，因此我们不得不推测有什么非同寻常的状况存在。比如，外在目标的缺乏，从而迫使个体转向内心深处去寻求替代物。难以置信，如此丰富的一个大千世界却贫乏到不能为人类之爱提供一个客体——但它为每个人都提供了无限的爱的机会。抢劫他人爱的机会的人在爱的方面必定相当无能。世界只对一种人会变得贫乏，这种人不懂得如何管理他的力比多，将之指向周围的人和事并使其绽放活力和美丽。迫使我们在内心深处创造替代品的并不是由于外在的缺乏，而是由于我们自己的无能——无法用爱来包容一切我们自身以外的东西。当然，生存斗争中的种种困难和逆境会对我们构成压力，但是再恶劣的环境也无法将爱与我们分隔；相反，压力常常会激励我们奋勇向前。现实世界的困难本身再困难，也绝对无法迫使我们的力比多回流到引发神经症的地步，因为它缺少了一切神经症形成的前提条件：冲突。唯有对冲突的阻抗，才能致使个体一味固执地向“行”说“不行”，唯有它才有能力制造那种可能成为病态紊乱开端的退行。对爱的阻抗产生了爱的无能，或者就是在爱中不能担当形成了对爱的阻抗。假如力比多可以被比喻成一条不断向现实世界注水的河流，那么从动力学的角度来看，我们应该把阻抗比喻成什么呢？它不是河床里的一块石头（若它只是石头的话，河水还能绕过它继续流向前方），而是一股回流向源头的逆流。心灵的一部分实在渴望去爱外部对象，但另一部分却竭力朝向着主观世界，因为在那里，幻想中的空中楼阁在召唤着它。

我们可以将人类意志的这种二分性（布洛伊尔称其为“矛盾意向”[1]）视为一种常见因素，不可忘记，哪怕是最原始的冲动实质上也是一种对立。因为，即使要做出像伸展这样简单的动作，也必须先通过神经刺激使屈肌活动起来。然而，一般说来，这种矛盾意向不会导致对意图中行为的抑制或阻止，反而对它的协调和实施是必不可少的。在这种取得微妙平衡的对立双方和谐关系中，如果冒出了任何阻挠意图中行为的力量，那么这股力量肯定是出于这一方或那一方的某种异常的量的增减。阻抗就来自这第三种因素的介入。意志的二分性也是如此，它正是造成人类如此之多的问题的根源所在。这异常的“第三种因素”介入原本紧密结合的对立双方之间，疏离了它们的关系，使之看似各自独立，变成两股真正相互抵触的势力。[2]于是乎，和谐变成了不和谐。至于这未知的第三种因素来自何处，

---

1 Bleuler, “Zur Theorie des schizophrenen Negativismus” .

2 参见克利什那神在《薄伽梵歌》中对犹豫的阿朱那的训词：“但是，汝自由于对立的一对之外！”（Trans. by Arnold, p.13.）

它究竟是什么,并不适于在此处探讨。弗洛伊德在乱伦问题中看出了其深处的联系(Root Complex),因为在他看来,退行至父母处的力比多不仅仅创造了象征,还带来了各种只能被认作乱伦性质的症状和状况。神话中大量出现的乱伦关系的来源便在于此。这种退行何以如此容易?答案似乎可用力比多所具有的特殊惰性来解释:它对过去的一切都不情愿放手,总想永远紧紧地抓住它们。如果剥去那层乱伦的外衣,尼采所谓的"亵渎神明的反向控制"(sacrilegious backward grasp)便只是一种比喻,用来形容一种心理上的倒退,退回原来力比多被禁锢于童年时期对象之中时的消极状态。按照拉罗什富科的说法,这种惰性其实也是一种激情:

> 在我们可能遭遇的所有激情当中,没有哪一种比"懒惰"这种东西更富于隐蔽性。它是最凶猛、最狡猾的,然而我们却感觉不到它的凶猛,也极少感觉到它所造成的破坏。如果我们细细体会它的力量,就会发现,无论何时何地,我们的一切情绪、兴趣和愉悦感都在它的绝对统治之下。它是一个最大的障碍物,令最大的船都无法启动,这种看似风平浪静的事物给我们所带来的不良后果,比一切礁石、风暴都更可怕。懒惰状态下的悠然静谧,是魅惑心灵的秘咒,能搁置它最迫切的追求,动摇它最坚强的信念。一句话,要对这种激情准确地加以描述,我们必得说它是

心灵中一种“知足常乐”的假象，使人无论承受多大损失也看似淡然，并以此来代替他应得的一切乐趣和利益。[1]

254 隐藏在危险的乱伦面具之下的，正是这种危险的激情。它披着“恐怖母亲”（the Terrible Mother）[2]的伪装与我们谋面，而它也确是行无数种恶事之母，精神紊乱还仅仅是其中一小宗。因为，从力比多的一潭死水中升起有毒的瘴气，从中诞生了给人类带来致命危害的海市蜃楼，它把现实遮蔽得严严实实，以致任何对现实的适应之举都变得不再可能。然而，我们不应继续探讨乱伦幻想的来源问题了，对乱伦问题仅略微提到便已足够。这里我们只想关心的是，在作者的这种情形中，阻抗是否引起了退行？这是否标志着一种她能感知到的外部困难？假如是外部困难带来的阻抗，那么力比多将被猛烈地拦挡蓄积，造成一场幻想的“洪水猛兽”。就其性质而论，这些幻想可被贴切地描述为试图克服各种障碍的计划：围绕解决办法的游戏式的想法，也许还包括一些用心良苦的想法，其结果不过是一首入睡前蒙眬状态中作成的诗。作者在上面段落中描述的被动状态，与存在外在障碍的情况并不相符，反而经其本身的默许而指向嘲笑真正的解决方案、偏爱其幻想替代物的一种倾

1 La Rochefoucauld, *Moral Maxims*, No.DLX, p.139.

2 见下章。

向。因此，我们最后只得设想存在着某种内在的冲突，与曾经创造出前两首无意识作品的前期经验在风格上有相似之处。如此，我们不得不做出以下结论：那个外在的对象是根本无法被爱的，因为绝大部分力比多更倾向于由无意识深处飘浮出来的、作为缺失的现实之替代品的内在对象。

255 力比多内倾第一个阶段所产生的幻视现象可被归入人们熟知的睡意蒙眬时的类似幻觉[1]这一类症状。它们为真正的幻觉，或者说为力比多以象征形式进行的“自我认识”提供了基础。

256 米勒小姐接着写道：

> 此时我有一种感觉，仿佛有什么东西正要传到我的头脑中。我心里好像有个声音在一遍遍地重复着：“请讲吧，神，请您打开我的耳朵，您的仆人在聆听。”

257 这一段中非常清楚地描写了她心中潜在的意图：实际上，在巫师圈子里，“沟通”是一个常用的表达方式。那些《圣经》语言显示其中包含着祈祷的意味，也就是说，作者在向神表达心愿，她的力比多全神贯注于神的意象上。这段祈祷中涉及《撒母耳记上》第3章第1节中的一个典故：神在夜里呼唤撒母耳，一连三次，撒母耳都以为是以利（Eli）在叫他，直到以利

1 Cf. Müller, *Über die phantastischen Gesichtserscheinungen*.

告诉他，那是神的呼唤。如果神再叫他，就要这样回答："耶和华啊，请说，仆人在聆听！"这里，梦者在相反的意义上使用了这句话，以便引导她的愿望，引导她的力比多，进入无意识的深处。

258 我们知道，无论不同个体的意识层面上的内容是多么地迥然不同，如果从无意识角度观察，他们却全都十分相似。当心理治疗师们认识到，尽管无意识的众多形象在表面上形形色色的，但实质上却如此一致，他们无不对此印象深刻。差别仅在个体化过程中产生——这一事实已为叔本华、加鲁斯（Carus）、冯·哈特曼等人的大部分哲学思想提供了心理学的佐证，这些学者们的哲学观点都建筑在无意识的明显一致这一心理学基础之上。未分化的上古心理残余，包括其动物性阶段，是无意识的组成部分之一。动物心理所带来的各种反应和产物具有其一致性和恒定性，而我们在人类身上只能偶尔发现它留下的一点点痕迹。在我们眼中，人似乎比动物更为个体化。这也许是一种错觉，因为我们太容易倾向于在我们主要感兴趣的事物中辨识差异性。心理适应的需要使之成为必需，因为如果没有对各种印象的精确而细微的辨别，一切适应都是不可能的。这种倾向极其强烈，以致我们很难从日常生活中接触的事物中看到其共性，反而更容易在陌生遥远的事物中发现关联。比如，对一个欧洲人来说，要在一群中国人当中一眼看出他们的长相差别几乎就是不可能的事情，尽管中国人和欧洲人一样存在着相貌上的个体差异；只不过在外来者的眼中，他们面貌的共同点显得更加突出，从而掩盖了他们各自的个体差异性罢了。如果我们在中国人当中生活一段时间，那种共性的印象便会逐渐淡化，最终，他们在我们眼中就会成为千差万别的个体。个体，是众多的条件因子之一，但它的实际意义被大大高估；它不会进入到那些不证自明的范畴之中，基于一门科学之上的普遍的真理必将会被发现。因此，意识中的个体性的内容可能是心理学最不受欢迎的对象，就是因为它已经把具有普遍意义的内容分化到了无可辨别的地步。意识过程的本质就是适应，这一适应过程是通过一系列的具体环节实现的。但在另一方面，无意识具有普遍性：它不只是把不同的个体凝聚到一个国家或民族的整体当中，还把他们与其亡故的先辈及其心理融为一体。正是由于无意识具有这一超个体的普遍性，[1]它才成了任何自诩超出心理物理学水平的真正的心理学的主要研究对象。

259 生物学家质疑人作为个体的生存权，这是一种值得质疑的现象。因为从生物学角度看，个体只是作为一种集体生物或群体中的一分子才具有意义。而文化的视角则赋予个体一种脱离群体的意义，并且多个世纪以来，它导向了人格的发展和英雄崇拜。理性神学力求保存肉身形态的个体耶稣意象，作为神留给人世间最后的也是最珍贵的神的遗迹（今天的我们对这

1 在后续作品中，我会提及“集体”无意识。

位神已无法想象)，所做出的这种努力与上述思想的倾向相当一致。在这一点上，事实证明天主教会的适应力更强些，因为它迎合了大众对可视英雄的普遍需要，并认可了神在大地上的代理人的观念。宗教形象的具体存在有助于力比多渠化地注入其等价的象征，只要人们对他的崇拜不只是局限于这一外在的对象即可。但即使出现了上述局限，至少这种崇拜也是绑定在作为神性代表的人的形象上，不过是丢掉了它最初的原始形态的意义而已，尽管它并未达到期待中的象征形式。这种对可视现实的需要已经隐秘地保留在一些坚持"历史上的耶稣"观念的人格主义新教神学派的人的脑中。这并不是说这些人曾在某些时候热爱过这个可视之神，他们所爱的，并不只是他所表现出来的样子，那只不过是一个普普通通的人而已。假如那些虔诚的信徒真的想要热爱人类，只需转身朝向他们的邻友或是敌人就可以了。宗教形象不可以只是一个凡人，他必须表现出它真正的本质，即所谓的那些所有原始意象的整体，无论何时何地，他都散发着一种无比强大的威力。我们在可视人类的形象中寻求的不是一个具体的凡人，而是超人、英雄或者上帝，是"准人类"，他是掌控和塑造灵魂的观念、形式和力量的象征。就与人类心理经验相关的内容而言，这些就是(集体)无意识的原型内容，人类古代的遗产，他是经过无数变异、发展后赐予所有人的古代传承，就像阳光和空气一样。然而，如若人们爱上这些"遗产"，就会懂得爱，这种爱是对全人类共同的爱；他们就会重新转回到人类母亲，这是意识存在之前的心理状态。通过这种方式，他们将会再次触及心理的源头，通过感受心灵并从那完整的心灵中重新获取一些神秘而不可抗拒的能量。这便是巨人安泰俄斯（Antaeus）的困扰，他只有接触到大地母亲的时候才能保持他的伟力。这种回归自己内心的暂时性退缩，在一定限度内似乎有益于个人的心理健康。正如人们所料，人类心理的两种基本机制：外倾和内倾，大体上也是对情结做出反应的正常而适当的方式——外倾是一种朝向现实的逃避情结的方法，内倾则是一种通过情结使自己脱离外在现实的方法。

260 《撒母耳记上》第3章第1节里的故事描写了可以通过何种方式来引导力比多指向内心：这种内倾在祈祷中表达出来，而少年心中关于神要对他讲话的明确期待则预先清空了意识头脑中的杂念，使意识转向随着祈祷而显现的神灵。从经验主义的角度看，这神灵必被视为一种原始意象。经验表明，所有原型内容都有某种自主性，因为它们都是自动显现的，并且常常表现出一种势不可挡的冲动性。因此，我们存在期待丝毫不荒唐，就是由“神”来接管意识心灵的活动及自发性，因为原始意象极有能力做到这一点。

261 现在，我们已经了解了米勒小姐在幻象中祈祷的一般目的，下面准备好进一步聆听她梦中所见幻象的内容。祈祷过后，她的视野中“忽然出现了一个斯芬克斯的头，后面衬着埃及的背景”，不过随即便消失不见了。恰在此时，她因受到惊扰而醒来，梦被打断了。上述幻象令我们想起米勒小姐开始自述时关于埃及雕像的幻觉，它僵硬的姿态完全作为一种功能现象出现在这里。这种轻微的催眠状态，在心理学术语中叫作木僵状态（engourdissement）。“斯芬克斯”这个词令人联想到“谜语”，这个玄奥莫测的怪物喜欢出谜让人来猜，就像俄狄浦斯传说中的斯芬克斯那样：他站在一个人命运的通道口上，仿佛在象征性地昭示着不可避免的宿命。斯芬克斯是母亲意象的半兽半人形代表，或者毋宁说它代表的是那位在神话中留下了无数痕迹的“恐怖母亲”。或许有人反对说，你在此妄谈什么俄狄浦斯的斯芬克斯，所依据的不过是“斯芬克斯”这个词而已。然而，我们不可能割断所有的语境背景，单就幻想本身来对其进行诠释。自述材料《力比多的变化与象征》第一部分（第52段）中隐约提到“埃及”幻想，但作者言辞含混不清，无法在此加以引用。因此，若想理解这一幻象，我们就必须假设今天无意识铸就的象征方式与其遥远的往昔大体相同，从而大胆借助于人种志方面的材料。至于斯芬克斯，请读者回顾一下《力比多的变化与象征》第一部分（第24段）中说过的关于力比多的兽形象征的内容。它们都是心理医生在患者的梦中和幻想中司空见惯之物。在那些情境中，本能常常体现为公牛、马、狗等形式。以我本人诊治好的一位病人为例，此人在两性关系方面的操守十分令人生疑，最初来我这里治疗时，他很怕我会禁止他的猎艳行为；他在梦中看见，我技艺娴熟地将一头一半像猪、一半像鳄鱼的奇异动物钉在了墙上。人的梦境中充满了这些力比多的兽形象征，类似此人梦里的这种杂种怪兽并不罕见。伯奇格尔(Bertschinger)[1]的书为我们描述了很多诸如此类的怪物图，其中怪物的下半身(兽形的一半)更是被表现得兽性十足。以这种方式体现出来的力比多乃是受到压抑的"动物"本能。[2]在上面的例子中，我们不由迷惑不解地自问：既然这样一个人在生活中已尽可能多地放纵了自己的本能，那他的压抑又从何而来呢？我们必须牢记，性，并不是唯一的本能，也不能将本能完全等同于性。可以想象，恰是这位病人性压抑表现的缺失对其本能造成了损害。在他的梦里，那种怕我以医生的身份禁止他猎艳的心理似乎反应得太过真实，反倒令人起疑。那种过分地复制现实情况，或者太过直白地强调某些现实预期的梦，其实是把意识内容作为一种表达的手段。他的梦实际上表现了一种心理投射：他把杀死那种动物的行为投射到了医生身上。在他眼里事情就是这样的，因为他不晓得伤害他本能的正是他自己。尖锐的凶器通常意味着学者手中用

---

1 "Illustrierte Halluzinationen", pp.69ff.

2 在中世纪，狮身人面像被视作一个快乐的象征。所以Andrea Alciati在其*Emblemata*(p.801)中说道，狮身人面像意味着"corporis voluptas, primo quidem aspectu blandiens, sed asperrima, tristisque, postquam gustaveris. De qua sic ... meretricius ardor egregiis iuvenes sevocat a studiis"[身体之欢愉，乍看确实诱人，然则品尝之后，会越发苦涩悲伤。且……(名字损毁了)也提及了这一点：娼妓之爱诱使青年远离崇高之学习]。

来钉住昆虫并对其研究分类的大头针。他抱有“现代”的性观念，他并不了解自己无意识中的恐惧，很怕我会剥夺了这种他所钟爱的思想。这种可能性确实令他害怕了，因为他心里若是不怕，不见得就能做出如上的梦。因此，兽形象征总能指向力比多的无意识表现。

262 这些本能冲动之所以属于无意识性质，原因主要有二：其一是我们每个人都或多或少拥有的一般意义上的无意识；其二是由于不和谐内容受到压抑而来的继发性的无意识。它不是神经质态度形成的原因，而是一种症候。这种态度表现为对不愉快的事实视而不见的倾向，以及为了眼前的一点小利而毫不犹豫地甘于承受一系列病态症状的危险。

263 我们看到，心理压抑的对象并不仅仅是性，而是总体意义上的本能。本能是生命的重要基础，也是统领一切生命的法则。由本能的压抑而造成的心理退行总是把我们带回到古老的过去，回到幼儿期。在那个阶段，父母似乎是——有时也的确是——生活的决定性因素。但除了父母的因素之外，孩童与生俱来的本能在其生活中也起着显著的作用。这一点可从以下事实看出：父母在孩子身上造成的影响并不是千篇一律的，每个孩子的反应各不相同。因此他们必定有着某种自身的决定因素。然而，在孩童尚空无内容的意识中，肯定感到所有的决定性影响似乎都来自外界，因为孩童无法把自身的本能和父母的影响还有意志区分开来。儿童的这种辨识力的缺乏使得作为本能代表的动物形象有可能同时表现为父母的标志，令父母有可能显现为动物的形象，比如，父亲成为公牛，母亲成为母牛等。[1]

264 心理退行如果回溯到更远，甚至越过最初的幼儿期而达到出生前的前意识阶段，此时原型意象就浮现出来，它们不再与个体记忆相连接，而是属于那些代表继承的可能性的储备库，在这里，每个个体都可能再度获得新生。那些半兽半人的“神性”的存在，正是来源于这里。这些形象以何种相貌出现，取决于意识心灵面对无意识的态度：如果这一态度是否定的，出现的就可能是可怕的动物形象；如果这一态度是肯定的，出现的则可能会是童话传说里的“有益的动物”。[2]一个常见的现象是，当一个人对父母抱着过分亲昵、过分依赖的态度时，作为一种补偿，他的梦中就会出现象征着父母的可怕动物，类似的还有“有益的动物”象征着父母一样。斯芬克斯就是这样一种可怕的动物，在它身上还显现出作为母亲衍生物的清晰印迹。在俄狄浦斯传说中，斯芬克斯是天后赫拉派来的，她因为酒神巴库斯诞生一事而仇恨底比斯人。俄狄浦斯破解了那个简单幼稚的谜语，就以为自己已经战胜了大母神派来的斯芬克斯，殊不知他已然成了母系乱伦的牺牲品，不得不娶伊娥卡斯特，即自己的母亲为妻。因为此地的掌权者已经有言在先：谁

1 “有帮助的动物”之主题可能也与父母意象相联系。

2 相关案例材料，参阅Gerhard Adler, *Studies in Analytical Psychology*。

能为该地斩除斯芬克斯这个祸害，他就可以获得王国并娶先王的王后为妻。此举所带来的一切不幸后果，本来可以轻易避免——只要先前俄狄浦斯见到那“吞噬人的”“可怖”母亲的化身斯芬克斯时，被她的可怕外表所吓倒，后来的一切就都不会发生。实际上，他远不及浮士德的那种哲学惊叹：“玄牝，玄牝，你的声音如此奇异美妙！”他根本就不知道，解开斯芬克斯之谜，绝非仅仅依靠人的一点智慧就可以。

265 斯芬克斯的谱系渊源与此处讨论的问题有着多方面的联系：她的母亲厄喀德那（Echidna）是一个怪物，上半身为美丽的女人，下半身是骇人的蛇形。这种双重存在与母亲意象恰恰相符：上面的一半代表可爱而有魅力的人性；下面的一半代表恐怖的兽性，在乱伦受阻的作用下化作可怕的动物形象。[1]厄喀德那本是万物之母、大地母神盖亚（Gaia）的女儿，地母盖亚与冥界的化身、地狱之神塔尔塔洛斯（Tartarus）交合孕育了这个女怪。厄喀德那自己又是一切可怖之物的母亲，她生下许多可怕的怪兽，包括狮头羊身蛇尾的吐火女怪奇美拉（Chimera）、海怪斯库拉（Scylla）、蛇发女怪戈耳贡（Gorgon）三姐妹，还有可怕的地狱犬刻耳柏洛斯（Cerberus）、涅墨亚狮子（Nemeanlion），以及啄食普罗米修斯肝脏的那只秃鹰。她还生下了多条巨龙。她有一个儿子是被海格力斯所杀的巨人革律

1　在希腊文化的融合中，厄喀德那成了母神伊西斯的祭仪象征。

翁身边的那只双头犬俄耳甫斯。她又和这只双头犬、她自己的儿子乱伦生下了斯芬克斯。上述种种情况应当足以表明以斯芬克斯为象征的情结所具有的特点了。显然，一个具有如此巨大能量的因素不可能仅凭破解一个谜语就被轻易抹杀。实际上，该谜语是斯芬克斯为那个没有防备的漫游者设下的陷阱。俄狄浦斯对自己的智力十分自负，他以典型的男性思维方式，一脚踏进了这个陷阱，在毫无觉察的情况下犯下了乱伦之罪。斯芬克斯的谜语说的就是她自己——这个“恐怖母亲”的意象，而俄狄浦斯却并未闻之生戒。

266 假如我们不顾主观材料的缺乏，贸然推断一下斯芬克斯形象对米勒小姐的象征意义，或许可以说，这一形象对她的意义大体上等同于它对于俄狄浦斯的意义，尽管俄狄浦斯是一个男人。我们几乎可以预期存在着雄性的斯芬克斯。事实上，在埃及，斯芬克斯确实有雄有雌。米勒小姐对此或许也有耳闻(底比斯的斯芬克斯为雌性则确定无疑)。假如我们的推断无误，那么出现在米勒小姐梦中的斯芬克斯则一定是一只雄性怪物，因为对女性来讲，危险并非来自母亲，而是来自父亲。让我们把这个问题暂时搁置一边，回到事实当中来继续我们的讨论。

米勒小姐再次凝神体验，接着眼前出现了如下的幻象：

> 突然间，一个阿兹特克幽灵出现在我眼前，每个细节都毫厘不差，只见他两手箕张，手指粗大，头侧向一边，穿

着甲胄，头上戴着美洲印第安特色的羽饰。其总体形象有点儿像墨西哥纪念碑的雕像。

267 刚才我们推测，斯芬克斯背后潜藏着一个男性形象，至此我们的推测已得到了证实。这个阿兹特克人是一个未开化的印第安人，或者说是个未开化的美国人。鉴于米勒小姐身为美国人，那么在个人层面上，这个形象便代表着父亲原始的一面。在我个人对美国人的心理分析实践中，发现他们人格中较卑劣的部分，即“阴影”，[1]通常表现为黑人和印第安人的形象；而在欧洲人里则表现为同一种族的某个不三不四的人物形象，这种所谓的“低等种族”的象征形象，代表着人内心较卑劣的人格组成部分。米勒小姐是一个女性，那么她的阴影就应该是一个女性形象。可是这里出现的却是一个男性形象，从其在米勒小姐幻想中所扮演的角色来看，必须被视为这个女子人格中男性组成部分的人格化身。我在后来的著述中，将这种人格化身称为“阿尼姆斯”。[2]

268 这一幻象中的诸多细节值得我们考察，因为其中包括好几处值得注意的地方。首先，鹰羽头饰具有魔法意义。当这个印第安人把鹰的羽毛装饰在自己头上，他便由此获得了这种鸟儿

1 在此程度上阴影是无意识的，它对应于个体无意识内容。Cf. “On the Psychology of the Unconscious”, *Two Essays*, par.103.

2 Cf. Emma Jung, “Ein Beitrag Zum Problem des Animus”, pp.296ff.

身上所具有的某种太阳的属性，正如他吃掉敌人的心脏或剥下他们的头皮的时候便获得对方的勇气和力量一样。同时，这种冠状羽毛头饰又是一种象征着太阳光芒的冠冕。这种与太阳认同的重要性我们在第一部分中已分析得很清楚了。更进一步的证据不仅可以从无以计数的古代风俗中找到，同样也可以从一些古老的宗教比喻中找到，如《圣经》里所罗门王的《箴言》第5章第16节中所述："如此神必亲手将美丽的花冠加在他们头上。"诸如此类的段落在《圣经》中比比皆是。阿伦多夫在一首赞美诗中曾如此描述灵魂：

灵魂解脱了一切烦恼痛苦，
在死亡中达到喜乐之巅；
在永恒的荣光照耀下，
她做了新妇、王后，立于大君王身边。

它（灵魂）看见一张明朗的面庞太阳：
他那喜乐的本性，
瞬时令它复原通透；
它是他众光当中的一道。
这时候孩子能看见父亲了，
他感觉到爱的温柔，
现在他懂得了耶稣的话，

天父他亲自爱你，爱你已久。
深不见底的福分之海啊，
涌动着永恒的恩典
展现给被启示的灵魂；
他瞻仰神的荣面，
参明了在光中做神之嗣子，
与基督同为后嗣的意义。
软弱的肉体在地上安息；
一直睡到被耶稣唤醒。
如今被黑暗洞穴遮蔽的，
彼时将由尘土变成太阳。
彼时我们将与所有圣徒欢聚，
他们晓得那日期，
我们将与主同在，直到永远。[1]

269 还有一首劳伦丘斯·洛朗蒂作的赞美诗中写道：

现在，永恒的冠冕，

1 Bunsen, *Gebetbuch*, No.912, p.789.［如Hinkle（1916）年的译文。］王冠在炼金术中扮演着一个角色，可能是作为神秘影响的结果。（Cf. Goodenough, "The Crown of Victory in Judaism", pp.139ff.）雌雄同体通常以加冕来表征（pl.XVIII）。因为炼金术的材料在王冠之上，见*Mysterium Coniunctionis*。

被授予新妇，因为她已得胜。[1]

270 我们在塞克尔作的一首赞美诗中又发现了下面的一段：

请用花环做我的棺饰，
如同装饰一位征服者。
从天堂的众泉源中，
我的灵魂已然获得
那永世常青的冠冕。
真正胜利的荣耀，
来自如此爱我的
神的儿子。[2]

271 在此，手似乎被赋予了特别的意义，被描述为“箕张”的，手指“粗大”的。作者竟然把关注的重点放在手部，而不是像一般预料的那样，进行面部长相及表情的描写，这是一个相当奇怪的现象。众所周知，手的姿势极其重要，可惜作者并没有提供进一步的细节。无论如何，我们且看一个与此类似的有关幻觉的实例，其内容也与手有关：一个处于催眠状态下的患

1 Bunsen, No.494, p.271.

2 Ibid., No.640, p.348.［如Hinkle（1916）年的译文。］

者，在幻觉中看见他的母亲被画在墙上，宛如一幅拜占庭式教堂的壁画。她的一只手举起，五指箕张。这些手指非常粗大，顶端鼓胀成球状，每个指端都被一个小光环围绕着。一眼看上去，那样子让人想起趾端生着吸盘的青蛙脚趾，又像是阴茎。其母亲形象所处的古色古香的环境也很重要。这一幻觉中的手想必蕴含着具有授精能力及创造力的意义。这位患者的其他幻觉为我们的诠释提供了佐证：他看见一个烟花似的东西从他母亲的手中直蹿上天，凑近一看，他发现那东西其实是一只亮闪闪的金翅鸟——后来他意识到，那是一只锦鸡。我们在上一章中了解到，手实际上具有一种阳具的象征意义，在钻木取火的过程中也起到了相应的作用。钻木取火的举动是用手来完成的；因此可以说，火来自手；此外，火神阿耆尼以金翅鸟的形象受人崇拜。[1]

272 说到阿兹特克人，米勒小姐提到过一句："在我的孩提时代，我曾经对阿兹特克遗迹、秘鲁和印加历史特别感兴趣。"只可惜她没告诉我们更多与此有关的信息。不过，我们可以从这个阿兹特克人的突然出现中得出结论，米勒小姐的无意识是乐于被她阅读的东西所影响的，大概是由于这些材料与她的无意识内容之间存在着某种天然的亲和力，或者能给后者一个令其满意的表达。正如我们在前文中推断斯芬克斯具有象征母亲

1 在通俗德语表达中，纵火被称作"把红色鸡头放在房顶上"。

的一面。同理，此处的阿兹特克人或许就代表着父亲的一面。母亲对儿子的影响主要在于他的“厄洛斯(爱欲)”，因而俄狄浦斯娶母的结局就顺理成章了。然而，父亲对女儿的影响则在于他的心理或精神方面——她的“逻各斯(理性)”。他通过增进女儿的才智来实现上述的影响，其影响力之强大常常达到病态的程度，我在后来的著述中把这种情况形容为“阿尼姆斯着迷”(animus possession)。这种精神上的影响在我们这位作者的个人经历中所起的作用绝非无足轻重，正如我在本书第二版前言中所指出的，它最终导致了她的精神失常。尽管这个阿兹特克人是一个男性形象，并清楚地显露出来自父亲的影响，但最先出现在这位作者幻觉中的却是雌性的斯芬克斯。在一个美国女孩身上，这种情况可被理解成女性因素占优势的一个原因。在美国，母亲情结是极普遍的现象，亦常被坦言于人前，这或许是由于美国家庭里母亲的影响力较强，女性的社会地位也大体上较高的原因吧。美国社会的总体资产超过一半都掌握在女性手中，这个事实给人提供了思索的空间。这种情况造成的结果是，美国许多女性都发展出了人格中的男性一面，无意识中随之产生了极为细微的女性本能作为其补偿，这种本能的象征物恰恰就是斯芬克斯。

273 这个阿兹特克人的形象显示出他的全部“英雄”特质：他代表着我们作者心理上原始的、女性的一面对男性的理想。我们曾在那位意大利海员身上窥见过这种理想的影子，那海员后来从她的生活中“无声无息地消失了”。这个人尽管在某些方面与飘浮在米勒小姐眼前的无意识理想有相符之处，他却无法与这个阿兹特克形象一争高下，因为他缺少后者身上的那种神秘魅力，这魅力只属于“神秘恋人”，属于对人类的女儿怀着温柔兴趣的天使——天使们有时似乎具有这种倾向。(唯其如此，才有了女人进教堂必须蒙头的规矩：因为天使们常在附近盘旋。)现在我们总算明白，和那个海员作对的究竟是什么了：原来就是以这个阿兹特克人为化身的米勒小姐的精神——这精神太过尊贵，令她永远无法在凡人中间觅到真爱。在这种情况下，无论患者的意识态度是多么理性、多么随和，都无法对她的无意识期待产生丝毫影响。即使她克服了心理上的最大困难和阻碍，步入了所谓的正常婚姻，到后来她还是会无可避免地发现自己无意识里真正想要的是什么，这种意志的自我主张，结果无非有两种：一是生活方式的改变，二是引发神经症乃至精神失常。

274 在这一幻象后，米勒小姐感到有一个名字“一点一点”地在她脑海中自动生成，这个名字似乎就属于这个阿兹特克人，一个“秘鲁印加人的儿子”。这个名字就是“Chi-wan-to-pel”。[1]作者说这在某种意义上是与她的记忆相关的。命名，这

---

1 在神秘宗教中，神圣英雄的身份伴随着主持仪式的神父毋庸置疑。祷告会强调赫尔墨斯的名言：因你即我且我即你；你之名就是我之名；因我是你之意象。Kenyon, *Greek Papyri in the Britisch Museum*, p.116, Pap.CXXII, 36—38; cited in （转下页）

一行为对人格的创建具有极其重要的意义，如同洗礼一样。因为自从旷古以来，名字就被赋予了一种魔力。知道一个人的秘密名字就像掌握了支配他的力量。关于这点的一个著名的例子就是格林童话中的侏儒怪龙佩尔斯迪尔钦的传说。在埃及神话中，女神伊西斯不断地逼迫太阳神“拉”吐露其真名，从而不断地侵夺他的力量。因此，为一个人命名就意味着给予对方力量，赋予他特定的人格或灵魂。[1]作者在这里评论道，“Chi-wan-to-pel”这个名字让她想到了“波波卡特佩特”（Popocatepetl）这座山名，而我们都知道，后面这个词是我们学生时代难以磨灭的记忆的一部分，尽管接受分析的患者们多有抗议，它还是会时而现身于他们的梦境或联想中。虽说人们可能迟疑于把这种学童式的玩笑视为一种具有心理学重要性的东西，但我们还是必须深究这种现象存在的原因。我们还必须这样问自己，为什么出现在这里的会是“波波卡特佩特”山，而不是与之相邻的伊斯塔西瓦托（Ixtaccihuatl）火山，或者比这座山更高、更美的奥里扎巴（Orizabal）火山？ Orizabal这个名

（接上页）Dieterich, *Mithrasliturgie*, p.97. 狄俄尼索斯的头部同样恰当地描述了英雄作为一种力比多意象的形式；他的头发被扭曲成了火焰的形状。Cf. Isaiah, 10: 17（RSV）：“以色列之光会成为火焰，且他的上帝会熊熊燃烧。”Firmicus Maternus（*De errore*, XIX）报告说，上帝被看作是“新郎”和“新的光明”。他引用了这一名言：万岁，新郎，万岁，新的光明！并将之与基督教相比较：“没有光明伴随着你，没有人配得上新郎之名；仅有一道光，一位新郎。这些头衔之荣光归于基督。”

1　因此有给孩子起圣徒之名的风俗。

字更美，也更容易读。然而，Popocatepetl一词给人的印象却更深，究其原因就在于它的拟声性。在英语中，一提起这个词，自动浮现在我们头脑中的谐音词有pop（爆破音）和pop-gun（气枪）；在德语和法语中，它的谐音词包括Hinter pommern，Pumpernickel，Bombe，petarde（le pet就是flatus，即屁）。德语词Popo（臀部），在英语中不存在，[1]但另一方面，放屁有时被说成pop或者poop。不过，众所周知的是，排便在儿语中被说成poop或poo-poo。人们把臀部打趣地叫作bum（Poop还表示船的尾部）。在法语中，pouf是一个拟声词，pouffer意为“爆开”，la poupe意为“船的尾部”，le poupard意为“怀中的婴儿”，la poupée意为“娃娃”。Poupon是个昵称，用来称呼脸蛋胖嘟嘟的小孩子。在荷兰语中，pop意为“娃娃”。在拉丁语中，puppis是指船的尾部，尽管普劳图思也曾开玩笑地用它来指称身体的后部；pupus，意即“孩子”；pupula，意即“女孩，小玩偶”。希腊语词ποππύζω是指击打声、噼啪声或吹气声。它被用来形容接吻的声音，但在忒奥克里托斯的书里也被用来形容吹笛时附带发出的气促音。

275 我有一位患者，他在儿时总把排便行为与一种幻想联系起来：他幻想自己的屁股是一座全面喷发的火山，阵阵喷出猛烈

1 ［这一术语来自美国。在一首流行歌曲中唱到，“站起来，拍拍他的脚”（1952年版），一个婴儿被玩闹性地拍屁股。这一术语在美国南部口语中出现，且与德语毫无关系。——英编注］

爆发的气体和汹涌的岩浆。一般来说，形容大自然中基本现象的词汇都不是很富于诗情画意：就拿流星这种美丽的现象来说吧，在德语里它被叫作Sternschnuppe（灯芯被“掐灭”后隐燃的烛花）；而某些南美印第安人把它叫作“星星撒尿”。瑞士瓦莱有座瀑布被称为“处女的面纱”，以其优美的风光闻名于世，但它只是最近才得到这个诗意般的名字。以前它被叫作Pissevache，你就从与这个词最接近的来源去想吧。

276 乍一看来，似乎有种现象令人百思难解：Chi-wan-to-pel这个形象本是米勒小姐积极地怀着神秘的期望一直等待的对象，她本人还在一条注释中把他比作自己的一个具有通灵能力的控制力量，却被她置于如此不雅的一种语境之内，以致他的核心本质（他的名字）都似乎与某些不便言说的身体部位拉扯在一起。为理解这种现象，我们必须认识到，当某种东西在无意识中被造出之际，最先出现的总是那些久被记忆遗忘的幼儿期材料。因此，当此类材料尚显为表象的时候，我们必须采用相应的幼儿期的视角来观察它。如此看来，假若某个极受崇敬的对象被无意识关系到肛门区域，我们就必须得出结论，认为这是一种向其表达尊敬和重视的方式，与幼儿内心对这些不可言说的功能的感觉如出一辙。这种幼儿期的兴趣，在成年人身上依然残存着某些自然的遗痕。这里唯一的问题就是，这种兴趣与儿童心理之间是否具有一致性。在尝试回答这个问题之前，必须先行指出，肛门区域与崇敬之情是密切相关的。一个东方童话故事中说，十字军骑士从前常用教皇的粪便为自己行涂油礼，让自己变得更可畏。我的一位患者，她对自己的父亲抱有特殊的崇敬之情，有一次，她在幻觉中看到父亲仪态尊贵地坐在马桶上，众人列队成行从他面前经过，热情洋溢地向他问候致敬。另外还可以提到一点，就是粪便与黄金之间存在的密切关联：[1]最无价值之物与最有价值之物结成了盟友。炼金术士们在粪便中寻找他们所谓的原生元素（prima material）——那是一种神秘物质，哲人之子（filius philosophorum）的神秘形象有望从中显现。一位在极为虔敬的家庭环境中长大的年轻患者，一次曾梦见自己看见一只蓝花马桶底部长出了一个粪便做的十字架。这当中意象的反差是如此巨大，令我们别无解释之道，只能认定幼儿的价值标准与我们成年人完全不同。事实也确实如此。幼儿对排便行为及其产物表现出的莫大兴趣，[2]在成人中只有在疑病患者身上才可能体现。对幼儿来说，排便与他们心目中的那套繁殖理论之间大有关系，只有认识到这一点，我们才能开始对上面的现象产生理解。如此看来，这件事便与我们以前看到的样子

1 De Gubernatis（*Zoological Mythology*）中说，粪便和黄金总是在民间传说中联系在一起，而且弗洛伊德基于其精神分析经验告知我们同样的事。格林姆报告了如下魔法实践："如果你想一整年都家里有钱，就必须在新年那天吃扁豆。" 这一简单联系能通过扁豆难消化这一点而轻易解释，并以硬币的形式反复出现。以这种方式人们排泄出了金钱。

2 一位讲法语的父亲自然否认他的孩子有任何类似的兴趣，然而他提到，每次孩子说到"cacao"（可可豆）的时候，总是加上"lit"（床），意思是"caca-au-lit"。

略显不同了。实际上，孩子所想的是：事物就是以这种方式被制造“出来”的。

277 我在《一个儿童的心理冲突》一文中报告过的同一个孩子，她像弗洛伊德笔下的那个“小汉斯”[1]一样，持有一套完善的肛门出生理论。后来，她养成了在马桶上一坐就是数小时的习惯。有一次，她父亲很不耐烦地走到厕所门口，冲着里面喊道：“马上出来！你在那儿干什么呢？”门里传出了孩子的回答：“我在造一辆小马车和两匹小马！”这个孩子在“制造”她当时特别渴望的东西：一辆小车和两匹小马。在她心目中，人可以通过这种方式造出自己想要的任何东西。那孩子热切地盼望着拥有一个娃娃，或者说，她内心里想拥有一个真的宝宝——其实就是在为未来的生理任务进行演练：她用制造一般东西的同样方法，造出了那个代表着“真宝宝”和她的其他一切愿望的“娃娃”。[2]我从一位病人那里得知下面这个来自她童年时候的类似的幻想：她们家的厕所墙上有道裂缝，她那时总是幻想着，有个仙女会从裂缝里出来，给她一切她想要的东西。众所周知，厕所是个做梦的地方，在那儿诞生过许多后来被认为不适于出生在那里的东西。

龙勃罗梭（Lombroso）描述了两个精神病艺术家的病理性

1 “Psychic Conflicts in a Child.” Cf. also Treud, “Analysis of a Phobia in a Five-year-old Boy”.

2 见上文给出的词源学联系。

幻想，与我们的论题具有相关性：

> 两人都认为自己是至高的神，宇宙的统治者。他们经直肠产出这个世界，就像鸟儿经输卵管产出鸟蛋一样，从而完成了创世。他们当中的一个很有些真正的艺术天赋，他画了一幅自己的创世图：世界从他的肛门中产出，他的性器完全勃起，全身赤裸，四周围绕着众女子以及他自身力量的标志符。[1]

278 只有当我认识到了上述的联系之后，我才恍然地明白了一件自己多年前观察到的事情，我对此事一直未能正确理解，因而始终感到困扰。那病人是一位受过教育的妇女，在悲剧性的情境中被迫离开自己的丈夫和孩子，被关进了精神病院。她表现出典型的淡漠和邋遢症状，被认为是“情感衰退”的结果。当时我对这种情感衰退的结论深感怀疑，反更倾向于将其视为一种继发性的现象。于是，我费尽心机，想方设法地去挖掘她被堵塞的情感源泉。经过三个多小时的艰苦尝试，我终于触到一条思维线索，在她身上突然引起了一阵强烈的情感爆发。医患之间瞬时建立了一种融洽的情感关系。这是上午发生的事情，到了傍晚，当我去她病房看她的时候，竟发现她从头到脚涂满了粪

---

1 Lombroso, *Genio e Follia*, p.141.

便来迎接我，还边笑边喊地说："现在你喜欢我吗?" 她以前从来没做过这种事，此举显然是有意冲我而来的。这件事情给我留下了无比深刻的印象，在此后的许多年里，我都坚信这种病例肯定属于情感衰退。在现实生活中，这种欢迎仪式是抵御移情的一种极端尝试——作为一个成人来说，她确实如此。然而，如果说她的举动建立在由于退行而来的幼儿期心理的基础上。从这个角度理解，这种仪式便标示着一种正面情感的爆发。正因如此，才能有那句模棱两可的问话："现在你喜欢我吗?"

279 因此，Chi-wan-to-pel由Popocatepetl诞生就意味着："我由我自己体内生他，造他，发明了他。" 这是以幼儿式的途径创造或生出一个人。世上最初的人就是由泥土捏成的。拉丁语的lntum一词，实际上意义为"泥巴"，又有"污秽"的比喻性含义。普劳图思甚至还用它来骂过人，大概相当于"你这败类"之类的意思。肛门出生的观念令人想到"向后掷物"的母题。关于这个母题，一个为人熟知的例子就是丢卡利翁(Deucalion)和皮拉(Pyrrha)的故事，那场毁灭人类的大洪水过后，唯有他们幸存下来：他们听到预言，要他们把伟大母亲的骨骼扔掷到自己身后。于是他们依言往身后抛掷石头，人类便由此而生。又有一个类似的神话，传说指头人就是由女仙安科阿勒向身后投掷的尘土化成的。关于这一点，令人联想到人们附加在肛门造物上的诙谐意义：在大众的玩笑中，常把粪便说成纪念碑、纪念品之类(窃贼在犯罪现场遗粪在很大程度上就是出于这种心理)。一个尽人皆知的笑话里讲,一个人在迷宫中寻找藏匿的宝物,为留下记号,他把身上的衣物都一件件脱光了,到后来只得屙了一泡屎,作为归程的最后一个标记。在遥远的过去,这种标记对显示一个人的所在或去向无疑具有重要意义,就像动物粪便所起的作用一样。后来,这种容易抹去的纪念物才被石碑所代替。

280 与Chi-wan-to-pel浮上意识层面的过程相对应,米勒小姐还提到了另一个名字突然闯进她脑海的情形:“A-ha-ma-ra-ma”,她感到这个名字有些亚述特色。她认为它可能来源于Assurbanipal(此人将楔形文字写于泥砖上)这个名字,我不了解这个事实,只知道亚述巴尼拔在他身后留下了一座楔形文字的图书馆,就是在库扬及克发掘出的那一座;Asurabama或许与Assurbanipal多少有些关系。我们还必须把第一部分中遇到过的阿何利巴玛(Aholibamah)这个名字纳入考虑范围。“Ahamarama”一词同样与Anah和Aholibamah存在关联,那是该隐的两个女儿,她们对神的儿子们心怀罪恶的激情。这种可能性也许暗示着Chi-wan-to-pel就是被渴望的神的儿子。难道说,拜伦在提笔写作之际,心中想到了《以西结书》第23章里说到的那一对淫荡姐妹阿荷拉(Aholah)与阿荷利巴(Aholibah)?阿何利巴玛是以扫的多位妻子之一(《创世记》第36章第2节和第14节),以扫还有一位妻子名叫亚大。沙夫博士提醒我注意格奥尔格·梅恩论拜伦的《天堂与大地》的一篇学术论文(1887),作者在文中指出,Anah这个名字在原稿中很可能是Adah,但拜伦后来将其改成了Anah,因为Adah已经在他的戏剧中出现过了。如果就词意而论,Aholibamah可以让人联想到Aholah与Aholibah:Aholah的意思是“(她有)她‘自己’的帐幕”,也就是她自己的庙宇;而Aholibah意为“我的帐幕在她之内”,即在耶路撒冷之内,正如Aholah就是撒马利亚城的代称一样(《以西结书》23章第4节)。在《创世记》36章第41节中提到,Aholibamah也是以东一位族长的名字。迦南人在小山上祭拜偶像,《圣经》里“小山”这个词是bamoth,它的一个同义词为ramah。至于米勒小姐新造的“A-ha-ma-ra-ma”一词是否与上述内容有关,尚有待讨论。

281 米勒小姐在评论中说,除了“Asurabama”这个名字,她还想到了“Ahasuerus”。这个联想指向无意识人格问题的一个颇为不同的方面。前面的材料告诉我们幼儿心目中关于人出生一事的理论,而这一联想则让我们有机会一睹无意识人格创造的原动力。亚哈随鲁就是传说中“永世流浪的犹太人”,这个人物的主要特点是:不得不在大地上无休止地奔波流浪,直到世界末日。这个特别的名字既然出现在我们作者的脑际,便使我们有理由对他的来龙去脉做一番追寻。

282 关于亚哈随鲁的传说,最早见于文字记载是在13世纪,似乎源于东方。这个永生的犹太人形象甚至比浮士德的形象更多地出现在文学作品中,实际上这些作品统统都是20世纪的产物。即便这个形象不叫亚哈随鲁，他也会以其他的名字出现，或许被冠以圣热耳曼伯爵（Comte de Saint-Germain）之名吧，就是那个神秘的炼金术士（Rosirucian），世人都确信他是拥有不死之身的人。而且，他眼下的行踪据说并不是秘密。[1]尽管关于亚哈随鲁的故事在文献材料中只能追溯到13世纪，但其口头传说的流传年代可能更为久远，也可能存在着与东方的关联。与之形成对应的人物形象是Khidr（黑德尔），或El-Khadr，就是弗里德里希·吕克特（Friedich Rückert）歌里唱的那位“青春不老的Chidher（契德尔）”。这是一个纯粹的伊斯兰教传说。[2]然而神奇的是，黑德尔不仅被视为一位圣人，而且在苏菲派圈子里还享有神的地位。鉴于伊斯兰教是严格的一神教，令人倾向于认为黑德尔可能是一个源于前伊斯兰教时代的阿拉伯神衹，后来尽管没能获得伊斯兰教的正式认可，但也出于权宜之计得到了默许。然而我们还拿不出任何证据来支持这种说法。黑德尔的形象最早见于圣训学家布哈里（al-Bukhari，卒于870年）和塔百里（al-Tabari，卒于923年）对《古兰经》的评注，特别是对第18章中一个引人注目的段落的注释。此章名为“山洞”，得名于其中叙述的传说：有七个人在一个山洞中长睡309年，逃过迫害，醒来时已是新的时代。品

1 民间信仰拒绝放弃其徘徊的太阳英雄，例如卡廖斯特罗，据说他同时从巴塞尔城的所有城门驾着四匹白马出城！

2 参见我的论文“Concerning Rebirth”。

读《古兰经》的这一章节，看它如何在长篇大论的道德思考之后，转入下面这段对黑德尔传说意义的起源的叙述，是一件颇有意趣的事情。下面我便逐字逐句摘录一段《古兰经》：[1]

> 当时，穆萨对他的童仆说："我将不停步，直到我到达两海相交处，或继续旅行八十年。"当他俩到达两海相交处的时候，忘记了他俩的鱼，那尾鱼便入海悠然而去。当他俩走过去的时候，他对他的童仆说："拿早饭来吃！我们确实疲倦了。"他说："你告诉我吧，当我们到达那块磐石下休息的时候，（我究竟是怎样的呢？）我确已忘记了那尾鱼——是因恶魔我才忘记了告诉你——那尾鱼如得了灵一般，已入海而去，真是怪哉！"他说："这正是我们所寻求的。"他俩就依来时的足迹转身而去。他俩发现我的一个仆人，我[2]已把我从这里发出的恩惠赏赐他，我已把从我这里发出的知识传授他。穆萨对他说："我要追随你，希望你把你所学得的正道传授我。好吗？"他说："你不能忍耐我，因为你怎么可能与你不理解的事物耐心地待在一起呢？"[3]

1 ［以下内容翻译自作者所使用的版本，其来源未给出。此材料也可在Pickthall（pp.301ff.）和Rodwell的译文（pp.186ff.）中找到。］

2 阿拉。

3 译文选自《古兰经》，马坚译，中国社会科学出版社，2003年版。——中译注

283 这时，摩西（穆萨）有一位神秘的神的仆人相伴，这位神仆做了若干事情，而摩西都无法懂得；最后这神秘人告别了摩西，对他说：

> 将会有一位犹太人向你询问左勒盖尔奈英（Dhulqarnein），[1]你就说：我将告诉你们关于他的故事。我们确已在大地上创建了他的王国，并给了他实现一切愿望的工具。他依照这种方式一直走向太阳落山的地方，就像落入在黑泥浆涌动的地方……

284 接下来是一段道德思考，之后继续讲述这个故事：

> 随后他继续依照这种方式，一直走到日出之处……

285 我们若想知道这位未知的神的仆人是谁，这段话告诉我们：他是左勒盖尔奈英，即亚历山大。他走过日落之处，又走

1 “双角”。据注释者说，它提及了伟人亚历山大，他在阿拉伯传奇中扮演的那个角色犹如迪特里希在伯尔尼一样。双角指的是太阳—公牛的力量。硬币上的亚历山大经常有着朱庇特阿蒙神的双角。这是以公羊为标志的春之太阳的传奇统治者的身份标志之一。毫无疑问，人类有强烈的需要去消除英雄给自身和人类带来的影响，以使自己等同于太阳，即通过一种转移的完全的力比多象征。如果我们像叔本华那样思考，我们会说“力比多象征”，但是如果我们像歌德那样思考，我们会说“太阳”。我们存在是因为太阳看到了我们。

过日升之处，就像太阳经历了日落日出。释经者们又解释说，这未知的神仆乃是黑德尔，“万古常青、永不疲惫的漫游者，虔诚的人的导师和参谋，富于神性知识的智者，永生者”。[1]据塔百里所云，黑德尔与左勒盖尔奈英之间是有关联的：黑德尔跟随亚历山大的军队来到“生命之河”，两人都在无意中喝了那河水，变成了不死之身。此外，古代释经者还称黑德尔与伊勒雅斯是同一个人，后者也同样没有经历凡人的死亡，而是与太阳神赫利俄斯一样乘着火焰车升天了。[2]有人推测，亚哈随鲁传说的出现是基于《圣经》中一段语义含混的经文。这段文字出现在《马太福音》第16章第28节中。先是基督指派彼得做他教会的磐石，把自己（在地上）的权柄交托给了他；接下来的一幕，是基督预言自己的死，结尾的一句话是：

> 我实实在在地告诉你们：站在这里的有些人，如能看见人类的儿子降临在他的王国里，便将不会品尝到死的滋味。

286 紧接着，就是关于“变容”的描写：

> （他）就在他们面前变换了形象，脸上发光犹如太阳，

1 Vollers, “Chidher”, pp.234—284. 这是我对《古兰经》评论的来源。

2 也与密特拉神和基督有关，见par.165，上文。

白色的衣裳宛如月光。

忽然，摩西、伊勒雅斯[1]向他们显形，他同耶稣说话。

彼得对耶稣说："主啊，我们在这里真好！你若愿意，我就在这里搭三座棚：一座为你，一座为摩西，一座为伊勒雅斯。"

287 由上面的段落中可以清楚地看出，基督在某种意义上相当于伊勒雅斯，但并不等同于后者，[2]尽管人们把他看作伊勒雅斯。然而，升天一事却在伊勒雅斯和基督之间画了一个等号。基督的预言表明，除他自己之外，世上还有一两个长生不老的人，能够一直活到基督的第二次降临。根据《约翰福音》第21章第21节后文，约翰本身就被视为这些永生者当中的一位。而在传说当中，他真的不曾死去，只不过是长眠于地下，等候神的再次降临，他的呼吸常吹动他坟前的尘土盘旋飞扬。[3]

288 另一个传说中讲到，[4]左勒盖尔奈英带他的"朋友"黑德尔来到生命之泉，好让他喝到永生之水。[5]亚历山大本人则在生命之流中沐浴，按照仪式做了洗礼。在阿拉伯传说当中，黑德尔不是伴随着别人，就是被别人伴随（和他在一起的或者是左

1 《旧约全书》中将"伊勒雅斯"译为"以利亚"。——中译注

2 另一方面，根据Matthew 17: 13，伊勒雅斯作为施洗约翰来理解。

3 见基弗霍伊泽传奇。［提及巴尔巴罗萨大帝，据说他在大山中睡觉。——英编注］

4 Vollers, "Chidher".

5 也有一种传说，说亚历山大与他的大臣黑德尔在印度的亚当山上。

勒盖尔奈英，或者是伊勒雅斯；他总是与他们相像，或等同于他们）。[1]因此说，这里包含着两个彼此相像却又有所差异的形象。基督教中有一个与此类似的场景，就是约旦河边的洗礼：施洗约翰带领基督来到生命的源头。在此，接受洗礼的基督处于从属的地位，而约翰扮演着支配者的角色，就像左勒盖尔奈英与黑德尔、黑德尔与穆萨、黑德尔与伊勒雅斯之间的关系一样。福勒斯拿黑德尔与伊勒雅斯这一对伙伴和吉尔伽美什（Gilgamesh）与其野性的兄弟厄巴尼（Eabani）或恩奇都（Enkidu）来相比，又把他们比作宙斯的双生子狄俄斯库里，他们当中一个是凡人，一个拥有不死之躯。同样的关系也适用于耶稣和施洗约翰，[2]以及耶稣和彼得。关于耶稣和彼得的关系，我们只能援引密特拉教秘仪来对其加以比方和解释，而对于后者的隐秘内容，我们也只能从残存至今的一些碑刻中了解到部分。在克拉根福的大理石浮雕画面中，[3]密特拉神正在为太阳神赫利俄斯戴上光芒冠，后者跪在他的面前，或是由下方上浮到他跟前。在奥斯特布尔肯碑刻中，密特拉神的右手持着公牛的肩，将其举过赫利俄斯的头顶，赫利俄斯则弯腰站在他身前；密特拉神的左手扶着他的剑鞘；二者之间的地上放着一顶

1 这些神秘方式遵循梦的规则，即梦者可被分割成几个形象。

2 John 3：30："他必须增长，而我必须消减。"

3 Cumont, *Textes*, I, pp.172ff.

冠冕。丘蒙[1]评论道，这个画面可能表现了密特拉教信徒升入“战士级别”（degree of Miles）的神圣仪规：在仪式上，要向新升级者授予一柄剑和一顶冠冕。也就是说，这是赫利俄斯被任命为密特拉神战士的场景。一般说来，密特拉神似乎是在赫利俄斯的庇佑之下行动的。此处有违常规的一幕让人联想到了希腊神话中海格力斯对太阳的蛮勇冒犯：在他前去寻找巨人革律翁与之战斗的途中，嫌太阳烤得太厉害，便愤怒地用他那无敌的弓箭来威胁太阳神。赫利俄斯无奈告饶，于是把他的太阳船借给了大力神海格力斯，后者乘着它越过海洋来到厄律提亚岛，找到了革律翁牧养的太阳牛。[2]

289 在克拉根福碑刻中，还有密特拉神与赫利俄斯握手的画面，似乎是告别，又像是问候。在另一个画面中，他登上赫利俄斯的战车，正欲升空或是踏上跨海之旅。[3]丘蒙认为，这是密特拉神在为太阳神举行某种授封仪式；他亲手给赫利俄斯戴上冠冕，从而授予他神圣的权力。[4]这种关系恰恰类同于基督和彼得之间的关系。彼得的标志物是一只公鸡，这赋予了他某种

---

1 Cumont, *Textes*, p.173.

2 海格力斯和密特拉神的平行关系有更深远的含义。跟海格力斯一样，密特拉也是一位杰出的弓箭手。从古迹的内容来看，海格力斯和密特拉神年轻时都被蛇威胁。海格力斯的事迹具有与密特拉传说中公牛相同的征服和献祭之意义。

3 这三个场景持续在克拉根福历史遗迹上呈现，可推测它们之间存在一些戏剧性的联系。解释于 Cumont, *Mysteries of Mithra*, fig.24, p.133。

4 Ibid. 也见 Roscher, II, 3048, 42ff。

与太阳有关的特性。在基督升天之后，他便成为神在地上的可见的“代理人”；唯其如此，他也遭遇了与其主人一样的死法——被钉上十字架，替代了罗马的最高主神之无敌太阳神（Sol invictus），成为“战斗与得胜之教会”（the Church Militant and Triumphant）的首脑。早在基督被捕的那个晚上，他便以“基督的战士”（Miles of Christ）的姿态，挥刀砍下大祭司仆人马勒古（Malchus）的右耳。他的后继者全都戴着三重冕。但这种头冠是一种太阳象征，因此教皇像罗马的恺撒大帝一样，也象征着“无敌的太阳神”（solis invicti comes）。即将沉落的太阳会指定一个后继者，把自己的太阳神力传给他。左勒盖尔奈英给予黑德尔永生，黑德尔把自身的智慧传与穆萨；甚至还有传说讲到，穆萨那个健忘的童仆约书亚无意中喝下了生命泉中的水，从而获得了不死之身；为了惩罚他，黑德尔和穆萨将他置于小舟中，放逐到茫茫大海之上——这是太阳神话的又一片段，属于“跨海之旅”的母题。[1]

290 每逢冬至，太阳重新进入新一年的轮转，此时它在黄道带上的位置是摩羯座，这个星宫原被叫作“山羊—鱼”。形容太阳像山羊一样爬上最高的山顶，又像一条鱼似的投入大海深处。鱼在梦境中有时象征未出世的孩子，[2]因为胎儿是像鱼一

1 Cf. Frobenius, *Zeitalter des Sonnengottes*.

2 这一解释仍然有一些神秘性；更准确地说，这条鱼意味着无意识的自动的内容。曼努有一条长角的鱼。基督是一条鱼，就像Syrophoenician Derceto的儿子Ιχθύς一样。约书亚被称作“鱼之子”。“双角人”（Dhulqarnein=亚历山大）转化为黑德尔的传说。

样生活在水里的；同样的，当太阳沉入海中，它就同时化身为胎儿和鱼。因此，鱼是一种复新和重生的象征。

291 穆萨与其童仆约书亚的旅程是一次生命之旅（一共延续了80年）。他们一起变老，失去了生命的活力。“那尾鱼如得了灵一般，已入海而去，真是怪哉”（喻指日落）。当他们发觉失去了鱼，随后便在丢鱼的地方找到了生命的源泉（就是死鱼复活，游入海中的地方）。黑德尔把自己裹在斗篷里，[1]席地而坐。在另一个版本的传说中，他坐在大海中央的一个岛上，“在地球上最湿的地方”，这表示他刚刚由“母性之渊”中被生出来。在失鱼之地，常青者黑德尔作为“水渊之子”而降生，他的头被蒙着，显示着神性的智慧，如同巴比伦的水神奥安尼斯（见图18）一样：显现为鱼形，日日从海里上来，以智慧训导人。[2]

图18. 鱼首牧师，奥安尼斯浮雕，尼姆罗德宫殿

---

1 包裹意味着不可见，因此是一种“精神”。这正是新信徒被神秘所笼罩的原因。头上带着胎膜的孩子被认为幸运非常。

2 伊特鲁里亚人的先知，这个男孩来自新耕的土地，也是一名智慧的导师。在巴苏陀人的神话中（Frobenius, p.105），一个恶魔吞噬了所有人类，仅剩下一个女人存活，她在牛棚（而不是洞穴）中生了一个儿子，即英雄。在她为婴儿准备好一张稻草床之前，他已经长大了，并说出“智慧之语”。英雄的迅速成长是一个反复出现的主（转下页）

292 奥安尼斯的名字与施洗约翰的名字被联系在一起。新生的太阳升起之时，住在黑暗水中、被夜与死亡的各种恐怖包围的鱼[1]便摇身化作光焰万丈的炽日。这给施洗约翰的话赋予了一重特殊的含义——在《马太福音》第3章第11节中，施洗约翰说：

> 我是用水给你们施洗，叫你们悔改；但在我以后来的、能力比我更大的神……他要用圣灵与火给你们施洗。

293 让我们按照福勒斯的思路，将黑德尔和伊勒雅斯（或者穆萨与其仆人约书亚）拿来与吉尔伽美什及其兄弟厄巴尼或恩奇都做一对比。吉尔伽美什在恐惧和渴望的驱使下走遍世界，寻求永生。他要跨越大海，去智慧的人类始祖乌特纳比西丁（Utnapishtim，即诺亚）的居处，因为后者知道如何穿越死亡的海水。在那里，吉尔伽美什必须潜入海底采摘长生仙草，它能把他带回到人界。在归途中，有一位不死的航海者一直陪伴着他，此人受到乌特纳比西丁的诅咒，永远无法回到受福者的地界。然而，吉尔伽美什回家后，那株仙草却被一条蛇偷走了（鱼

（接上页）题，这似乎意味着英雄的出生和表面上的童年是特别的，因其出生实际上是一种重生，因此他能很快适应其英雄角色。关于黑德尔传奇的更详尽的解释，见我的"Concerning Rebirth"（Swiss edn., pp.73ff.）。

1 参考拉神与夜蛇之战。

游回了海里）。失去了仙草，吉尔伽美什的这趟旅程就变得徒劳；然而，他却带回了一个享有永生的同伴，这个人最终命运如何，由于史诗的残缺不全，我们不得而知。延森[1]认为，这个被放逐的永生者就是“永世流浪的犹太人”亚哈随鲁的原型。

294 这里，我们再次遇到了狄俄斯库里的主题：这对双生子，一个是凡人，另一个却拥有不死之躯；一个是西沉的落日，一个是东升的朝阳。在密特拉神宰杀公牛献祭的场景中，通常有考泰斯（Cautes）和考托佩斯（Cautopates）这两个光使侍立左右，一个高举火炬，另一个则让手中的火炬低垂。他们是一对兄弟，其各自的特点由他们手中火炬位置的象征性所代表。丘蒙将他们与墓葬雕刻里表现的厄洛忒斯（Erotes）联系起来并不是没有道理的，鬼城中的厄洛忒斯手持倒垂的火炬，这个形象在传统上自有其特定意义。他们俩可能一个象征着死亡，另一个象征着生命。密特拉教的献祭（画面中公牛总是位于中心，两位光使各立一侧）与基督教宰杀羔羊（或公羊）的献祭之间存在某些相似之处。十字架上的基督两边各有一名盗贼，其中一个升上天堂，另一个则降入地狱。[2]闪族敬拜的神祇

1 *Gilgamesh-Epos*, I, p.50. 修订这本书的时候，我留下了以上的内容，虽然一些细节已经由最近研究的结果所补充，但它们基本乃基于延森作品中的最初形式。我向读者推荐Heidel, *The Gilgamesh Epic and Old Testament Parallels*; Schott, *Das Gilgamesh-Epos*; Speiser, *Ancient Near Eastern Texts*, Pritchard ed.；尤其推荐，Tompson的杰出译作*The Epic of Gilgamish*。

2 这与密特拉教的献祭之间的差异巨大。Dadophors是无害的光明之（转下页）

身边通常都有两个辅佐(paredroi),比如伊得萨(Edessa)的巴尔(Baal)身边就有阿齐兹(Aziz)和牟尼摩斯(Monimos)相佐(巴尔被视为天上的太阳,而阿齐兹和牟尼摩斯则被视为火星和水星)。按照巴比伦人的观念,众神每三个被归为一组。因此,那两个盗贼便在某种意义上与基督同属一组了。而按照丘蒙的诠释,两位光使乃是由密特拉这位主神所发出的支脉,[1]密特拉神本身应该具有某种隐蔽的三元合一的特点。亚略巴古的狄俄尼索斯(Dionysius the Areopagite)报告说,法师们曾奉三元合一的密特拉神之名而举行宴会。[2]

295 正如丘蒙所云,[3]考泰斯和考托佩斯有时分别手持公牛头和蝎子头。金牛座和天蝎座本是天文学上二分点的标志,[4]这便清楚地标示出,密特拉教的献祭最初与太阳的运行周期存在着关联性:二者分别象征着夏至日自我献祭的初升之日及落日。由于在祭祀行为中难以表现日出日落,这一观念就只得表

(接上页)神,他未参与这一献祭仪式。基督教场景更富于戏剧性。Dadophors和密特拉的内在联系我稍后会提及,它显示在基督和两个盗贼之间存在相似的联系。

1 例如,历史遗迹上有如下箴言:"D[eo]I[nvicto]M[ithrae]Cautopati."人们发现"Deo Mithrae Caute"或"Deo Mithrae Cautopati"与"Deo Invicto Mithrae"或"Deo Invicto",或仅仅是"Invicto"可互换。有时候dadophors装备着刀和弓,这是密特拉的特征。由此我们可总结,这三个形象代表着同一人的三种不同状态。Cf. Cumont, *Textes*, I, pp.208f.

2 Ibid., p.208f.

3 Ibid., I, p.210.

4 公元前4300年到公元前2150年期间。虽然这些符号早已被抛弃了,但它们一直保存在异教中,直到基督教纪元开启。

现在其外。[1]

296 我们已经指出，狄俄斯库里代表着相似观念的不同表现形式：一个太阳是终有一死的凡胎，另一个则代表不朽之躯。由于这一整套神话是人类心理在天界的投射，那么我们大概可以如此解释其中潜在的观念：正如人身上包含着凡俗的和神性的两种组成部分，太阳也是这样的一对兄弟，其中一个终有一死，另一个则享有永生。人是肉体凡胎，但也有个别例外者得享永生，或者说，我们身上包含着某些神性的成分。故而，天上的神祇，或者像黑德尔和圣热耳曼伯爵那样的人，都是我们身上神性的那一部分，将以非物质的形式永存下去。关于太阳的比喻一再地向我们显示，神的原动力就是人类的心理能量。这是属于我们的永生，借着这个链接，人感到自己与一切生命的延续性融为一体，永不泯灭。[2]心灵的生命就是人类的生命。

---

1 三位一体象征在我的“A Psychological Approach to the Dogma of the Trinity”一文中有所讨论。

2 Shvetashvatara Upanished（4, 6ff.）用以下隐喻来描述个体和集体灵魂，个人和超个人的阿特曼灵魂：

看啊，在那同一棵树上，
两只鸟儿，相伴着站在那里。
一只享用着熟透了的果实，
另一只瞧着，但不吃。
我的精神蜷伏在这样一棵树上，
被它的无力所欺骗，
直到满怀欢喜看到它的主有多伟大，
它从痛苦中迅速释放……

（转下页）

既然个人在生理学意义上只是由母体掰下的一根扦插的枝条，那么我们就可以说，由无意识深处涌现的能量，则是由整个人类的根部汩汩涌出的。

297 人类心理的生命力量，即力比多，以太阳作为自身的象征，[1]或人格化地表现为具有太阳属性的英雄。与此同时，它在各种阳具象征中实现自我表达。两种可能性都在拉雅(Lajard)收藏的一块古巴比伦时代晚期的宝石图案中有所反映。图案中央位置站立着一位阴阳合体的神。雄性的一侧刻着一条头部被太阳光环围绕的蛇；雌性的一侧刻着一条头顶镰状新月的蛇。图中不同性别间存在细微的象征差别：在雄性一侧有一个菱形符号，顶端膨胀呈球状，就像我们在前文中提到的手指一样，具有阳具象征的含义。它似乎是一个阳具象征之轮，这在古代也不是闻所未闻之物。一些带有色情图案的宝石上就刻有丘比特正在转动一只全由阳具组成的轮子。[2]至于太阳象征着什么，我在维罗那的古董藏品中发现了

(接上页)赞颂啊，献祭，吠陀，
过去，将来，都由他教授。
玛雅制造者认为这世界
在其中我们被玛雅捕获。
(Trans. based on Hume, pp.403f.)

1 组成人类的因素之中，密特拉教的礼拜仪式尤其强调火为神圣的因素，将其描述为个体组成中的神圣天赋。Dieterich, *Mithrasliturgie*, p.58.

2 性生活中所表达的周期性和节奏之阐释。

一段罗马时代晚期的铭文，上面刻有如下四种符号：[1]

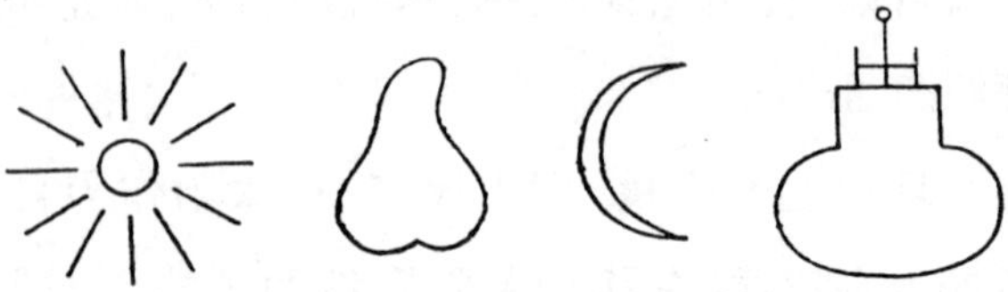

298　这些符号的象征意义是显而易见的：太阳=阳具，月亮=器皿（子宫）。同一批藏品中的另一段铭文内容为我们的诠释提供了佐证。其中的符号与上一段相同，只是器皿符号[2]被一个女人形象所代替。一些钱币上的象征符号大概也可以用同样的办法加以解读。在拉雅的《维纳斯崇拜研究》（*Recherches sur la culte de Vénus*）一书中，收录了一枚帕加（Perga）古钱的图样：形如圆锥状石塔的阿耳忒弥斯，左右各立着一男（据称是曼神）一女（据称是阿耳忒弥斯）。在一块阿提卡浮雕图案中，曼神（又被称为Lunus）手持长枪，左右站着拿着棍棒的潘神（Pan）和一位女性。[3]由此我们能够清楚地看出，性以及太阳可被用作力比多的象征。

299　还应进一步指出的是，光使考托佩斯的形象常以公鸡[4]和

1　并非重现于照片，而是来自我自己的画作。

2　在巴西巴卡伊利印第安人的神话中，有一个发源于玉米浆的女人。一个祖鲁神话讲述了一个女人用锅接住了一滴血液，然后盖上了锅，把它放置一旁八个月之久，之后在九月份打开它，然后锅里面会有个小孩子。（Frobenius, I, p.237.）

3　Roscher, *Lexikon*, II, 2733/4, s.v. "Men".

4　一种广为人知的太阳兽。

松果来体现。公鸡和松果都是弗里吉亚(Phrygia)的曼神的标志物,对这位神祇的崇拜曾经流布甚广。他往往被表现为头戴尖顶弗里吉亚帽,[1]拿着松果,骑在一只公鸡背上;有时又被表现为一个男孩,正如密特拉神身边的两位光使都是男孩的形貌一样。现在,曼神与阿提斯——大母神库柏勒的儿子—情人——之间存在着类同性。到了后来的帝国时代,曼神与阿提斯的形象干脆融为一体。阿提斯也和曼神、密特拉神及两位光使一样,头戴尖尖的弗里吉亚小帽。他身兼其母的儿子与情人,从而提出了乱伦问题。阿提斯—库柏勒崇拜中的阉割仪式便是由乱伦而来的逻辑性结果;因为在传说中,阿提斯被其母逼疯而自阉了。我必须暂且控制手中的笔,不就乱伦问题做进一步的讨论,因为我打算把这个问题留待本书的结尾处再做深入探讨。在此我只想指出一点,就是乱伦母题的出现是必然的,因为当退行的力比多由于内在或外在的原因而内倾时,它总是要激活父母意象,从而看似重新建立起幼儿期的亲子关系。但这种关系是不可能被重建的,因为此时的力多比已是成人的、与性绑定的力比多,无可避免地给他与父母间被激活的亲子关系带来某种不协调的、乱伦式的特征,[2]乱伦象征便是由这种性的特征生发而来。既然必须不惜一切代价避免乱伦,结

1 比如密特拉和dadophors。

2 这一解释并不令人满意,因为我发现它不可能深入原型本能问题及其所有并发症。在"Psychology of the Transference"中我已经详尽地处理了这一问题。

果便只有两种：或者是儿子—情人的死亡或自阉，作为对他过错的惩罚；或者是将本能特别是性本能献上祭坛，作为阻遏或抵赎乱伦欲望的手段。性是本能当中最明显的一个例子，它最容易受到各种献祭举措（比如禁欲）的影响。神话英雄通常都是漫游者，[1]而漫游乃是一种欲望的象征，[2]代表着遍寻不到目标的焦躁的冲动，以及对失去的母亲的依恋之情。太阳的比喻很容易从这方面来理解：英雄就像是空中漫游的太阳，由此可以得出结论，英雄神话就是太阳神话。然而，在我们看来，英雄首先是无意识欲望的自我象征，代表无意识对意识之光的永不熄灭，也无法熄灭的渴望。而意识则始终处于被自身光亮引入歧路，成为

图 19. 雌雄同体的神圣
巴比伦晚期的宝石

图 20. 库柏勒和她的儿子情人阿提斯
罗马硬币

1　如吉尔伽美什、狄俄尼索斯、海格力斯、密特拉神等。

2　Cf. Graf, *Richard Wagner im Fliegerden Holländer*.

缥缈无根的鬼火的危险之中，它渴望着大自然的疗伤能力，渴望着存在的渊深井泉，渴望着以其数不胜数的形式与生命在无意识里息息相通。在此，我必须退到一旁，且听大师的表述——对这种浮士德式的渴望，歌德早已掘到了它最深的根底：

梅菲斯特：我现在必须展开这高深的玄秘。
女神的住处幽静庄严，
超越了空间，缩短了时间。
一想到她们我的血都会变冷，
她们是玄牝！

女神，非凡人所知，
但这个称谓确实令人内心恐惧。
想要触及她们，你必须到达大地的最深处，
需要她们是你自己的错。

浮士德：这条路通向哪里？

梅菲斯特：没有路，前面杳无人迹。
难以辨认的区域，不被遗忘，
不被遗忘，为了这种准备。
没有螺栓，没有舱口开启，
你将被飘进无穷尽的幽径。
你能想象四周虚无的感觉吗？

假想你已经漂游过海，
凝神无垠的空间，
你依稀看得见水中后浪推前浪，
尽管如此，你仍然惧怕死亡。
你依然看得见清澈的绿色，
海豚游动在平静的海面，
高空飞动着云彩、日月和星星，
但是空旷是这般地虚无、永恒和通向远古。
你已听不到自己的脚步，听不到你们的相遇，
找不到坚实的大地可以休息。

钥匙在这里！

钥匙会准确地测探到正确的位置，
跟它走下去，它领你去见玄牝。

走下深渊吧！我不妨说出高度：
这都是相同的，离开这存在的地方，
飞向那形体分离的自由世界！
去欣赏那早已终止的事物；
忙碌中的沉思将撼动螺旋状的阴云，
摆动你的钥匙将会助你远离大众。

见一个烧红的宝鼎就要明白，
你已置身于极深的所在。
借助于它的光你将会看到玄牝，
或坐，或行，或直立。
就算她们在向我们发出邀请。成形、转化，
永恒精神的永恒休养。
四周浮动着一切待生的雏形，
她们看不到你，只能看到阴影。
千万屏住气息，此刻充满危险，
径直走向那个烧红的宝鼎，不要犹豫，
用你的钥匙轻轻一碰！[1]

1 Trans.基于MacNeice, pp.175ff，也可见Philip Wayne, Part Ⅱ, pp.76ff。

五

母亲与重生的象征

300　在英雄诞生的幻象之后，米勒小姐紧接着描述了“一群人”。我们知道，这个意象代表着一个“秘密”，[1]或者不如说象征着无意识。一个人心怀秘密，这便将他和他的同伴们分隔开来。鉴于一个人与周遭环境之间全面和谐、顺畅无阻的关系对力比多经济（economy of the libido）来说至关重要，因此，若人心怀某种主观上的重要秘密，通常会给他带来十分烦扰的结果。故而，对神经症患者而言，若能在治疗过程中最终卸下这秘密的负担，将是特别有益的。我时常注意到，人群的象征，特别是不断流动的熙熙攘攘的人群，表明了无意识的剧烈活动。此类象征符号标示着被激活的无意识及其与自我之间分离的

1　Freud, *The Interpretation of Dreams*, pp.245—246, 288.

苗头。

301 接下来，“一群人”的意象继续发展：出现了许多马匹，继而展开了一场战役。

302 目前，我且遵从西尔帕尔的说法，将上述幻想的意义归入“功能”范畴，因为从根本上说，一群人这个意象所表现的乃是此时大量涌入意识的思绪。同样的还有战役的意象，作为运动或能量象征的马匹意象很可能也是如此。只有在我们对母亲象征的探讨过程中，马匹意象的深层含义才会更清晰地显现出来。接下来的一个幻象的特征更为确定，其内容也更加重要：米勒小姐看到了一座“梦中之城”。作者介绍说，这座梦幻城池的画面类似于她不久前在一本杂志的封面上看到的图画。可惜除此之外就没有更多的细节说明了。然而，可以轻易想象得到，这座梦中之城是异常美丽也令人极其渴望的——如同《启示录》作者诗意梦中的天堂圣城耶路撒冷。[1]

303 城池是一个母性的象征，犹如一个女人，把城中居民像孩子一样庇护在自己怀里。由此我们便可理解，为何三位母神——瑞亚、库柏勒和狄安娜——头上都戴着金城冠了。《旧约》中把耶路撒冷、巴比伦等城市都视为女人来处理。以赛亚（《以赛亚书》第47章第1节）曾呼喊道：

1 今天我们称之为自性的曼荼罗象征。

巴比伦的女儿啊，下来吧，坐在尘中；迦勒底的女儿啊，坐在地上吧，这里没有宝座，你也不再娇嫩柔弱。

抬起磨盘，去磨些粉面吧，

打开锁链，露出腿来，高挽裤腿，蹚过河去。

你的赤裸将被露出，是的，你的羞耻也将被发现；我要报仇，将不再视你为人一样去面对你……

默默地坐着，让自己隐身于黑暗中吧，迦勒底的女儿；这位国王的夫人，你不再称为列国的主母。

304 耶利米（《耶利米书》第50章第12节）谈及巴比伦时说：

你们的母亲巴比伦将极其抱愧，生你们的她必然蒙羞。

305 强大、未被征服之城是处女，殖民地则是儿女。城市还被视为妓女；《以赛亚书》第23章第16节中指着提尔（Tyre）说道：

弹起你的竖琴，到城里四处走走吧，你这个娼妓，已经快要被人们遗忘了……

在第1章第21节中又说：

多么忠信的一座城池啊，可悲！却变成了娼妓！

306　我们在俄古革斯（Ogyges）的神话传说中发现了与此相似的象征：俄古革斯是埃及上古时代的一位国王，他统治的城邦叫底比斯（Thebes），碰巧，他的妻子叫忒拜（Thebe）。出于这个原因，后来由卡德莫斯（Cadmus）建立的古希腊皮奥夏人（Boeotian）的底比斯城邦便有了"俄古革斯"（Ogygian）之称。"Ogygian"这个词还被用来指称俄古革斯时代发生的那场大洪水。我们将在下文中看到，这种巧合很难用"偶然"两个字来形容。俄古革斯统治的城邦和他的妻子共享一个名字，暗示着这座城市和这个女人之间必定存在某种关联。这并不难理解，因为底比斯城就等于这个女人。印度教神话中也有类似的观念。在印度教中，主神因陀罗（Indra）是沃尔瓦拉（Urvara）的丈夫，而沃尔瓦拉一词同时意味着"沃土"。出于同样的观念，当一位君主征服了一个国家，则被视为他与该地缔结了婚姻。在欧洲这片土地上，也必定存在过类似的观念。传统认为，凡有王子即位，他必须保证当年五谷丰登。事实上，据《伊林格传奇》（*Ynglinga Saga*, 18）记载，古代瑞典国王多马尔迪（Domaldi）就是由于收成不好而被杀身亡。在印度教史诗《罗摩衍那》中，主人公罗摩（Rama）与悉多（Sita）（该词有"犁沟"之意）成婚。中国皇帝在登基伊始，也必亲自扶犁耕地，这种习俗反映的还是同样的观念。将土地视为女性的观念还包括持久与女性交合的观念，这是一种肉体意义上的解读。当湿婆神作为天神摩诃提婆（Mahadeva）与雪山神女帕尔瓦蒂（Parvati）

的两性同体时，他既是男性也是女性，他甚至把自己身体的一部分给他的妻子帕尔瓦蒂当作栖居之所。持久交合的观念还反映在印度庙宇中随处可见的男根造像符号中：其底座为女阴状，有一男根竖立其中。[1]这种象征物与古希腊的盛有阳具像的祭篮和盒子可谓异曲同工。盒子或篮子为女性子宫的象征，这在古代神话中是一个司空见惯的概念。[2]盛有此种宝贵之物的盒子、桶或篮子常被想成漂浮于水面，由此构成了对太阳之旅的类比。太阳每天跨海航行，犹如一位不朽的神，晚间又落于大海母性的水域，第二天早晨又重获新生。

307 弗劳比纽斯（Frobenius）写道：

> 假如我们将鲜红的日出与诞生的意象联系起来，把它视为新生的朝阳，那么，一个问题就会立即跳跃出来：父亲又是谁？这个女人是怎样受孕怀胎的？鉴于这个女人在象征意义上等同于鱼，亦即大海（以太阳每夜沉入大海，第二天又从海中升起的假定为前提），那么原始人的奇异

---

1 ［同一主题的另一形式是生命之树的波斯思想，该树长在雨水之湖“沃鲁·卡沙”（Vouru-Kasha）中，树的种子混合雨水，并因此维持着土壤的肥沃。《辟邪经》5, 17ff.（trans. Darmesteter, p.54）中说：“水流向沃鲁·卡沙湖，流向滋润的树木，在那之上有我所有植物的种子……我，阿胡拉—玛兹达将这些种子撒向大地，带来丰饶的食物，以及牛的饲料。”另一种生命之树是自豪摩，长在春天的生命之水（Ardvisura）中。Spiegel, *Erānische Altertumskunde*, I, pp.465ff.］

2 （Rank, *Birth of the ltero.*）

答案就是，大海先前吞下了旧的太阳。由此而来的神话讲述说，既然大海——女人吞了太阳，随后生出一个新的太阳，这显然说明她是因吞下旧的太阳而受孕的。[1]

308 所有这类海神（英雄）都属于太阳的形象。他们被封闭在一个箱子或方舟之内，进行“夜海航行”（弗劳比纽斯语），通常有一个女人相伴——此乃实际情形的颠倒，但与上文中遇到过的持久交合相关联。在夜海航行中，太阳神被封闭在母亲的子宫里，时常面临着各种威胁。

309 与其使用如此多零碎的例证，不如把弗劳比纽斯由无数此类神话传说中归纳出的图表复制在这里作为例证。

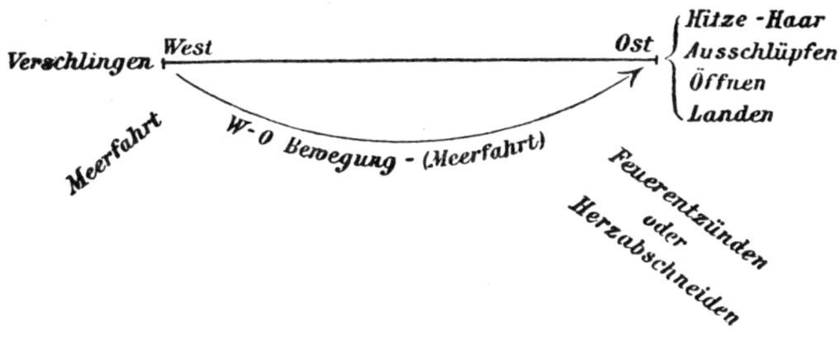

310 弗劳比纽斯以上述图解的形式讲述了以下的神话故事：

一位英雄在西方被海中怪物吞入腹内（吞噬）。这怪

1 Frobenius, *Das Zeitalter des Sonnengottes*, p.30.

物肚子里装着英雄，游到东方（海上航行）。与此同时，英雄在它的腹中生起火来（生火），他觉得饥饿，便从怪物的心脏上割下一条肉充饥（割心）。不久，他发现这条大鱼搁浅在岸边（靠岸），于是他立刻动手，从里面把怪物的身体割开一个口子（开口），然后，他便顺着这个开口钻了出来（脱离）。由于鱼腹内的酷热，他的头发已全部脱落（高温与头发）。英雄在解救自己的同时，还可能顺便救出了以前被怪物吞噬的其他生命。[1]

311 一个与此极为类似的传说是诺亚在那场灭绝人类的大洪水中乘方舟漂流的故事，只不过诺亚和他船上的动物们是要活下来经历一次新的创世的。一则波利尼西亚神话[2]告诉我们，英雄在鱼王昆比利（Kombili）的腹中是如何手持他的黑曜岩刀剖开鱼腹的："他钻出鱼腹，眼前一片壮丽的景象。接着，他坐下来开始思索：'我这是在哪里？'他问自己。这时，太阳从海平面上升起，射出一束五彩斑斓的光，随着它从一边走向了另一边。"然后，太阳再次钻出了海平面。弗劳比纽斯从《罗摩衍那》中引述了神猴哈努曼（Hanuman）的故事，故事中通过这只猴子呈现的正是太阳神—英雄：

---

1 Frobenius, *Das Zeitalter des Sonnengottes*, p.421.

2 Ibid., pp.60f.

太阳载着神猴哈努曼横越天空，在海面上投下了阴影。一个海怪抓住这影子，把哈努曼从天上拽了下来。哈努曼见那怪物要吞噬自己，就把身子变得无比巨大，可是怪兽也随之摇身变大。接着，哈努曼又把自己缩得只有拇指般大小，一下子钻进了怪物的体内，然后又从另一端钻了出来。[1]那时，哈努曼在继续它的飞行，却又遇到另一个海怪的阻挠，就是那吞日魔神罗睺（Rahu）之母。她也是扯着影子把哈努曼从天上拽了下来。[2]这一次他像之前那样，先把身体变小，钻进怪物的体内；不过，他刚钻进去，身体便膨胀起来，变得极其巨大，一下子把怪物撑爆了。怪物被杀死了，哈努曼就此再次脱身。[3]

现在我们明白了，印度神话里从天界盗取火种的摩多利首（Matarisvan）为什么会被称为"在母体内膨胀的神"。方舟、箱子、盒子、桶、船等物都是母亲子宫的比拟物，大海也是如此——太阳沉入大海以获重生。在母亲体内的膨胀还可以表示母亲的征服和她的死亡。生火是一种极其明显的意识行为，因此说它"杀死"了与母亲合二为一的黑暗状态。

---

1 从诗歌的其他部分我们知道，它来自恶魔的右耳（就像拉伯雷的卡冈都亚，他生于母亲的耳朵）。

2 此处可能仅指他的灵魂，并未提及道德。

3 Frobenius, pp.173f.

312 在上述观念的启发下，关于俄古革斯传说的神话阐释就不难理解了。是他占有了母亲，就是那座城池，并以这种方式达成了与母亲的联合，所以说那场大洪水是由他而来的，因为按照太阳神话中的典型情节，英雄在与难以得到的女人合为一体之后，就要被装入桶中遗弃，丢进茫茫大海，最后漂到一个遥远的海岸登陆，开始新的生活。但在俄古革斯传统中，缺失了中间的部分，即方舟中的夜海航行。然而神话学的通例是，一个神话中的典型部分就像拼图一样，可以用你想得到的任何一种

图21. 诺亚方舟
克洛斯特新堡，近维也纳凡尔登尼古拉斯的瓷釉祭坛，1186

变体拼合完整。如此，你若对所有的神话缺乏全面的了解，要想单独解读其中的一个就会感到异常艰难。此处该神话的循环含义相当清楚了：就是通过回到母亲子宫而再获新生，变成与太阳一样不朽的渴望。这种对母亲的渴望在《圣经》文字当中有着充分的表现。在此先引用《加拉太书》(*Galatians*)第4章第26节到第31节及第5章第1节中的几段话：

> 在上的耶路撒冷是自由的，她是我们所有人的母亲。因为经文上写着："欢呼吧，无需怀孕，无需养育；没有喷发和哭泣，不经历难产的伤痛，没有丈夫却拥有比有丈夫的她更多的儿女。"
>
> 弟兄们，我们是蒙应许而生的子女，如同以撒一样。
>
> 不过当时，因世俗而生的他，迫害了因圣灵而生的他，甚至现在都还是这样。
>
> 然而经文上是怎么说的呢？是说："把使女和她儿子赶出去，因为使女的儿子不可与自主妇人的儿子共继产业。"
>
> 弟兄们，这样看来，我们不是使女的儿女，乃是自主妇人的儿女了。
>
> 基督释放了我们，叫我们得自由，因此要站立得自由啊……

313 基督徒是那在上的耶路撒冷城的孩子，不是尘世间的城池

(母亲)的儿子，那里的母亲是被驱逐出去的。因为那因血气而生的和那因圣灵而生的截然不同——后者不是由血肉的母亲所生，而是由母亲的象征所生。这又令人想起了美洲印第安人的神话，说世上最初的人是由一把剑柄和一把梭子所生。象征的创造过程用城市、井、洞、教会等对象替代了母亲。[1]这种替代之所以成立，是因为力比多的退行再次激活了童年时代的行为方式和习惯，尤其是人与母亲之间的关系。不过，对孩童来讲自然而有用的东西，对成人却构成了一种心理上的危险，并且通过乱伦象征表现了出来。由于乱伦禁忌与力比多相对抗，阻挡了力比多的退行路径，使得力比多有可能被定向引入到无意识涌出的母亲类比物身上。通过这种方式，力比多再次前行，甚至达到了较前更高的意识水平。当城池替代母亲而出现时，这种定向引导的意义和目的表现得尤其明显：婴儿依恋(无论是主要还是次要)对成人是一种后果严重的心理局限；然而，对城市的依恋则培养了公民的美德。至少，能令公民过上有意义的人生。在原始人群里没有城市，这种依恋便指向了部落。我们在圣约翰所著的《启示录》里找到了一个完美的城市象征，其中对两座城市的描写在整篇都起着非常重要的作用。这两座城，一座是被诅咒、被憎恨的；另一座则是令人们虔诚地向往的对象。我们在《启示录》第17章第1节中读到：

1 虽然与母亲的关系居于首要位置，与其父亲的关系当然处于更深水平。

你到这里来，看看这个坐在水域上的大淫妇将要受到怎样的刑罚：

地上的君王与她行淫，住在地上的人们喝醉了她淫乱的酒。

我被圣灵感动，天使带我到旷野去，我就看见一个女人骑在朱红色的兽上。那兽有七头十角，遍体刻有亵渎的名号。

那女人穿着紫色和朱红色的衣服，用金子、宝石、珍珠为装饰；手拿金杯，杯中盛满了可憎之物，就是她淫乱的污秽。

在她额上有名写着说：奥秘！大巴比伦，世间的淫妇和一切可憎之物之母。

我又看见那女人醉饮了圣徒们的血和耶稣的殉教者的血。当我看到她的时候，伴随着敬佩之余则令我深感吃惊。

314 随后一段对这幻象的解释极其令人费解，主要意思是说，那兽（龙）的七头代表“女人所坐的七座山”。这很可能是在直接喻指罗马。在那个时代，这座城市以其强大的世俗权力慑服了世界。“那淫妇（母亲）坐的水域，就是多民、多人、多国、多方”，这句话所指的似乎也是罗马，因她是众族之母，拥有列国全地。正如殖民地被称作“女儿”，那么隶属于罗马城的众民则有如处于母亲统治下的家族成员。在另一幕幻象中，地上的君王们，即“众子们”，与这女人行淫。《启示录》中接着写道（自第18章第2节起）：

> 巴比伦大城倾倒了，倾倒了！成了魔鬼的住处和各样污秽之灵的巢穴，以及各种污秽和可憎鸟兽之笼。
>
> 因为列国都醉饮了她的邪淫的、暴怒的酒，地上的君王已经与她行淫。

315 如此说来，这位母亲就不仅仅是一切可憎之物的母亲，也是所有邪恶污秽之物聚集的巢穴。鸟类是灵魂的意象，[1]在此喻指被诅咒的灵魂和邪恶精灵。于是母亲意象又成了冥界和受诅咒之城的象征。在这个骑龙妇人[2]的原始意象中，我们认出了地狱的一切恐怖之母、蛇怪厄喀德那的影子。巴比伦是“恐怖母亲”（the Terrible Mother）的象征，她以恶魔的诱惑把众民引入淫乱，让他们饮下她的酒。这里所说的令人迷醉的酒，与淫乱密切相关，因为它也是一种力比多象征符号，正如我们在分析苏摩酒与（火）太阳的类同关系时已经了解到的一样。

---

1 例如在巴比伦的地下世界中，灵魂像鸟儿一样穿着父亲的装束。Cf. the Gilgamesh Epic.

2 在14世纪的布鲁日复制的《福音书》中，有一幅微型画展示了“女人”，如上帝之母般美丽，在一条龙体内，与其身体“下界”的一半站在一起。

图22. 巴比伦大淫妇
《新约圣经》,H.伯格迈耶雕刻,奥格斯堡,1523

316 在巴比伦的倾倒与被诅咒之后，接下来我们读到了一首赞美诗（《启示录》自第19章第6节起），它将我们从下界的母亲带到了上界的母亲之处。在那里，因乱伦而成为不可能的一切此时都变为可能：

> 哈利路亚：为了耶和华——全能的主
>
> 让我们欢喜跳跃，将荣耀归他！因为羔羊（《新约》中对基督的称呼）[1]婚娶的时候到了，新妇也已做好了准备。
>
> 蒙主之恩，她应该穿着纤柔的、干净洁白的细麻衣，因为这纤柔的细麻衣乃是圣徒之义。

---

1 希腊文本中写有“山羊、孩子”，它是古老（公羊）ἀρήν的微缩版。泰奥弗拉斯托斯以家族中的年轻子孙的意义来使用它。相关的单词ἄγνις是每年在阿格斯举行的赞美莱纳斯的一个节日，在那里会吟唱所谓的莱纳斯挽歌。莱纳斯，普萨马忒和阿波罗之子，一出生就被其母亲因恐惧她的父亲而抛弃，被野狗撕成碎片。作为报复，阿波罗向其父的领地派出了一条龙，而且德尔菲的神谕命令每年妇女和少女们都要哀悼死亡的莱纳斯。荣耀也归于普萨马忒。如希罗多德所述（II，79），莱纳斯哀悼类同于腓尼基、塞浦路斯和埃及对于阿多尼斯和坦木兹的哀悼。莱纳斯被称作Maneros。布鲁格施认为Maneros这一名字来自埃及的maa-n-chru哀悼之哭泣“来呼叫”。这条龙有把胎儿从母亲子宫中撕扯出来的习惯。所有这些主题都能在《启示录》第12章第1—2节中找到，其中太阳—女人的孩子被一条龙威胁，并最终被抓给了上帝。希律王对无辜者的大屠杀正是这一原始意象的“人类”形式（Cf. Brugsch, *Adonisklage und Linoslied*）。迪特里希在《阿卜拉克萨斯》中提到了与阿波罗和皮东神话类似的内容，其中他给出了如下场景（基于希吉努斯）：皮东，大地之子，是一条巨龙，他被一条神谕告知会被勒托之子杀死。勒托怀了宙斯的孩子，但赫拉做了安排使得她只能在太阳照耀不到的地方生产。当皮东看到勒托快要临盆的时候，他开始追杀她，但是风神博瑞阿斯带着她去了波塞冬那里，海神波塞冬把勒托带到奥提伽岛，并用海浪遮盖了整座岛屿。皮东无法找到勒托，只好回到了帕纳塞斯山，然后波塞冬把整座岛屿抬升出了海面。在这里勒托生产了。四天之后，阿波罗复仇杀死了皮东。

天使吩咐我说："写上：凡被邀请参加羔羊之婚筵的人都会受到神的保佑。"

317 羔羊就是与一位"女子"成婚的人子。这"女子"的身份一时还未言明，但在《启示录》第21章第9节中告诉我们，这"女子"就是"新妇"，羔羊的妻子。

你上这里来，我要将新妇——羔羊的妻，指给你看。[1]

他在精神上带我走到了一座又高又大的山前，指着让我看那座伟大的城市——由神那里从天而降的圣城耶路撒冷。

318 在上述一系列探讨之后，这段显然说明，那座圣城，即这里许给羔羊的天国的新娘就是母亲或母亲意象。[2]按照《加拉太书》的说法，在巴比伦，为了使这位母亲—新妇更安适地回归圣城耶路撒冷，那不洁的使女被赶了出去。早期教会的教父们之所以在制定教会法时，没有同意将《启示录》从《圣经》中分离出去，证明他们具有最敏锐的心理洞察力，因为这一卷文稿

1 Rev. 21: 2："约翰看到圣城，新的耶路撒冷，从天堂的上帝所在降落，犹如为丈夫梳妆打扮好的新娘。"

2 索玛德瓦·巴塔所讲述的寂天传奇，显示了在逃离大鱼（恐怖母亲）的吞噬后，英雄如何终于看到了金色城市，并迎娶了他挚爱的公主（Frobenius, p.175）。

就是一座储藏丰富的原始基督教象征的宝矿。[1]聚集圣城耶路撒冷的更多特性，赋予其母亲意义的表达更加令人确信无疑。

> 他指给我看一条流着生命之水的清澈的河流，洁净如水晶，它们从神的宝座和羔羊的宝座下流出，缓缓向前。
>
> 城的街道中间，小河两侧，有着生命之树。这些树上有十二种水果，每个月都会结出她的果子。树上的叶子可为国民医病。
>
> 并且这里以后将不会再有诅咒。

319 在这一段中，我们遇到了水的象征，先前我们在讨论俄古革斯城的时候已经发现，水的意象与城的意象是相互联系的。在整个神话领域中，水的母性意义是最清晰的象征解释之一。[2]因此，就连古希腊人也会说“大海是生生不息的象征”。由于

---

1 在杜撰的*Acts of Thomas*（2世纪）中，教堂被认为是基督的处女妻子—母亲。使徒在其一次祈祷（trans. by Walker, p.404）中说道：“来吧，基督之圣名，它临于诸名之上；来吧，最高的力量，以及完全的怜悯；来吧，最高的慈悲；来吧，慈悲的母亲；来吧，汝对男童负责；来吧，汝揭示神秘的传说……”另一次祈祷说道：“来吧，完全的怜悯；来吧，男人的配偶；来吧，洞悉天选之子秘密的女人；来吧，揭露隐藏之密、讲出不言之语的男人，圣鸽带来双胞胎雏鸟；来吧，神秘母亲……”（trans. by Walker，有修正）同样，Cf. Conybeare，教堂与母亲之联系毫无疑问（Cf. pl.xxxa），母亲作为配偶的解释亦如此。“与男人结合”指向持续同居之主题。“双胞胎雏鸟”指的是古老的传说：耶稣和多默曾是双胞胎，这基于科普特人的耶稣和他的灵魂的思想。See the *Pistis Sophia*.

2 Cf. Freud, *The Interpretation of Dreams*, pp.399ff., and Abraham, *Dreams and Myths*, p.23.

水是生命之源，[1]所以，我们最感兴趣的两位神——基督和密特拉神，据传后者就是出生在一条河边，而前者则在约旦河中经历了“重生”的洗礼。此外，基督的母亲出生在Πηγή，[2]永恒的爱泉（fons amoris）或神的母亲，在异教徒的基督教传说中这位圣母后来化身为一位居于山林水泽的仙女。密特拉教中也有泉水的意象。潘诺尼亚（Pannonian）的一处铭文写道“永恒之泉”（Fonti perenni）。阿普鲁姆（Apulum）又有一处碑铭是献给“永恒的井泉之神”（Fons aeternus）。[3]在波斯神话中，生命之泉叫作阿德比苏拉（Ardvisura）。而阿德比苏拉—阿纳希塔（Ardvisura-Anahita）则是掌管水和爱的女神（正如希腊神话中的爱神阿芙洛狄忒诞生于海浪的泡沫中一样）。《吠陀经》中把“水”称为“相当母性的”（matritamah）。所有一切生物都犹如太阳从水中升起，夜晚又落入水中一样，有兴盛衰败的规律。人类生于泉水、河流、湖泊和海洋，死后要去冥河，在那里开始生命的“夜海航行”。死亡的黑色水域正是生命之水，因为冰冷对死亡的拥抱正是母亲孕育生命的子宫。正如大海吞噬了太阳又将其再度诞出一样，生命是永恒的。正如《浮士德》中的地神所言：

---

1 Isaiah 48: 1:“你们听好，雅各布之房，它被称为以色列，且它从犹大之水而来……”

2 Wirth, *Aus Orientalischen Chroniken*.

3 Cumont, *Textes*, pp.106f.

洪水般的生命，
风暴似的行动，
我辛勤工作在浪尖上，
随波运动。
无边无际的海洋，
无休止地给予，
出生和死亡。
照亮和混浊，
无止境的形式，
构成了生命之纬度。[1]

320 把“母亲意象”投射在“水”上，赋予了“水”母亲所特有的、神圣的、魔力般的许多品质。一个很好的例子就是基督徒在教堂里洗礼的水的象征。在梦境与幻想中，大海或其他庞大的水体意指无意识。水的母性品质与无意识的性质恰好一致，因为无意识（特别是男性）可以被视同于意识的母体。因此，在主观层面上看，[2]无意识和水有着同样的母性意义。

321 另一个同样常见的母亲象征是生命之木或生命之树。生命之树最初可能曾经是一棵承载着家系的果树，具有部落母

1 Trans. by Wayne, p.48.

2 See Jung, *Psychological Types*, Def.52.

亲意义的树。很多神话都讲述了人类是如何来自树木，其中一部分还讲述了英雄是如何被裹身于母性般的树身当中，比如死去的奥西里斯以雪松树为棺，阿多尼斯（Adonis）置身于番石榴树中等。无数女神以树形受人敬拜，致使一些信徒对圣林和圣树祭拜。因此，阿提斯在一棵松树下自我阉割，他这样做正是因为这种树具有母性的意义。神话传说中的塞斯比阿（Thespiae）的朱诺（Juno——主神宙斯之妻，婚姻之神）是一根树枝；萨摩斯（Samos）的朱诺是一块木板；阿格斯（Argos）的朱诺是一根柱子；卡里亚的戴安娜月亮女神则是一大块未经切削的原木；而林多斯（Lindus）的雅典娜（Athene）智慧女神则是一截抛过光的圆木柱。[1]德尔图良把法罗斯岛（Pharos）的谷物女神刻瑞斯（Ceres）称作"粗糙的、不成形的、没皮的木桩"。古希腊的修辞学家和语法学家阿特纳奥斯（Athenaeus）认为德洛斯（Delos）的拉托纳（Latona）是"一根有点没定型的木头"之意。德尔图良还把一座阁楼上的帕拉斯（指智慧女神雅典娜）描绘为一个"十字架的形态"（交叉状）。这剥光了树皮的木杆，正如它的名字所暗示的那样，具有阳具的喻义。而希腊语中的φαλλός一词，则是一根木杆，指男性生殖器崇拜仪式中用无花果树木刻成的男根形状，就像所有罗马的男性生殖神的塑像一样。Φάλος意思是指头盔的尖顶或周边向上隆起

1 锥体有时用柱体代替，如阿佛洛狄忒教中的阿施塔特等。

成尖状的边际，后来改称为“帽锥”。Φάλληνος来自φαλλός一词，意为“木制的”，φαλ-άγγωμα是圆柱状物，φάλαγξ则是指圆形的横梁木。马其顿突击队严阵以待时也是以“指骨”著称，即“手指关节”。[1]最后，我们还需要留意φαλόζ这个词，意为“明亮的，发光的”。在印欧语中其词根是*bhale，意为“增大，膨胀”。[2]看到这里，谁都不禁会想起《浮士德》中那句台词：“它在我的手中闪光，发亮并不断膨大。”[3]

322 此乃“原始”的力比多象征，从中可以看出，力比多与光之间存在着何等直接的关联。我们阅读《梨俱吠陀》时，在召唤风暴之神鲁陀罗的诗篇当中也发现了同样的内容：

> 愿我们可以在主面前蒙恩，噢！英雄的主宰，丰饶之水[指尿液]的制造者……
>
> 我们祈祷炽烈的鲁陀罗帮帮我们吧，他一向乐于奉献，游荡于天空的预言者……
>
> 他，面庞褐红、头戴绚丽华冠的神！生产了美味，倾听我们的祈祷，让他不要把我们交在嫉妒之神的手上。

---

1 关于手指关节的象征，见我对达克提利的评价，pars. 180—184。在这里我补充一个巴卡伊利神话：“尼玛加卡尼罗吞食了两个巴卡伊利指骨。房子地上有许多这些东西，因为奥卡用它们来给他的弓镶边，他杀了许多巴卡伊利人，吞食他们的血肉。女人们因这些指骨，而非奥卡而受孕。”（Frobenius, p.236.）

2 更多证据见Prellwitz, *Wörterbuch*。

3 Cf. par.180，上文。

马鲁特的牡牛已带给我喜乐，恳求你赐予我们身体健康，精力充沛……

让我们高声赞美，让我们的颂歌响彻宇宙，飞向那褐红的牡牛，闪耀着白光的太阳；让我们向那炽烈的神灵跪拜，让我们歌唱赞美鲁陀罗的辉煌。

愿鲁陀罗的箭转离我们，愿炽烈之神的怒气不要在我们身上停留，求你为诸王松弛一下你的硬弓，你的身躯之水是最好的保佑，施恩于我们的子孙万代。[1]

323 这里呈现出了精神生命力的不同方面，超凡的潜能，超自然力量概念的人格化，都融化在了鲁陀罗的形象之中：炽烈的白色闪耀的太阳光，绚丽的华冠，强有力的牡牛，以及尿液（ruere意为“燃烧”）。

324 从动力学的观点来看，不仅是男神，还有女神也是力比多的象征。力比多借着太阳、光、火、性、繁殖力和生长力等意象来表现自己。正如我们已经看到过的，力比多在这种表达中，女神也拥有了阳具象征，尽管后来基本上是男性专有。出现这种情形的一个主要原因是，就像女性是躺藏在男性体内的，男性便是躺藏在女性体内的。[2]代表女神的树木所具有的女性特

1 分别于I, 114: 3和4、II, 33: 5, 6, 8和14。Trans. Siecke, “Der Gott Rudra im Rigveda”, pp.237ff.

2 参见我后续文章中的阿尼玛和阿尼姆斯理论。

质浸染了阳具的象征意义，那棵从亚当身上长出的谱系树便说明了这一点。在我的《心理学与炼金术》一书中，我重现了一张从佛罗伦萨复制画的图片，那是一张亚当把阴茎作为一棵树在展示的图片。[1]因此，树具有双性特征，拉丁语中的树名兼有阳性词尾和阴性词格，或许也暗示着这一点。[2]

325 下面这位年轻女患者梦中出现的树就包含着上述阴阳合体（hermaphrodite）的意味：[3]她在一个花园，忽然看见一棵颇具异国情调的树，枝头缀着肉质的红花或红果。她摘了这花（果），吃了下去。这时，令她恐惧的是：自己中毒了。

326 这位做梦者在婚姻中遭遇了性困难，结果导致她的幻想总是被一个她熟识的年轻人所占领。她梦中的树就是和伊甸园里一样的树，并且它在这个梦中起着我们的第一双父母一样的作用。它是一棵力比多之树，在此同时代表着阴（雌）、阳（雄）两个方面，因为它表达了二者彼此间的关系。

327 挪威有个谜语说：

比林斯堡一棵树，
俯首倒映湖水中。

---

1 *Psychology and Alchemy*, fig.131, p.245.

2 无花果树是阳具状的。值得注意的是狄俄尼索斯在地狱入口种了一棵无花果树，菲勒斯以同样的方式被置于坟墓之上。柏树，阿芙洛狄忒的圣物，被塞浦路斯人视作死亡的象征，且习惯于将其放在人们去世的房子门口。

3 关于雌雄同体，见*Psychology and Alchemy*，索引，s.v. “her maphrodite”。

枝干熠熠闪金光，
今天你定猜不出。

328 傍晚时分，太阳的女儿来到这棵神奇的橡树下，采摘金枝：

苹果园中，
太阳的孩子在悲伤地哭泣。
苹果树上的那个金苹果
已经落下。
太阳的孩子，请不要哭，
神将会造出另外一个，
金苹果或者铜苹果，
或是一个小小的银苹果。

329 这棵树具有多种多样的意义——太阳、伊甸园之树、母亲、阳具，其原因在于，它是一个力比多象征，而不是任何一种实物的托寓。因此，一个阳具象征并不能等同于性器官，而是力比多的象征，无论它在外形上表现得如何清晰，也并不意味着只是性器官本身，它永远是力比多的象征。象征物绝非某种已知物的符号或托寓，它更多地是要表达某种人们尚处于未知或知之甚少的东西。所有这些象征物的第三类参照对比物就是力比多。其意义的一致性在于，它们都是同一样事物的类比。在这一意义上，事物不再局限于它们确切的固定意思，唯一的现实就是力比多，我们只能通过它对我们所发生的作用体验到它们的存在。在这一类象征里，被象征物其实并不是真正的母亲，而是曾经以母亲作为对象的儿子的力比多。我们常常太过实在地看待神话象征，被各种神话之间无穷无尽的矛盾之处搞得晕头转向。但我们总是忘记，无论何种意象，其实都是无意识创造力给自己裹上的一层外衣。因此，举例来讲，当我们读到“他母亲是个恶毒的巫婆”这样的句子时，我们一定要这样翻译句子的内容：这个儿子的力比多纠缠于母亲意象无法解脱，由于他过分地依恋其母亲从而承担着阻抗的心理痛苦。

330 我们已经发现水和树的象征属于城市象征的深层的从属象征，它们同样涉及无意识地从属于母亲意象的力比多。在《启示录》的某些段落里，我们捕捉到了这种对母亲之渴望的清晰的一瞥。此外，作者对末日论的预期也止于与母亲相关的内容。“那时的世界将不再有诅咒。”[1]不再有罪，不再有压抑，不再有自身的不和谐，不再有自责，不再有死亡的恐惧和分离的痛苦，因为借着“羔羊”的婚姻，儿子与母亲—新妇结合了，到

1 儿子对母亲的关系是诸多教派的心理学基础。罗伯特森（*Christianity and Mythology*, p.332）因基督对两个玛丽的关系而震惊，他推测，它可能指向一个古老的神话：“其中有一个巴勒斯坦上帝，叫约书亚，是一个从爱人和儿子向一个神秘玛丽的变化关系中的形象——这是一种早期神智学中的自然波动，且其与密特拉、阿多尼斯、阿提斯、奥西里斯、狄俄尼索斯等的神话发生有所不同，他们都与母神相关，并非一个配偶或女性复制品，母亲和配偶有时是被区分的。”

达了终极的极乐之境。此一象征亦再次出现在婚姻的结合即炼金术的融合中。[1]

331 就这样,《启示录》结束在光芒四射和神秘的和谐的音符中,这种和谐是两千多年前和谐的再现,稍后便是对玛利亚最后的祈祷:

> 噢,悔恨的心!
> 用您拯救之真容和双眼看看我吧,
> 您的出现和凝视令我感到重生的欢喜。
> 此刻每一次善的脉动,
> 都为的是寻求在您面前的服侍。
> 圣母玛利亚,我们心中母性的女王,
> 用您的恩惠保佑我们吧![2]

332 上述作品中流露出的优美、高贵的情感令我们深有感触,但弗洛伊德解释象征时的一个原则性问题是:弗洛伊德认为象征的形成只是原始的乱伦倾向受阻,因此它只是一种替代产品。这种因果关系的解释对吗?这里所谓的“禁止乱伦”本身并不是一个主要现象,但它引导我们回溯到某些更为原始的内

1 [Cf. the “Psychology of the Transference”以及the *Mysterium Coniunctionis*。——英编注]

2 *Faust*, Part Ⅱ, Act 5, trans. by Philip Wayne.

容，也就是原始的通婚级别系统，这种通婚级别系统在部落组织中至关重要、必不可少。因此，我们需要做出技术性解释的问题远比这个现象中看起来的问题要多得多，而不只是一个简单的归因。此外，必须指出的是，乱伦欲望的根本并非只是性的交合，而是像所有的太阳神话中所显示的那样，是一种重返童年，[1]回到双亲的庇护之下，进入母体重获新生的奇思异想。但要达到这个目的却要借助于乱伦途径，比如必须找到某种重新进入母体的方式。最简单的方法之一，就是让母亲受孕，生下一个一模一样的自己，实现自身生命的苏醒。然而这里禁止乱伦介入了。通常的太阳神话和重生神话中纷纷被设计出了形形色色的母性比喻，引导力比多渠化注入新的形式，有效地防止其退行至现实的乱伦。例如，母亲可能转化成动物形象，或者又变得更年轻了。然后在新生命诞生后便告消失。这里的意思是说，又变回到她原来的形象。这里人们所渴望的只是重生而不是通过同居与母亲乱伦。禁止乱伦作为一种阻碍开始发生作用并制造出别出心裁的创造性想象。比如，通过多种丰饶的魔法般的途径让母亲受孕。乱伦禁忌和渠化疏导的尝试共同作用的结果，就是激发了人的创造性想象，这便逐渐为力比多的自我实现打开了可能的通道。通过这种方式，力比多

1　兰克（*Die Lohengrinsage*）已经在天鹅—处女的神话中找到了一些与此相关的美丽的例子。

潜移默化地升华到了精神层面。“总是向往邪恶”的力量就这样创造出精神生活。这正是世界各宗教颂扬这一过程并把它纳入一种程序的原因所在。考察一下宗教势力是如何不遗余力地促进象征的转化的，对我们将大有意义。[1]《新约》中为我们提供了一个绝好的例子，就是约翰福音第3章第4节中耶稣与尼哥德慕（Nicodemus）谈论重生的那段对话，尼哥德慕不由自主地谈论起此事：

> 人已经老了，如何能重生呢？莫非他能够第二次进入到母亲的子宫中获生吗？

333 耶稣尝试引导尼哥德慕的头脑摆脱偏重感官的注意力取向，将其从愚钝的物质主义的沉睡状态提升到灵性层面，于是他借用尼哥德慕的用词来解释重生的意义，却赋予它们大不相

---

1 慕特尔（*Geschichte der Malerei*, II, p.355）在其《第一个西班牙经典》一章中说道：“蒂克曾经写道：‘性是我们人类的伟大秘密，好色是我们这个机械中的第一个雄榫（钝齿）。它搅动着整个人类，使其充满活力和欢乐。我们所有的美丽、高贵之梦，其来源都在这里。性感和性欲构成了音乐、绘画和所有艺术的核心本质。人类的所有欲望环绕着它，就像飞蛾环绕着火焰。美感和艺术感只是其表达的另一种语言和方式。它们仅仅意味着人类的性欲。我甚至将虔诚看作性冲动的一种释放通道。’这清晰地指出，当我们评价古老的宗教艺术时，我们切不可忘记其试图抹去世俗之爱和神圣之爱之边界的挣扎，和试图不着痕迹地将二者彼此融合的挣扎，这已经成为指导思想，成为天主教教堂中最强大的冲动。”对此我想补充，想要限制性之冲动几乎是不可能的。它根本上是一种倾向于表现为性欲形式的、未充分分化的力比多的原始本能问题。性欲绝不是“生命之完整感”的唯一形式，还存在着一些并非来源于性的感情。

同的含义：

> 我实实在在地告诉你：人若不是水生和灵生，就不能进神的王国。
>
> 肉身生的，就是肉身；灵生的，就是灵。
>
> 我所说的并非奇迹："你们必须重生。"
>
> 风儿任意吹，你听得见风的响声，却不晓得风从哪里来，又往哪里去：凡从圣灵生的每一个人，也是如此。

334 水生的意思就是从母亲的子宫里诞生出来，灵生指的是从那促使万物结出硕果的风的呼吸而生，这一点在该段希腊文原文中有所反映，其中"灵"和"风"这两个词用的都是同一个字眼。

335 这种象征与源自埃及传说中的秃鹰神话乃产生于同一种心理需求：那些神鸟秃鹰均为雌性，可以由风受孕。这些神话之所以这样说的基础是一种道德要求，这种道德要求可表述如下：你不应该说你的母亲是通过一个男人以通常的方式而受孕，而应说她是通过一个圣灵经过超自然的方式而受孕。由于这种说法与体验到的事实有所不同，于是神话便借助类似的手段在这种差异上架起了沟通的桥梁。当人们要把一个儿子表述为死去的英雄的时候，可能描述他为"以某种非凡的方式重生"，并由此获得了不朽的神性。这种要求的原因显然是一种超越现实的欲望。一个儿子可能自然地相信他的父亲从肉体上给予了自己生命，却无法相信他自己可以使母亲受孕且让自己年轻并重生。这样一种想法被退行的危险所禁止，因此上述的道德要求便被取而代之：在一定情境中，人们应该以象征的术语来表述重生的问题。在耶稣对尼哥德慕的挑战中，我们也看到了同样的内容：不要从肉身的角度看问题，那样会使你羁于肉身，要以象征的眼光看问题，这才能使你富于灵性。显然，这种趋于象征性的强迫性冲动是一种强大的教诲力量，因为尼哥德慕若是不能超越自身的实体论思维方式，他就会始终陷于庸俗的境界而无法自拔。假如他是一个纯粹的非利士人，他肯定对耶稣这看似荒谬无稽的劝告嗤之以鼻，仅从字面意思上去理解它并最终把它当成不可能发生的、莫名其妙的言论加以拒斥。而耶稣的话语之所以有着如此强大的启示力，正是因为它们表达出了植根于人类每一心灵结构中的经验主义的事实。经验主义的真实永远无法将人从自身感官的束缚中解脱出来，它只能让他看到：他从来就是如此，不可能是别的样子。而另一方面，象征意义上的真实却不同：它用水来指代母亲，用圣灵或火来指代父亲，从而将力比多从乱伦倾向的轨道中解放出来，并为它提供一个新的坡度，引它流入心灵的形式之中。如此形态中的一个人，作为一个精神的存在，便再度变成了孩子，出生在兄弟姐妹的圈子里，不过，他的母亲已经变得与他这个在象征事实的共有遗产中的新的联合体一起“与圣灵相通”

了。教会、他的兄弟姐妹就是全人类。看起来这个过程在基督教起源时代尤其必要。因为在那个年代，作为在奴隶身份、自由民及奴隶主之间的一种令人震惊的反差的结果，人类团结的意识已丧失殆尽了。

336 当我们看到耶稣在采用可接受的“事物的象征观”给尼哥德慕，使其遭遇那么多的麻烦的时候，就仿佛给天然的现实扔去一种邪恶。它对文明进程曾经是、现在依然是何等地重要。看看这一切，再回过头来反观现实，不由得叫人茫然不解，为什么现代心理学对象征的关切竟会招致来自许多方面的如此强烈的非难呢？在当今时代，和以往任何时候一样，我们有必要引导力比多脱离对理性主义和现实主义的一味崇拜——这并不是因为理性主义和现实主义已经占了上风（事实远非如此），而是因为象征性真理的守护者和掌控人，即宗教，已经被科学剥夺了其效能，就连明理者也不再理解象征性真理的价值和目的了，而宗教的代言人又未能传递一种符合这个时代的精神的谦卑。坚持赤裸裸的具体的教条主义，为讲道德而道德，甚至尝试用为基督立传的拙劣形式将基督形象人性化，自然不会给人们留下任何印象。象征性真理被无遮无拦地暴露在科学思想的攻击下。科学从未采取公正的态度来对待这一主题。面对这样的竞争，象征性真理自然不能守住它的阵地。不管怎么说，真理依然有待于被证实。信仰最独特的吸引力在于对乞题的无助感，阻止人们相信象征性真理显然是不可能的。在我看来，神学家们倒不必如此卖力地奢谈信心的必要性，而是应当关注一下做些什么才能让这种信心成为可能。如此油嘴滑舌地坚持信仰的必要性，依我之见，神学家应该明白为了使信仰成为可能我们应该做些什么。不过，这就意味着要把象征性真理置于一个新的基础之上——一个不只是靠情感吸引人们，而是要诉之于理性的基础。要实现这一点，必须先回顾一下它最初在第一个地方是怎样来的，那时的人类需要宗教陈述显然是不太可能的，当一个完全不同的精神现实是建立在感官和这个世界可触摸的现实之上时，它表示的是什么？

337 谈及本能的运行，当没有意识与它们发生冲突的时候，或者当意识依旧紧紧依附于本能的时候，其运行是最为顺畅的。但即使是对于原始人而言，这种情形也已不复存在。因为我们到处都可以发现，在一定程度上与纯粹的本能相对立的心理系统在发挥作用。并且，一个原始部落只要表现出哪怕是一点点的文明迹象，我们就会发现，为了通过指导它朝向类比的思想而从绝对的本能中释放力比多，人脑中的创造性想象就会不断地致力于制造本能过程的类比。这些心理系统必须不断地以这样一种方式为力比多提供自然的坡度。力比多本身并无任何方向性，否则人就可以随着自己的意愿来任意选择它的方向了。但这一点只适用于描述力比多的自发运动过程，并且只在一定程度上如此。事实上，力比多还有一种天然的倾向：它就像水一样，若要使之流动起来，就必须有一个坡度或倾斜度。这些类比的本质因此成为一个严重的问题，因为，正如我们前面说过的，它们必须是能够吸引力比多的观念。我相信，它们的特点是它们都是原型，这是在事实中被识别的。原型即是指那些普遍的、遗传的固定模式。这些模式集结在一起构成了无意识的结构。举例来讲，当基督向尼哥德慕谈到圣灵和水的时候，这两个意象并非胡乱地被他信手拈来的，它们是两个对人的心灵始终散发着强大魅力的典型意象。在这里，基督触及了原型，而此举的作用，将说服尼哥德慕，因为原型有很多形式，或者说原型是沿着总在流淌的心灵生命之流的不同河道。

338 假如不提及本能过程，便无法讨论象征形成的问题，因为象征的动力就来自本能过程。如果不是奋力与本能的阻力相抗，象征就毫无意义可言，反过来说，如果象征不为本能提供形式，不受约束的本能就只能给人带来毁灭。由于绝大多数的象征都或多或少与性这种本能的类比密切相关，于是乎，关于人类最强大的本能之一——性——的讨论不可避免。以本能过程的术语解释象征形成是一种合乎逻辑的科学态度，但也并不等于说，它就是唯一可能的途径。我欣然承认象征的创造也可以从精神的角度加以解释，不过，要做到这一点，需要首先假定“精神”是一个自治的真实，它要求拥有一种特殊的能量，足以扭转本能的方向并且将其限制在精神的形式之内。对科学心理来说，这一假定自身存在着劣势，说到底我们对心灵的本质知之甚少，还不具备确切的理由来支持这个假想。按照我的经验主义的态度，我不过是喜欢把象征的形成当作一种自然过程来加以描述和解释，尽管我完全可能意识到这一观点的片面性。

339 正如我们曾经说过的，性在这一过程中起着重要的作用，甚至对宗教性质的象征也不例外。性祭祀的全盛时期距今不到两千年。当然，那时候的人都只是粗野之人，蒙昧未开，但人们对象征的创造之力的本质却从未随着时代更迭而有所变化。如果一个人对那些古代祭祀的性内容多少有些概念，并且或多或少地能够理解古代人神合一与实际的交媾行为间的内在联系，之后他就不会再自欺欺人地认为，促使象征产生的动力是由于基督的降生而突然变化了。原始基督教通过禁欲主义来与自然和本能毅然决然地从总体上决裂的事实，特别是对性的禁止，清楚地显明了它的驱动力的来源。因此，这一转化在基督教象征中已经留下值得关注的痕迹便显得不足为奇。假如不是这样，基督教将永远无法实现力比多的转化。这种成功在很大程度上是因为它的原型类比与其意欲转化的本能力量大体相符。有些人对于我把最崇高的灵性观念与他们所谓的“不齿于人类”的事物联系在一起表示出极大的震惊。然而，我最关心的却是去理解这些宗教观念，我发自内心地赞赏它们的价值，无法听任唯理主义论调来对待它们。反正，无法理解的东西对我们的追求而言根本就是没用的东西，它们只能吸引那些烦于思维和理解的人。取代了思维和理解的，却是盲目地相信或者把这种不加思考的东西捧上天。最后,这种做法只意味着把我们自己教育成不加思考和缺乏批判力的人。当这个国家最终背弃了基督教信条之后,“盲目地相信”依然能在德国如此长久地被传道士传播,这些已经通过当代历史血淋淋地展现在我们面前。真正危险的人物不是那些伟大的异教徒和无神论者,而是蜂拥成群的思想狭隘者,唯理性的知识分子,当他们突然发现宗教信条是多么的非理性,那才是真正的危险所在。任何不被理解的东西都被草草地忽略掉,于是象征性真理的至高价值便无可挽回地失落了。当唯理主义者面对童女生子、基督献身或三位一体教义的时候,他又该如何是好呢?

340 当今的心理治疗医师,必须让他受过良好教育的病人清楚地了解宗教经验的基础,并把他们引上一条有可能获得此类经验的道路。而且,作为一名医生和科学研究者,我之所以分析那些玄秘难解的宗教象征并坚持追溯到它们的源头,唯一的目的是要通过理解以保存它们所呈现的价值,使人们能够再度获得更多的象征性思考的能力,就像早期教会的思想者们过去一直能做的那样。这绝非在隐射一种死板的教条主义。只是,当今天的我们教条地进行思考的时候,我们的思想就会变得十分陈旧,令现代人无法理解。因此,我们必须找到一种途径,使现代人有可能再度从精神上分享基督教义的实质。

341 某些时候,当相当一部分人开始放弃基督教的时候,我们最值得去做的一件事情就是试图理解基督教最初在第一个地方为什么能被人们接受。它是作为一种逃避上古世纪的暴行与无意识而被接纳的。只要我们放弃它，古老的暴行就会卷土重来，现行的事实已经相当清楚地说明了这一点。这不是进步，而是大大地倒退向过去。从个人角度看亦是如此，当人放弃了一种适应形式却又没有新的形式来取而代之时，他就必然会沿着旧的路径退行，最后发现自己处于一种极其不利的境地，因为与此同时周围的世界已然发生了重大的变化。所以说，任何人若是对基督教抱有拒斥感——无论是出于认为基督教教义在哲学上存在弱点，还是由于单纯从历史角度出发看待耶稣而感到他的存在有空洞不实之嫌（因为我们对这个充满矛盾的人物实在是所知甚少，而我们所了解的一点点东西又反而扰乱了我们的判断），于是乎便把基督教连同其全部道德基础统统当作一盆脏水泼掉，结果必定是要迎面遭遇野蛮这个古老的问题。至于如果整个国家都发现戴上道德面具太傻的话，之后将会发生什么？我们对之已经有过痛苦的体验：野兽冲出牢笼，一场道德败坏的风暴横扫文明世界。[1]

342 今天，无数的神经症患者之所以患上神经症，原因很简单，就是因为他们不知道自己究竟为什么在生活中无法感受到快乐，他们甚至不知道这种障碍已经缠身。除了这些人之外，还有更多正常人，那些善男善女，他们感到被拘束、不满足，因为

1 ［Cf. Jung's "Wotan".——英编注］

没有任何象征可以作为出口以疏导他们自身的力比多。为了所有这些人，我们需要进行一种还原式的分析工作，追根究底，一直挖到原始事实为止，这样才能使他们了解到自己的原始人格，并学会对其加以适当考虑。只有以这种方式来做，才能使他们适当地满足某一部分要求，而把另一些要求视为不合理（因为它们的幼稚特性）而予以拒绝。我们总喜欢想象自己身上的原始印痕早已消失得无影无踪。然而在这一点上，事实残酷得令我们失望，因为我们的文明从来没有像今天这样深地陷于恶性的沼泽。这个可怕的画面帮助我们理解到了基督教当初兴起之际旨在反对什么，以及它所竭力转化的是什么。这一转化过程主要发生在无意识层面，至少在发展到后来的几个世纪里都是这样。我在前文中曾经说过，无意识层面的力比多转化是不具伦理价值的，并且将它与罗马时代早期的基督教加以对比，作为当时基督教必须对抗的不道德和野蛮状况的一个明显例证。在此基础上我还要补充一点，即单纯的信仰也还算不得道德的理想境界，因为它本身也是力比多的一种无意识转化形式。对拥有信仰的人来说，信仰是他们身上的一道魅力光环，但对那些先要理解才能信仰的人来说，信仰并不是解决之道。此乃个人的禀性差异，不应将其斥为品性鄙劣。因为，归根结底，就连虔信者也相信，神赐予人思考的能力，本意是要人用它来做些比说谎和欺骗更高尚的事情。尽管我们从来就有能力自然而然地相信象征，但我们还有能力理解它们，实际上，对那些没有被赐予信仰光环的人来说，这也是唯一可行的一条路。

343 宗教神话是人类最伟大也最重要的成就之一，它给人以安全感和内心的力量，使其不至于被宇宙这个庞然大物压垮。从唯物主义的立场看，象征当然算不上外在真实，但它却是心理上的真实，因为它曾经是，而且至今仍然是通往人性最美好部分的一座桥梁。[1]

344 尽管心理学作为一门科学必须与一切先验性的主张保持距离，但心理真实并不排斥先验的真实。心理学的主题就是人的心灵及其内容。二者都是现实，因为它们都在发挥作用。世上并不存在心灵物理学，我们甚至无法从自身以外找到一个阿基米德支点来对心灵加以观察和判断，结果就是，我们对心灵没有任何客观的了解。因为我们的一切心理学知识本身就属于心理范畴——尽管如此，心灵却是生活和存在的唯一经验者。实际上，它是我们对这个世界所能拥有的唯一直接经验和主观真实的必不可少的条件。它所创造的象征总是以无意识原型为基础，但其表现形式却是由意识头脑采集的观念塑成的。原型是心灵的超自然结构因素，具有一定的自主性和特殊能量，使之能够从意识头脑中汲取最适合自己的内容。象征在其中起着“转化器”(transformers)的作用，将力比多由“较

1 关于这一象征的功能意义，见我的“On Psychic Energy”，sec.III(d)，“象征的构成”(pp.80ff.)。

低级”的形式转化为“较高级”的形式。这种功能的重要性可谓无以复加，因此人的情感为其赋予了最高的价值。象征通过暗示来起作用，也就是说，它具有令人信服的力量，同时也表达着这种信念的内容。它之所以能做到这些，要归功于努曼(numen)，即原型中储存的特殊能量。原型经验不仅令人印象深刻，它更能攫住并占有人的整个身心，是信仰自然生发之沃土。

345　正当的信仰必须永远以经验为依托。不过，也有另一种完全建立在传统权威之上的信仰。这种信仰也可称为“正当”，因为传统势力中所蕴含的经验对文化存续的重要性是不言而喻的。但后一种信仰自有其相伴而来的危险，那就是它往往会令人习以为常——这使它太容易蜕化为精神上的惰性和不假思索的服从，长此以往，则会积成郁滞之气，带来文化退行的威胁。这种机械性的依赖，通常伴着心理上向着幼稚状态的退行。传统的内容逐渐失去其真正意义，只作为一种仪式被人遵行，而不再是一种对生活行为具有影响力的信仰了。在它背后再也没有生命力量的支撑。那种被大加夸说的“孩子般”的信仰，只有当经验背后的情感依然鲜活的时候才有意义。假如情感干瘪消失，信仰不过是把习惯性的婴儿式依赖换个说法而已，它将替代深度理解，实际上对人的深度理解的努力构成了障碍。我们今天所处的状况似乎正是如此。

346　鉴于信仰运行的核心就是那些永久重要的“主导观念”，而后者本身便可赋予生活以意义，因此心理治疗医师的首要任务就必定是对象征进行全新的理解，从而理解患者为求得一种能够表现心灵整体性的态度而做出的无意识的补偿努力。

347 废话少说，让我们重新把目光转回到我们的作者身上。

348 继米勒小姐的梦中之城的幻象之后，紧接着的是一棵“陌生的、盘根错节的针叶树”。在我们已经了解了生命之树及其与母亲、城市和生命之水的联系之后，这个意象在此看起来便不再令我们感到陌生。作者用“陌生的”一词来形容那棵盘根错节的针叶树，当这种情形出现在梦中的时候，可能想表达一种特殊的强调或神圣性。不幸的是，作者对之没有提供任何相关的个人观点。既然树在城市象征中已经出现过，随着幻象的进一步发展又再度被特殊强调，故有必要在这里深入地探讨一下树作为象征的历史。

349 树，如众所周知的那样，亘古以来，就在宗教和神话中扮演着十分重要的角色。在神话中发现的树的典型例子就是伊甸园之树，或曰生命树。大多数人都听说过阿提斯的松树、密特拉神树以及北欧神话中的世界橡树伊格德拉修等。阿提斯的雕像被悬挂在松树上；悬挂的马尔叙阿斯（Marsyas）像已经成为一个非常流行的艺术主题；还有奥丁（Odin）倒悬于树的传说，日耳曼人的悬吊祭祀，以及形形色色的被悬挂的神祇——所有这一切都告诉我们，基督被钉挂在十字架上，在宗教神话里并非独一无二，而是与上述传说属于同一类观念系统。在这个意象的世界里，十字架就犹如生命之树，同时又是死亡之树——棺材。正如神话所告诉我们的，人类是树木的后裔，把死者葬于空树干里的风俗便是由此而来，而德语中一直沿用至今的Totenbaum（棺材）一词，其字面意思就是“死亡之树”。如果我们记得，树的意象主要作为母亲的象征符号而存在，那么这种安葬方式的内在含义便一清二楚了：死者被送回母亲体内，以获重生。我们在普鲁塔克（Plutarch）记载的奥西里斯神话中遇到了这一象征：[1]瑞亚（Rhea）腹中怀着奥西里斯（Osiris）及其孪生姐妹伊西斯（Isis），他们甚至在母腹中就开始交合（夜海航行辅以乱伦母题）。他们的儿子是阿鲁埃里斯（Arueris），后被称为何露斯（Horus）。据说，伊西斯“降生在尽湿之地”。而关于奥西里斯的诞生，传说中，底比斯这一地方有个叫作帕美拉斯（Pamyles）的人，当他汲水的时候，听到宙斯神庙中传来一个声音，命他四处宣布：“伟大仁慈的君王”奥西里斯诞生了。为纪念他，后世设立了帕美利亚节（Pamylia），类似于男根节（Phallophoria）。因此，这位帕美拉斯起初像是一个狄俄尼索斯式的阳具象征之神灵。他的阳具化身代表着“汲取”无意识内容（水），从而生出神（奥西里斯）这种意识内容的创造性力量。这一过程可以从个人经验角度加以理解，即帕美拉斯汲水的行为；也可以将其作为一种象征性举动或原型经验来理解，即从深渊之处汲取内容的行为。至于被汲取之物，乃是灵性的、原属

1 *De Iside et Osiride*, in Babbitt trans., pp.31—33.

于无意识的内容，如果没有被来自上界的声音阐释为神祇的诞生，那么它将永远滞留在幽冥之中。同样的经验亦出现在《马太福音》第3章第17节耶稣的受洗过程中。

350 奥西里斯被地狱之神塞特（Set）用狡诈的手段杀害。塞特，相当于希腊神话里的堤丰（Typhon），他把奥西里斯锁在了一只箱子里，抛进尼罗河，漂流入海。但是，奥西里斯在阴间里却与他的第二个姐姐奈芙提斯（Nephthys）相结合。人们从中可以看出象征的发展过程：早在奥西里斯离开母体而存在之前，他就已经在母亲的子宫里发生过乱伦。而当他死亡并经历第二次在母体内的存在时，他再次发生乱伦，并且这两次都是和他的一个姐妹——因为在远古时代，兄弟姐妹结婚不但是被容许的，反而被视为贵族的一种标志。查拉图斯特拉也同样对血缘婚进行过介绍。

351 邪恶的塞特用诡计把奥西里斯诱进了箱子，换句话说，人内心的原罪想要再次进入到母体内部，况且渴望与母亲发生不正当的乱伦关系正是塞特设计的圈套。诱使奥西里斯进入箱子的正是这一邪恶的想法，这一点十分重要。因为，根据目的论，包容的动机表示重生前的潜伏状态。这时的邪恶，似乎是意识到了自身的不完美便努力要通过重生而获得完美——邪恶的那部分能量反而成了行善的能量。[1]那诡计本身也有着

1 *Faust*, Part I, trans. by Wayne, p.75，修改版。

重要的意义：人为了再次变成一个小孩子，便试图凭借一个诡计悄悄地溜进母体内部以获重生，这便是“理性”思维对此事的理解。一首埃及颂歌[1]中甚至还谴责伊西斯用诡计残害太阳神拉（Ra）：她之所以驱逐和背叛他，是出于对她儿子的邪恶欲念。诗中描写了伊西斯是怎样塑造了一条毒蛇，挡在太阳神拉的必经之路上，以及如何咬伤了太阳神。拉受伤后，再也没能康复，最终不得不从神牛的背上滑落下来。不过，那头神牛却是长着牛头的母亲神，正如奥西里斯就是受人敬拜的公牛阿匹斯（Apis）一样。这位母亲遭受了指责，似乎她是引拉靠近伊西斯的原因，而她则是为了为拉疗伤而自己承受了痛苦。事实是怎样的呢？令拉心理受伤的真正原因乃是乱伦禁忌，[2]它使一个人把自己童年、少年早期的安全感与所有那些无意识的、本能的快乐隔离开来，而正是这种无意识的、本能的快乐，才允许一个孩子能够不带任何责任地依附于他的父母。当人们还没有受到“你应该如何”“你不应该如何”的规则约束，这时的情感中必然包含着许多来自动物时代的朦胧印记，一切事物都顺其自然地发生。直至今日，人们心中似乎仍然存留着对残酷法规的一种深深的仇恨，因为正是这种仇恨硬把

1 Erman, *Life in Ancient Egypt*, p.265.

2 在这里我必须再次提醒读者，我给“乱伦”一词赋予可能并不属于它的不同意义。乱伦是一种回到童年的欲望。对于儿童来说，这不能被称作乱伦；但对于一个性方面充分发展的成人来说，这种反向的努力就是乱伦，因为他已经不再是孩子了，支配着不允许再退化的性。

他们从对自身欲望的本能的服从状态、动物本能中的美丽与和谐状态中隔离出来。这种隔离具体表现在乱伦禁忌及其相关的产物方面(婚姻法则、食物禁忌等)。只要儿童处于无意识地与母亲认同的阶段,他就依然处于与动物心理浑然一体的状态之中,而且和那时一样地无意识。意识发展的必然结果不仅仅是与母亲的分离,而且是与父母和整个家庭圈子渐渐疏远,从而也在一定程度上与无意识和本能世界隔离开来。然而,人的内心却保持着对这个失去的世界的渴望,当需要面对艰难的适应之际,这种渴望总会冒出来诱惑人选择逃避和退离,退回到往昔的童年时代,这时乱伦的象征就开始涌出。假如这种诱惑表现得相当清楚,那么人就有可能凭着顽强的意志努力,摆脱它的纠缠。但它偏偏相当模糊,因为一个新的适应或者人生意义的定位只能依照直觉去实现。缺乏了这种意志,只靠短暂的意志冲动所带来的任何成就都会是昙花一现,人工仿造终究只能证明生命的无能。没有一个人能够因为某种绝对的理由把自己改变成任何一样东西,他只能在潜能许可的范畴内改变自己。当这样一种改变成为必要的时候,先前的适应模式此时正处于衰退期,便无意识地被另一种模型的原型所补偿。

此时,如果意识心灵能够以一种有意义的、恰当的态度去解释这种群集的原型的话,一种可行的转化就会发生。因此,尽可能快地脱离童年期,童年期最重要的关系——与母亲的关系将会被母亲原型所补偿。比如，在此方面已有的一个成功的解释便是母亲教会。不过当这种形式一旦开始显示出年代久远及衰退的迹象，一种新的解读形式便不可避免地随之产生。

352 即使变化真的发生了，旧的形式的影响也不会消失得无影无踪。因为任何一个与母亲分离的人都渴望着重回母亲的怀抱。这种渴望可以轻易转变成一种强烈的激情，这种激情可以对人们已经获得的一切构成威胁。因此，母性意象在一方面可以表现为至高无上的目标，但同时在另一方面又代表着最可怕的危险——“恐怖的母性”。[1]

353 完成夜海航行的旅程之后，装着奥西里斯的箱子在毕布勒斯被海浪推到了岸边，并被挡在了一棵雪松枝间，那棵树迅速生长起来并把箱子包埋在它的树身里（见图23）。那个国家的国王非常赞赏这棵极美的大树，便令人把它砍了，做成支撑他宫殿顶梁的一根柱子。[2]奥西里斯失踪的这一段时期（冬至前后），按照古老的风俗，正是人们对这位死神的哀悼期，而发现他的日子，则被规定为一个全民欢庆的盛大节日。

354 后来，塞特肢解了奥西里斯的尸体，并把尸块散乱地抛撒

1 Frobenius, *Zeitalter*.

2 这让人回想起竖立在阿施塔特神庙中的阴茎柱。事实上，按照某种说法，国王的妻子曾名为阿施塔特。这一象征是十字架的回忆者，被恰如其分地称为“怀孕”。因为在其内部，有一个圣骨匣。

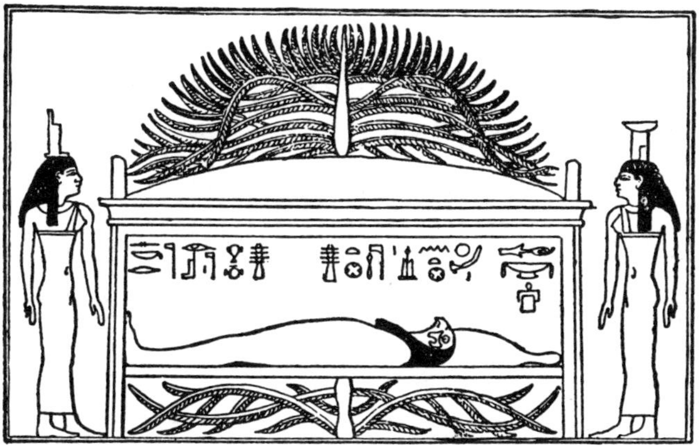

图23. 雪松棺木中的奥西里斯
埃及丹德拉神庙浮雕

到各处。我们在关于太阳神的许多神话[1]中都可发现肢解的主题，通常是作为与“儿童在母亲子宫里的整合”这一观念的对比形式而出现。实际上，伊西斯借助于长着豺狼头的阿努比斯（Anubis）的帮助，把奥西里斯那些被分解的尸块重新拼凑到了一块。在这里，夜间尸体的吞噬者，狗和豺狼，在促进奥西里斯的重构或重生方面提供了帮助。[2]关于这种食死尸的功能，埃及的秃鹰具有其母性的象征性意义。古时候，波斯人曾把死尸扔出去喂狗吃；即使是在藏族地区，仍然有着把死者留

1 斯比尔莱恩（pp.358ff.）在一个疯病人身上发现了许多与此主体相关的暗喻。不同事物和材料的碎片被“蒸煮”或者“烧烤”。“它们的灰烬会变成一个男人。”病人这么说道。她还看到“玻璃棺材中有被肢解的儿童”。

2 得墨忒耳搜集被肢解的四肢，并将它们重新组装在一起。

给秃鹰吞食的“天葬”仪式；[1]孟买的帕西人则把死人置于“寂静之塔”顶上，供秃鹰叼食的习俗；波斯人有种风俗，把一只狗领到即将要死去的人的床边，这位将要死去的人此时必须喂狗一点食物吃。[2]这种习俗提示人们：那块食物是狗应得的，这样他将会放过临死者的尸体，就像海格力斯在他临死的时候用蜂蜜饼来安抚刻耳柏洛斯（犬名）一样。不过，当我们细细思量那个收集奥西里斯的尸块时提供了帮助的、长着豺狼头的阿努比斯，还有秃鹰的母性的象征意义时，心中不免升腾起一个疑问：这种仪式中是否就不可能还蕴藏着更深层的含义？克罗伊策[3]曾经着手研究过这个问题，他得出的结论是：其间的深层含义与狗的星象仪式有关，即天狼星在至高点的出现。因此，把狗带进屋里就会具有一种补偿性的意义，死亡则被视为等同于处于至高点的太阳。这是一种纯粹的心理学意义上的解读，就像从死亡被人们普遍地认为是回到母亲子宫内以获重生这一事实中我们所发现的一样。密特拉教祭祀仪式中出现的狗也可作为这种解读的一个佐证，因为假如上述解读是错误的，那么此狗的作用便莫名其妙了。在密特拉教的碑刻中，通常都有一只狗，它正在跃起扑向被密特拉神宰杀的公牛。根据波斯神话传说以及碑刻本身提供的证据，这一献祭时刻应被视作无上丰饶

1 ［Cf. Harrer, *Seven Years in Tibet*, p.61.——英编注］

2 Diodorus, III, 62 (Cf. Oldfather and Geer trans., II, pp.285ff.).

3 *Symbolik und Mythologie des alten Völker*.

之时。这在赫登海姆的密特拉教浮雕碑刻中得到了最优美的描绘。一块硕大的石板(先前是能转动的)的一面,刻有密特拉神打倒公牛并将之献祭的铅版画面,另一面则刻有手捧葡萄串而站立的太阳神索尔,捧着象征丰饶的羊角之神密特拉,以及一些盛放着各种果实的聚宝盆。这个画面与传说中的公牛之死换来了各种各样的丰饶食物的传说相一致。传说中各种果实来自牛角,各种酒类来自牛血,谷物来自牛尾,家畜来自其精子,大蒜来自牛的鼻孔,等等。在画面上方,站立着森林之神希尔瓦努斯(Sylvanus),林中的各种野兽纷纷跳离他的身旁。

355 由此看来,狗具有克罗伊策所猜想的意义可能是对的。此外,幽冥女神赫卡忒(Hecate)也和阿努比斯一样长着一个狗头。作为天狼星,她接受人们的犬祭以帮助人祛除瘟疫。她与月亮女神之间的密切关联隐含着她也具有促进生长的神力。是她最先告诉了得墨忒耳其女儿失踪的消息,这再一次令我们想起阿努比斯(亡灵之神)。人们也同样向生育女神厄勒堤亚(Eileithyia)献上犬祭,而赫卡忒本人有时也会以婚姻和生育女神的形象出现。狗又是医神爱斯库拉皮厄斯(Aesculapius)的忠实伙伴,当这位医神还是凡人的时候,就曾经令一个人死而复生,因此遭到神的惩罚:被雷火击中。这些联系帮助我们理解佩特罗尼乌斯如下的话:

> 恳请您在我雕像的脚边画一只小狗……承蒙你的恩

泽，让我在死后重生。[1]

356 我们还是回到奥西里斯神话的话题上来吧：尽管伊西斯历尽艰辛，把奥西里斯的尸块归整到了一起，但复活的工作也只是取得了部分的成功，因为奥西里斯的阴茎始终没能找到，那个器官已被鱼类吃掉了。因此，那具复活的身体便缺失了生命力。[2]就这样奥西里斯再次与伊西斯交合，但他们交配的结果却是使哈波奎特斯（Harpocrates）“下肢底部软弱无力”，即脚部有毛病。在上面提到的那首颂歌中，太阳神拉被伊西斯的毒蛇咬伤了脚。脚，作为最贴近地面的人体器官，在梦境中象征着与尘世间的关系，常带有生殖意义或阳具象征的意义。[3]俄狄浦斯（Oedipus）这个名字，字面意思是“肿足”，猜想也有这方面的寓意。奥西里斯尽管只是一个幽灵，但已造出了他的儿子——年轻的太阳神何露斯，并做好准备与黑暗的邪恶神灵塞特作战。奥西里斯和何露斯代表着我们在一开始时提到的父—子象征。于是，两个儿子站在奥西里斯的左右，一边是端正俊美的何露斯，另一边

---

1 *Satyricon*, ch.71.（Cf. Heseltine trans., pp.136—137.）

2 弗劳比纽斯（*Zeitalter*, p.393）观察到，火神（太阳神）经常有肢体残缺。他给出了如下的对照：“正如上帝撕掉了食人魔的胳膊，奥德修斯挖出了高贵的波吕斐摩斯的眼睛，因此太阳神秘地爬上了天空。在火炬的扭曲和胳膊的扭曲之间，是否存在一种联系呢？”这里的主要因素首先是一种残缺，其次是一种扭曲的动作，弗劳比纽斯准确地将这一动作与火苗联系起来。这一残缺在阿提斯故事中是阉割，在奥里西斯故事中是某种类似的事。

3 Cf. Aigremont, *Fuss-und Schuhsymbolik.*

则是畸形的哈波奎特斯。在大多数情况下，他只是有些跛脚，但有时却被歪曲到相当畸形的程度。在远古时候，人们曾把随新生儿娩出的胎盘误认为是双胞胎中的另一个，这种原始的观念可能与"不一致的弟兄"这一主题有着某种关联。

357 传统上，人们常把奥西里斯与何露斯混为一谈。后者真正的名字是Horpi-chrud。[1]这个名字由两部分构成，一部分是chrud，来自Child即孩子一词。另一部分是Hor，来自hri，意即"向上"，"位于……之上"或者"在……上面"。因此，这个名字意味着"极有前途的孩子"，"冉冉升起的太阳"，与被人格化为"夕阳"或"西沉的落日"的奥西里斯恰成鲜明的对照。所以说，奥西里斯与何露斯互为一体，丈夫和儿子，二者都属于同一母亲。下埃及的太阳神库努姆—拉（Khnum-Ra）是一头公羊。并且，他的配偶（当地人敬拜的鱼首女神）是哈特梅西特（Hatmehit）。她是Bi-neb-did的母亲和配偶，而Bi-neb-did，意即"公羊"，是库努姆—拉在当地的名称。在美神赫比斯（Hibis）的颂歌中，埃蒙—拉神是这样祈祷的：

> 你的公羊栖身于曼底斯，结合为四重神特穆斯（Thmuis）。他就是男根，众神之主。他母亲的公牛因在牝牛中而喜悦，而为夫的则以其精子创造硕果。[2]

---

1 Brugsch, *Religion und Mythologie der alten Aegypter*, p.354.

2 Ibid., p.310.

358 在其他一些碑铭中，[1]哈特梅西特被称作"曼底斯之母"。她还被称为"善良的神"，其附带的意思是说，她是一个"年轻的女性"。牝牛作为一个母亲的象征，显现在无数的哈托尔—伊西斯女神的化身和变形中，也显现于修女的女性面（与之相对应的则是原神奴特）。原初的物质和水分，二者都是通过自然得以表达的阳性和阴性。因此，奴特被古埃及人[2]称作："阿蒙神或最初的原始之水"。[3]他还被称为众父之父或众母之母。与此相应的，人们对努恩—阿蒙神（Nun-Amon）的女性一面相应的祈祷是尼特，这种祈祷说：

> 尼特，万古之女神，神的母亲！奴仆的女主，众父之父，众母之母。
>
> 你是最初的圣甲虫和秃鹰，你是太初。
>
> 尼特，万古之女神，你生养了拉，上帝之光，当万物尚无生养能力之时，你给予了我们生命。
>
> 神圣的牝牛，万古之女神，你养育了太阳，并播撒了众神和人类的种子。[4][见图24，25]

---

1 Brugsch, *Religion und Mythologie der alten Aegypter*, p.310.

2 Ibid., pp.112ff.

3 底比斯的诸神之首库努姆，在其天体演化说中提出风之呼吸的概念，从中发展出了上帝之精神在水面移动的思想——关于世界父母的原始思想意志重叠在一起，直到儿子将其分离开来。

4 Brugsch, pp.114f.

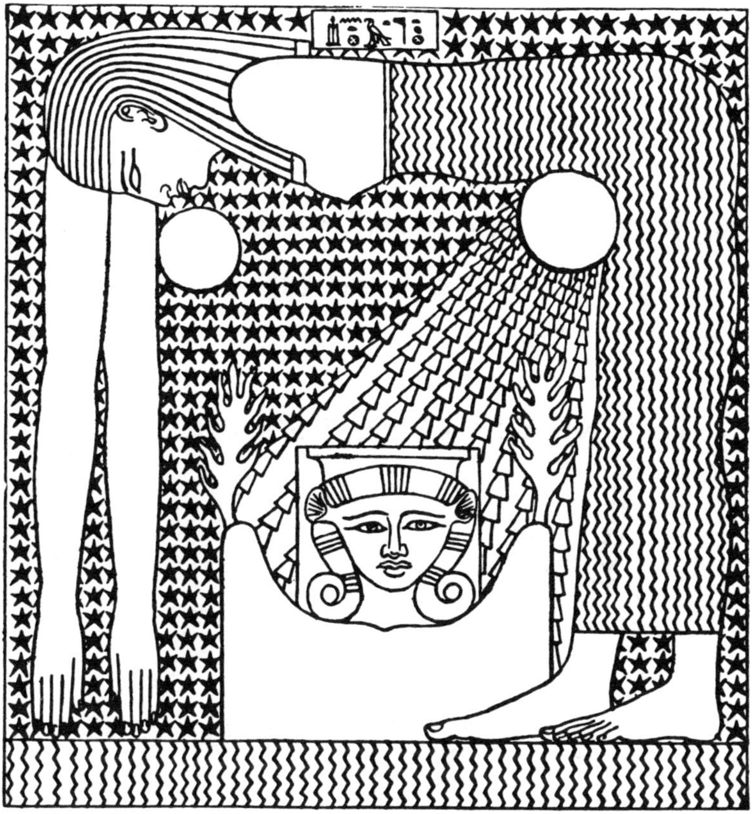

图24. 奴特给予太阳新生
埃及浮雕

359 Nun这个词意为“年轻的，鲜活的和新生的”，又代表尼罗河的新洪水。从比喻的角度，它被用来指称太初时的混沌之水和孕育生命的原初物质。[1]其人格化身就是女神纳乌奈特

1 Brugsch, pp.128f.

(Naunet)。这位女神生下了天空之神奴特，后者是一位遍身星辰的女神，或者以浑身点缀星辰的神圣牝牛形象出现（见图24,25）。

360 因此，当太阳神拉歇伏在神圣的牝牛背上的时候，就意味着他要回到母体，为了以何露斯的身份再次重生。这位女神早晨是母亲，中午是姐妹与妻子，到傍晚时再次成为母亲，将死者重新纳入她的子宫。

图25. 神牛
塞提一世之墓，埃及

361 这样，奥西里斯的命运便有了一种解释：他回到母亲的子宫——体现在箱子、海洋、树根的包裹、以男根柱为支撑的阿斯塔蒂神庙等意象之中；他遭到肢解，然后又被拼合起来；最后，借着他的儿子何露斯得以重生。

362 在深入探讨这一神话传说所蕴含的其他奥秘之前，我们不妨对其中的树木象征多说几句。奥西里斯的尸箱被挡在一棵树的树枝间，被成长的树身包裹住。[1]拥抱和缠绕的主题经常出现在太阳神话和重生神话中，比如睡美人的故事；或者出现在困在树皮和树干之间无法脱身的女孩的传说中等。[2]一则原始神话中讲到，一个太阳神——英雄——被困在一片匍匐植物中等待解救。[3]女孩儿则梦见她的情人落水了，正竭力去救他，但她不得不先捞出水中的海草，然后才能够帮到他。在另外一则非洲神话中，英雄在完成他的冒险之举后，不得不挣脱缠身的海草。又有一则波利尼西亚故事，提到英雄的独木舟被一只巨大的珊瑚虫的触手吸住，正如载着太阳神拉的船在夜海航行中被昼伏夜出的大蛇缠住一样。在埃德温·阿诺德爵士描写佛祖释迦牟尼降生的诗篇中，也出现了“缠绕”的主题：

王后摩耶夫人孕期将满，
站在宫殿里一个穹形泥炭丘下。
油光的树叶、芬芳的花朵编织成的花冠，
神庙的圆柱——雄伟的树身笔直。

---

1 在埃及的《两兄弟的故事》中可见相似主题。Erman, *Literature*, p.156.

2 塞尔维亚民谣，在Grimm, *Teutonic Mythology*, II, p.635中提及。

3 Frobenius, *Zeitalter*.

这神灵之树知道王后即将临产——因为它对万物皆有感应——

它有意识地垂下树枝，制成一个保护摩耶夫人尊严的帐篷；

大地于瞬间绽放开万千花朵，展开一张舒适的卧榻，

坚硬的岩石间涌出涓涓清泉；

随着水晶般的泉水流动，她的孩子诞生了。[1]

363 在萨摩斯岛的赫拉崇拜的神话传说中也有着十分类似的主题。每年，这位女神的塑像都会从神庙中"失踪"，跑到某个海岸的一棵贞节树上，缠绕在它的枝叶间。人们将其"寻回"之后，就会奉上结婚蛋糕，举办盛宴欢庆。这无疑是一次圣婚庆典，因为在萨摩斯当地传说中，宙斯与赫拉婚前曾经历了漫长的秘密相恋过程。在普拉提亚和阿耳戈斯，人们还为这两位神举行盛大的婚礼游行，伴娘、婚宴一应俱全。这个节日是在希腊历法中的盖美里翁月的结婚月，即公历二月初。人们把赫拉的像带到森林中人迹罕至之处，这是为了应和普鲁塔克书中记载的传说，即宙斯把赫拉劫持到了基泰戎

1 *The Light of Asia*, p.5. 见日耳曼国王阿斯卡内斯的诞生，那里有一个类似的岩石、树木和水的结合（Cf. par.368，见下文）。斯皮特勒在其《普罗米修斯》一书中，用爱树之同一主题，来描述自然如何接受那些被带至世间的"珍宝"。这一思想来自佛陀之诞生故事。见"六字真言（嗡嘛呢叭咪吽）"（珍宝在莲花之中）。

山（Mount Cithaeron）的一个山洞里。通过前面的论述，我们又不得不做出结论，圣婚的概念还关联着另一条思维线索，即重获青春的魔法。神像的失踪，藏在林中、洞中、海滨或被缠绕在贞节树上，这一切都具有指向死亡与新生的含义。早春时节的盖美里翁月，也在时间上与这种理论吻合得恰到好处。实际上，帕萨尼亚斯[1]曾经告诉我们，阿耳戈斯的赫拉，每年在卡纳索斯泉沐浴身体之后，便又恢复了处男之身。传说普拉提亚人对已婚赫拉的祭拜中，许多海中仙女都来帮她取水，令这沐浴的意义显得更加重要。《伊利亚特》中如此描写宙斯在伊达山顶的合欢床：

> 如他所说，克洛诺斯的儿子搂住他的妻子；亲切的大地在他们身下长出了绿茵茵的鲜嫩的小草，和带着露珠的莲花与番红花。柔软的床上布满了风信子花瓣，把他们渐渐地托离开地面。他们就这样躺着，被美丽的、金色的云层所覆盖，避开了四周滴落的闪亮的露珠和雨滴……天父就这样用手臂搂着娇妻，静静地躺在伽尔伽朗山顶，被睡眠和爱情征服……[2]

1 *Description of Greece*, II, 38, 2.

2 Book XIV, 364—352, trans. by Rieu, p.266.

364 德雷克斯勒从这段描写[1]中看到一种对世界西海岸尽头的众神花园的暗示——这一已有的观点可能来自前荷马时代的圣婚颂歌。[2]西部乐园是落日之地，海格力斯和吉尔伽美什急切向往的地方，是太阳和母爱之海在永恒的再生性拥抱中得以整合的地方，这似乎证实了我们关于圣婚和重生神话相互关联的猜想。帕萨尼亚斯还提到一则相关的神话片段，说阿耳忒弥斯·奥提亚（Arthemis Orthia）又被称为Lygodesma，意为“柳树的俘虏”，[3]因为它是在一棵柳树上被发现的。这似乎和风行于希腊的庆祝圣婚的节日及上面所述的种种习俗都存在着关联。

365 关于“吞噬”的主题，弗劳比纽斯已经论证过，说它是太阳神话中最常见的一个组成部分；它与拥抱和缠绕的主题之间存在着密切的关联。英雄总是被“鲸—龙”这类怪物“吞掉”，不过，吞噬有时是局部的。例如，一个讨厌上学的六岁小女孩有一次梦见自己的腿被一条大红虫缠住了。出乎我们的预想，她对这个生物表现出一种带有柔情的兴趣。另外一个例子是一位成年患者，她由于强烈的母性移情而无法与一位较自己年

1 说来也怪，此处（XIV，285—291）附近有一处对于斯利普高站在冷杉树上的描写：“他栖息在那里，隐藏在树枝尖锐的树针中，以一种山之鸣禽的形式。”（Rieu, p.264，修订版）看起来似乎这一主题属于“圣婚”。这也是火神赫菲斯托斯公然捕捉战神阿瑞斯和司爱与美之女神阿芙洛狄忒，并控制二人为诸神之乐所用的魔法网。

2 See Roscher, *Lexikon*, I, 2102, 52ff.

3 Pausanias, III, 16, 11.

长的女友分离。有一天，这位患者梦见自己需要渡过一条宽阔的河流，河上没有桥，但她发现了一处可以涉水过河的地方。她正要过河，一只藏在水底的大蟹突然死死钳住了她的脚，怎么也不肯放开。[1]

366 这个画面得到了词源学上的论证和支持。印欧语词根*vélu-，意为“环绕、包裹、缠卷、旋转”。由此而来的词汇包括：梵语词val，valati，意为“覆盖、包裹、包围、环绕”；valli，意为“匍匐植物”；Ulūta，意为“巨蟒”，相当于拉丁语中的volutus一词；立陶宛语velù，velti相当于德语中的wickeln一词，意即“缠绕，包裹”；教会斯拉夫语中的vlina一词相当于古高地德语中的wella，意即“波浪”；与之相关的一个词根是vlvo，意为“覆盖、盘绕、膜、子宫”；梵语中的ulva、ulba具有相同的意义；拉丁语中的volva、volvula、vulva也是一样。Vélu一词亦与ulvora同根，意为“富饶的土地、某种植物的外壳或者外皮”；梵语的urvárā，意即“播种土地”；古波斯语中的urvara，是“植物”之意；同一词根vel在意义上又相当于德语词wallen，即“煮、使波动、使起浪”之意；梵语词ulmuka，意即“大火”或“快速燃烧”；希腊语词ϝαλέα，ϝέλα，哥特语中的vulan相当于古高地德语中的wallen，中古高地德语词walm相

1 See “On the Psychology of the Unconscious”, pars.123ff.

当于英语中的warmth即温暖[1]（一个典型情节是，处于“陷入漩涡”状态中的英雄，头发总是因受热而脱落）。还发现，vel也有“发出声音”[2]和“愿望、希望”之意。

367 缠绕的主题是一种母亲象征。[3]包裹的树身同时意味着即将分娩的母亲。如同希腊神话中所说：一些白蜡树存在的地方，是青铜时代人类的母亲。佛教中用里瓦斯（Rivas）树来象征人类的始祖玛什耶和玛什耶那。根据一则北欧神话，神向一种被称作树的物质中吹入了生命，[4]从而创造了人。希腊语中的ὕλη也是“木头”的意思。在世界末日来临之际，人类的一对夫妇藏身于世界之树尤克特拉希尔（Yggdrasill——世界之树，又称宇宙树，也是这里的白蜡树）的枝叶中，日后将从他们

1 Fick, *Wörterbuch*, pp.132f.

2 Cf. Goethe's “sonorous day-star”, par.235.

3 这一主题也包含着“碰损岩石”的内容（Frobenius, p.405）。英雄经常不得不操纵他的船行驶在两块犬牙交错的岩石之间（相似的主题是咬人门或暴力树）。在其同道中船尾（或鸟尾巴）被夹断了，这是毁损主题的另一暗示（扭曲胳膊）。19世纪的德国诗人J. V.冯·舍费尔在其诗歌《一条青鱼喜欢牡蛎》中使用了这一意象。为宙斯带来其神食的鸽子必须飞跃“碰损岩石”。弗劳比纽斯指出这些岩石与那些仅在魔法世界开启的岩石和洞穴存在着紧密的联系。有关于此的最有力的佐证是一个南非神话（p.407）：“你必须叫那块石头的名字，并且大声哭喊：‘Untunjambili之石，开启吧，以使我进入。’”但是如果岩石不想开启，它会回复：“此石不会向孩童开启，它向那些飞翔空中的燕子打开。”值得注意的是，人类力量无法打开岩石，只有魔咒或者飞鸟可以。这显示出开启岩石是一项永不能在现实中完成的任务，它只能是一个愿望。Wünschen（wish）在中古高地德语中指的是“完成非凡任务之力量”。飞鸟是“痴心妄想”（wishingful thinking）的一个象征。

4 Grimm, II, p.571.

繁衍出新的人类种族。[1]在宇宙大毁灭之际，世界之树变成了一位守护的母亲，一棵同时孕育着死亡和生命的母亲树。[2]世界之树的再生功能有助于解释埃及《亡灵书》之“东方诸灵的智慧之门”一章中的如下意象：

> 我是神圣之舟的驾驭者，我是太阳神的神舟中永不停歇的操舵员。[3]我熟知那棵青翠之树，太阳神就是从这树中升起，直入云中。[4]

368 在这里，船与树（亡灵之船与亡灵之树）之间存在着密切的关联。其中反映的思想是太阳神拉由树中诞生，升上天穹。而神话中对太阳神密特拉的各种显现，可能也应当加以同样的解读。在赫登海姆浮雕的画面中，密特拉神的半个身体从一棵树顶升起；而在其他一些碑刻中，他的半个身体埋在岩石里，真切地指向此神从岩石中出生的传说。在他出生地点附近，通常会有一道溪流。我们在撒克逊人最早的王阿斯卡内斯诞生

---

1 Herrmann, *Nordische Mythologie*, p.589.

2 某些爪哇人部落把他们的偶像放置在被人工掏空的树洞中。波斯神话中，白色豪摩是一种长在沃卢·卡沙湖中的神树，而叫作Kar-mahi的鱼环绕着它，以保护它免受恶灵青蛙之害。这棵树给人以永生，给女人以孩子，给女孩以丈夫，给男人以马。在Mainyo-i-Khard中它被称作“尸体的填表人”。（Spiegel, *Erānische Altertumskunde*, II, p.115.）

3 太阳船，它伴随着太阳和灵魂跨越死神之海，而走向日出。

4 Brugsch, p.177.

的传说中同样发现了聚集的象征，[1]他是从森林中央毗邻泉水的哈兹磐石中生长出来的。[2]这里结合了所有的母亲象征——大地、树木、水。因此，中世纪把树木诗意地称为“夫人”就显得极为合情合理。而基督教神话将“死亡之树”即十字架转换为“生命之树”，经常表现出基督被挂在一棵果实累累的绿树之上，便也不足为奇了。生命之树向来是一种真实可信的宗教象征，甚至在巴比伦时代便是如此，从生命之树到十字架的衍化，在佐克勒这位研究十字架历史的专家看来完全是可能的。[3]这一如此普遍的象征，在前基督教时代的意义和上述观念并不冲突，反而在意味着生命的意义方面十分吻合。另外，十字架在太阳崇拜（传统十字架和十字记号在太阳崇拜秘教中被用来象征日轮）和爱神崇拜中的意义与其历史意义也没有丝毫相违。这一象征在基督教神话中得到了大量的运用。研习中世纪艺术的学生总是十分熟悉亚当墓上生长的十字架这个表现主题。传说亚当被埋葬在各各他（Golgotha），其子塞斯在他墓上种下一根天堂之树的幼枝，这枝条后来长成了基督的十字架，也就是亡灵之树。[4]我们知道，罪与死降到世上本是由于亚

---

1 Cf. Isaiah 51: 1：“仰望那里被凿刻的磐石，看你们所挖的洞。”更多例证参见 Löwis of Menar, “Nordkaukasische Steingeburtssagen”, pp.509ff。

2 Grimm, I, p.474.［For Aschanes, see also Grimm, II, p.572.——英编注］

3 *The Cross of Christ*.

4 关于塞斯的传说参见Jubinal, *Mystères inédits dn XV. siècle*, II, pp.16ff.，引自Zöckler, p.225。

当犯下的错，而基督通过自己的死将我们从罪中拯救出来。假如我们追问一句，亚当到底错在何处呢？问题的答案是：那招致死亡惩罚的不可饶恕之罪，就是他居然胆大包天，吃了天堂之树的果子。[1]这一举动的结果，在一则犹太传说中被认定是：失去乐园后，曾有人得允远远地望一眼那天堂福地，他看到了伊甸园中的那棵智慧树，还有《圣经》里说的四道河流，但那树已经枯萎，在那枯枝间躺着一个婴儿。“母亲”已经怀孕了。[2]

369 这个奇异的传说恰恰契合了一则犹太传说：据说亚当在认识夏娃之前，还有一个精灵妻子，名叫莉莉斯。夫妻斗法争雄：莉莉斯凭借神的名字的法力升上天空，又藏身于海中。亚当在三位天使[3]的协助下迫使她再次现身，于是莉莉斯变成了进入到孕妇噩梦中的拉弥尔或是劫掠新生婴儿的女妖拉弥亚。另外一个同类的神话，也提到拉弥亚，说她是一个专门恐吓儿

---

1 日耳曼神树有一个绝对的禁忌：它的树叶一片都不能采摘，且它的阴影笼罩之处，任何东西都不可拾取。

2 根据日耳曼的传说（Grimm, III, p.969），当被放在一个由萌芽于一堵墙的活着的但脆弱的树之木材所造的摇篮里摇晃的时候，救世主将会诞生。它的仪式是这样的：“种一株菩提树，取两根树上的枝丫，取其木材做成浮筒；躺在其中的第一个孩子注定会被剑取走性命，而救赎会紧随而至。”值得注意的是，在日耳曼传说中，将来事件的预兆与一株初生之树相联系。基督有时候会被称作一根“树枝”或“枝条”。

3 这里我们需要认识到，“助人之鸟”的主题——天使是真正的飞鸟。即，地狱中的“灵魂之鸟”的羽衣。在密特拉教的祭祀中，神的信使（所谓“天使”）是一只乌鸦；此信使伴有双翼（赫尔墨斯）。犹太教传统中，天使是男性。这三个天使之象征十分重要，因为这意味着与一种低级的、女性能量的冲突之中的一种上层的、空中的、精神的三位一体。Cf. Jung, “Phenomenology of the Spirit in Fairy Tales”, pars.419ff.

童的夜行魔怪。这个传说最初的版本是，拉弥亚引诱了神王宙斯，天后赫拉出于嫉妒，施法令她只能生下死婴。自那以后，愤怒的拉弥亚就开始迫害儿童，不放过任何扼杀这些幼小生命的机会。这是一个在许多童话故事中反复出现的主题，其中的母亲往往以谋杀者[1]或吃人者的面貌出现，德国童话《汉斯和格丽桃》就是一个为人熟知的例子。拉弥亚还是一种贪吃的大鱼的名字，[2]这与弗劳比纽斯总结出的鲸—龙主题又联系到了一起。我们又一次遇到了以贪婪大鱼形式出现的恐怖母亲意象，这是死亡的化身。[3]在弗劳比纽斯的著作中，关于吞吃人乃至于整个国家的妖怪、动物、植物的故事比比皆是，结果都是被英雄解救，得以辉煌地重生。

370 拉弥亚出现在很多典型的噩梦中，她所具有的女性特质拥有大量的证据。[4]其间共有的特点是：它们总是骑在梦中人的身上。与其相呼应的是：载着骑者疯狂驰骋的幽灵之马。从这些象征中，我们可以轻易辨识出典型的焦虑之梦的特征。正如莱斯特娜[5]曾经指出的，这为童话的解读提供了一个重要线索。骑马的意象在儿童心理学研究中占有特殊的地位：弗洛

1 Frobenius, *Zeitalter*.

2 Λαμός, “gorge” =gullet; τὰ λαμία, “gorge” =ravine.

3 注意 δελφίς（海豚）和 δελφύς（子宫）之间的紧密联系，在德尔斐有德尔斐峡谷和海豚状的三脚架 δελφινίς。参见米利克尔斯特关于海豚的论述以及美喀斯的火祭。

4 Cf. Jones, *On the Nightmare*.

5 *Das Rätsel der Sphinx*.

伊德和我本人[1]的两个贡献已经在一方面确立了马的恐惧象征意义，另一方面确定了骑马者幻想中的性的意义。其中最为关键的特点就是律动性，它所承载的性的意义只是从属性的。如果我们把上述种种因素都纳入考虑范围，那么当我们得知母性的世界之树尤克特拉希尔在德语中又称为“可怕的马”，就不会大惊小怪了。卡内吉特在论及噩梦时曾说过：“直到今天，农夫们还沿用古老的迷信方法，把马头骨抛上房顶来驱赶这些女性神灵（母神、命运三女神），在这一带地方的农舍屋顶，常能看见这种骨头。并且民众相信，她们会在夜里的第一觉中骑马奔跑，跑很长的路，一直把马累垮。”[2]乍看起来，噩梦（nightmare）和母马（mare）这两个词之间似乎存在着词源上的联系。德文中具有相同意义的词是Mar和Mähre。Mare这个词的印欧语词根为*mark，参考古爱尔兰语中的marc。Mare又与古高地德语中的meriha（marah为雄马的阴性形式）、古英语中的myre（mearh为雄马的阴性形式）及古诺尔斯语中的merr相近。有人猜想nightmare（噩梦）一词的词源是古英语和古诺尔斯语中的mara，意为“吃人女妖、梦魇、魔鬼”，引申为“噩梦”之意。法语词cauchemar来自拉丁语中的calcare，意为“踩、踏”，即像踹葡萄那样反复踩踏；也有公鸡为母鸡“踩蛋”之意。这个

1 Freud, “Phobia in a Five-year-old Boy” ; Jung, “Psychic Conflicts in a Child” .

2 *Epistola de ara ad Noviomagum reperta*, p.25.引自Grimm, III, p.1246.

动作在噩梦中具有同样典型的意义；关于北欧神话中的瓦兰迪王之死，流传有这样一句话："Mara trad hann"，意思是说他是在睡梦中被魔鬼玛拉踩死的。[1]北欧神话中的山精巨怪或"踩踏者"都是噩梦的同义词。在我和弗洛伊德针对儿童心理研究的经验中，已经证实了踩踏或蹬踹动作附带着某种性的意义。不过在这种动作中，律动感的意义显然是第一位的。与魔鬼玛拉一样，踩踏动作的发出者是个名叫"斯坦普"的鬼怪。[2]

371 印欧语词根*mer、*mor的意思都是"死去"。由此衍生出的词汇包括，拉丁语词mors、希腊语词μόρos，很可能还有Moĩpa（命运女神）。[3]而北欧神话中坐在世界之树下面的三位诺恩（Norns）女神则像希腊神话中的克罗托、拉刻西斯和阿特罗波斯一样，是命运的化身。在凯尔特文化中，命运的概念或许已经融入了条顿人崇拜的matres和matronae的概念之中。[4]裘利斯·恺撒下面的这段的话便体现出大母神的神圣意义："通过抽签占卜，大母神将会指引我们是否适宜与敌

1 Grimm, III, p.1246.［来自Ynglinga Saga, 16。］

2 Ibid., I, pp.277—278："今晚速食，我祈祷Stempe不要践踏你。"［根据格林姆的引用来看，Stempe是一个不确定的噩梦意象，它通过踩踏孩子来吓唬他们。——英编注］

3 Herrmann, *Nordische Mythologie*, p.64，和Fick, *Wörterbuch*, I, p.716。［在更多近代的语言学中，死亡和μρος的这种紧密联系并未得到确认。此文中的所有词源学推测在当前并非都是能够得到验证的。——英编注］

4 Grimm, I, p.417.

交战。”[1]

372 前面讨论了从Mar到(night)mare的词源衍化，在此还要补充一个相关的事实，法语中的mère一词在发音上和mare极为相似，尽管从词源学意义上讲，这一点并不能说明任何事情。在斯拉夫语中，mara的意思是“女巫”，在波兰语中，mora意为“噩梦”。而在瑞士德语中，Mor或More意为“母猪”(也是骂人的粗话)。捷克语中，mura一词表示“噩梦”，也指天蛾(这种昆虫又名“斯芬克斯”)。这种意义关联看似奇怪，不过，如果我们了解天蛾也是人类灵魂的象征和喻象，便会恍然大悟。天蛾是一种夜行的蝶类——它们就像噩梦一样，借着黑暗来去。最后还要提到的是，雅典城那棵神圣的橄榄树叫作μορία，这个名字来自μόρος(命运)一词。波塞冬之子哈利罗修斯曾试图砍倒此树，却在挥斧之际将自己杀死。

373 德语词Mar，法语词mere与各种表示“海”的意思的词汇(拉丁语mare、德语Meer、法语mer)之间的语音关联当然十分引人注目，尽管从词源学角度讲这是一种偶然的关联。这个词是否有可能指向伟大的原始的母亲意象？母亲——她曾经是我们唯一的世界，后来又成为整个世界的象征。歌德说，玄

1 *The Gallic War*, I, 50, trans. by Edwards, pp.82—83，有轻微修订。参考德尔菲峡谷的占卜意义，米密尔的喷泉，等等。

牝之域“四周浮动着一切赋生的雏形”。[1]就连基督徒也忍不住要将他们的圣母与水重新联结起来。有一首献给圣母玛利亚的赞美诗，便是以“Ave maris stella”开头。在所有人类语言中，都能发现儿语“ma-ma”（母亲的乳房）这个词。另外，两位宗教英雄的母亲一位叫“玛利亚（Mary）”，另一位叫“摩耶（Maya）”，这些事实似乎都有着深远的意蕴。母亲实际上是孩子的“马”，这一点明显地体现在母亲背负或用臀部驮着孩子的原始习俗当中。主神奥丁也曾悬吊于母性的世界之树（“可怕的马”）身上。

374 我们已经看到，众神之母伊西斯利用一条毒蛇阴险地捉弄了太阳神，而据普鲁塔克所言，她也采用了同样狡诈的手段对待自己的儿子何露斯。何露斯打败了杀害其父奥西里斯的仇人，那个邪恶的塞特，但是伊西斯却把塞特放了。何露斯气极之下，扬手朝向自己的母亲，夺走了她头上的王冠。[2]后来，月神托特给了她一颗牛头来替代失去的王冠。此后，何露斯不得不再费一次气力，第二次打败塞特。在希腊神话中，传说堤丰（塞特）是一条龙。然而，即便没有希腊神话的印证，也能明显地看出，何露斯与塞特之间的搏斗是典型的太阳英雄与“鲸—龙”之间的搏斗，而我们知道，后者象征的正是“恐怖母亲”，

---

1 Cf. p.206，上文。

2 Plutarch, *De Iside et Osiride*, 19, 6.［Cf. Babbitt trans., pp.48—49.］

是贪得无厌的巨胃，是令人粉身碎骨的下颌。[1]谁能征服这个怪物，谁就赢得了永远的青春。不过，要达到这个目的，必须拿出大无畏的勇气，深入怪物的肚腹（即跨入“地狱之旅”），[2]并在那里逗留一段时间（即像弗劳比纽斯所说的“夜海航行”）。

375 相应地，与“夜行之蛇”的搏斗便意味着对母亲的征服，这里的“母亲”被怀疑犯下了一宗无耻之罪，即背叛儿子之罪。由乔治·史密斯发掘的巴比伦创世神话的碎片完全证实了上述论断，这些神话史诗残留的碎片绝大部分来自亚述巴尼拔图书馆的遗址，其文字记载可以一直上溯到公元前2000年左右的汉谟拉比时期。从这部创世史诗中我们看到，水渊之子与智慧之神的后代埃亚[3]一起推翻了阿卜苏，而阿卜苏是众神的祖先，因此可以说，他征服了父性。然而大母神提亚玛特蓄意复仇，对子孙们摆开了战阵：

> 母神呼帕，万物的创造者，
> 制造出无敌武器，生出利齿毒牙、锐利无情的巨蛇，
> 注入它们体内的不是血液而是毒汁，
> 她穿着恐怖的外衣狂吼，

1 见弗劳比纽斯著作中的异域神话，其中鲸鱼的肚腹很明显就是死亡之地。

2 玛拉的特性之一是，他只能从他进入过的洞穴中出来。[如梅菲斯托费勒斯所说（Wayne trans., p.77）：“所有的朋友和幻影（phantoms）必须遵守一条法律/去用他们进入时所用的那条路。”——英译注]这一主题很明显地属于重生神话。

3 关于智慧之深渊，智慧之源泉，幻想之来源，见par.640，下文。

立挺着带有可怕之光的身躯挺首腾跃。
凡靠近者将丧胆殒命，无一生还。
她造出蜥蜴、龙和斯芬克斯，
风暴恶魔、疯狗、蝎人、狮魔、鱼人和马人，
掌控着夺命武器，无所畏惧，毫不容情。
提亚玛特一声令下，怪兽大军所向披靡。

提亚玛特完成了她的行动计划，
便开始备战，对抗诸神——她自己的子孙，
为给阿卜苏复仇，提亚玛特坏事做绝。

埃亚听闻此信，不由惊恐万分，
他忧心忡忡，怅然坐下。

他找到父亲，创造他的神——安沙尔（Ansar），
把提亚玛特的谋划倾诉给他：
提亚玛特，我们的母亲，对我们大发怒火，
并召集一支群魔大军，狂暴可畏。[1]

1 此处和下文的译文基于Gressmann, *Altorientalische Texte*, I, pp.4ff.，和E. A. Speiser, in Pritchard, *Ancient Near Eastern Texts*, pp.62—67。

376 为抵御提亚玛特的可怕军队，众神最终推举出马尔杜克这位春天之神为统帅，他代表着胜利的太阳。马尔杜克做好战斗准备，为自己打造了神威无敌的武器：

> 他创造了阴风因胡鲁(Imhullu)、迅猛的西南风、飓风、四倍速风、七倍速风、旋风和威害之风，
> 随后他松开所有已经带出的七只风的控绳，
> 让那些风在他身后到提亚玛特的要塞激起混乱。
> 马尔杜克神举起了他的无敌武器——旋风，
> 因为他已跨上他那暴风般的战车，无可匹敌、万分威武。

377 他主要的武器就是风和一张网，他希望能用这网套住提亚玛特。于是他迎向提亚玛特，向她提出一对一的挑战：[1]

> 于是提亚玛特与众神中的智者马尔杜克交锋，
> 各自束腰，上前迎战。
> 主神撒开大网将对手罩住，
> 因胡鲁紧随其后，猛然扑向她的脸面。
> 提亚玛特张开血盆大口，欲将主神吞下，

1 “之后上帝到来，找寻提亚玛特的内在。”

因胡鲁钻进她的嘴里，令她的嘴唇无法合闭；
他用暴风充满她的腹腔，
攫住她的五脏六腑，令她痛至极致嘴巴大张；
他用长矛向她行刺，又用刀斧把她切割成碎块；
他割下她的内脏，把她的心脏剁成肉泥；
就这样把她击败，夺去了她的性命，
将她的尸首扔在地上，双脚在上面反复践踏。

378 杀死提亚玛特之后，马尔杜克坐下来，思索创造世界的规划：

主神歇下来端详着她的尸体，
决定分割这怪兽，把它制成艺术作品。
他把她的身体一剖为二，如同剖鱼，[1]
展开它的一半覆盖住天空。

379 就这样，马尔杜克用母神的身体创造了世界。显然，这里杀死母亲—神龙之举表现为负面意义的"以风授精"的形式。世界是借着母亲而造，也就是说，是用献祭中取自母亲的力比多，通过阻止那威胁着欲令英雄变得软弱无力的退行倾

1 母亲的分裂；Cf. Kaineus, pars.439f., 460, 480, 638，下文。

向而创造的。我们将在本书的末章中对这个重要的准则详加探讨。正如贡克尔[1]曾经指出的，关于这则神话，《旧约》的文字中多处都存在着有趣的呼应，《以赛亚书》第51章第9节中写道：[2]

> 醒来吧，醒来吧，为他注入神的力量，
> 噢，耶和华的膀！
> 像古老的过去一样，很久很久以前的世代：
> 不是你吗？！砍碎了拉哈伯大鱼，刺穿了龙身。
> 不是你吗？！令大海干涸、水源断尽，在海的深处开辟了一条救赎之路。

380 《旧约》中经常用拉哈伯这个名字来指代埃及（在《以赛亚书》第30章第7节中，称埃及为“坐而不动的拉哈伯”），也用来指龙。因此，这个名字意味着某种邪恶而敌对的东西。在这里，拉哈伯以古龙提亚玛特的形象出现，主神马尔杜克或耶和华挺身而出，与她的邪恶势力作战。“救赎”一词是指从禁锢中拯救的以色列的子民。但它同时又具有神话意义，因为英雄解救了先前被鲸—龙吞进腹内的那些人（参见弗劳比纽斯

1 *Schöpfung und Chaos*, p.30ff.

2 ［这三段和下三段是修订标准版。——英译注］

著作)。

381 《圣歌》第89章第10节中写道:

> 你击碎了拉哈伯,令其如同死尸……

382 《约伯记》第26章第12节中说:

> 他以他的法力令大海平静,
> 他借他的智慧击败拉哈伯。
> 他用他的灵风使天空平展,
> 他经他的手穿透意欲逃离的蛇。

383 贡克尔将拉哈伯等同于混沌,也就是提亚玛特。巨龙拉哈伯又以水中大鱼利维坦的形象出现,它也是大海的人格化身。

384 《圣歌》第74章第13节中写道:

> 你曾用你的法力将海分开,
> 将水中利维坦的龙头击破。
> 你曾砸碎鳄鱼的头,
> 把它扔到旷野喂食野兽。

385 《以赛亚书》第27章第1节中又有更进一步的类比:

那天，心痛的耶和华神带着他那刚硬有力的剑将去惩罚利维坦这条狡猾的蛇，就是那条狡诈恶毒的蛇；并且他将杀掉海中那条巨龙。

386 我们在《约伯记》第41章第1节中遇到了一个特别的主题：

你能用鱼钩诱出鳄鱼吗？
你能用绳索压低它的舌头吗？
你能用挂钩穿透它的鼻子吗？
你能用刺刺穿它的下颌吗？

387 这一主题在弗劳比纽斯搜集的原始神话中有着无数的相同之处，在那些神话传说中，海中巨怪也是如此被钓上来的。

388 我们已经看到，乱伦禁忌阻挡了儿子借助母亲象征性地重生自我。根据神话中的叙述，并非凡人要重获新生或者作为一个新生的整体而重生，而只是英雄或神灵的自我苏醒。这些形象一般地表现为或特征化为力比多—象征（光、火、太阳等）。因此，它们看起来好像代表着心理能量。然而，事实上，它们却是力比多的人格化身。当今时代，精神病学经验已经充分证实，人类心理的各个部分，只要它们具有一定的自主性，都会体现为一个人格角色，就像癔症患者和精神分裂症患者的分裂人格，巫师的“通灵性”，以及梦中所见的人物一样。力比多分裂出来的每一部分，每个情结，都拥有其（碎片的）人格或作为这种碎片人格而存在。至少，从纯粹观察者的角度看起来，情况就是如此。不过，当我们更深入地考察此事，我们发现，它们实际上是一些原型结构。这些原型形象起初就被赋予了人格，而不是后来才被人格化的——关于这个假说，尚无确凿的反对证据。只要原型不只是代表单纯的功能关系，它们就会显现为人格代理。在此形式中，人们就会真切地体验到他们的存在，而非“虚构的想象”，就像理性主义设法想让我们相信的那样。相应地，人从神话中的神祇和英雄血统传承而来的自身人格只是处于第二位的，或者，换用心理学术语来表达，他作为一个人的自我意识主要来自准人格化的原型的影响。我们可以在神话中找到无数证据来支持上述观点。

389 由此看来，神首先要进行自身的转化，人只有通过神的转化才能参与到转化过程中来。就是这样，号称“制造者、陶工、建筑师”的库努姆神在他的制陶辘轳上塑造了他自己的蛋，因为他是“不朽的生长之神，自己生成的，以及自我出生的，是源自太初之水的蛋的创造者”。埃及《亡灵书》中说道：“我像那来自自己蛋中的巨能之鹰一样在飞向高空。”又说，“我是修女的创造者，它以阴界为居所。我的巢穴无人可见，我的蛋不会破。”而在另一段中又说，“在他的蛋中，有一位伟大而荣耀之神，[1]他用那颗来自他自己的蛋创造了他自己。”因此，这位神

1 即太阳神。

也被称为Nagaga-uer，即“伟大的饶舌家”。（见《亡灵书》第98章第2节：“我像鹅一样嘎嘎叫，如鹰一般呼啸啼鸣。”）[1]

390 退行的力比多被引导注入神的身上，这样看来，神话中关于神或英雄乱伦的叙述便有了其存在的合理性。在原始层面上，根本不需要进一步的象征。这只有当神话叙述开始让人对神产生怀疑的时候才变得有必要，显然，只有当人类具备更高的道德水平时才会出现这种情况。因此，希罗多德说：

> 我先前讲过，奥西里斯祭拜伊西斯的庆典情形：那地方聚集了数以万计的男女信徒。当祭祀结束之际，每个人都用力拍打着自己的胸膛：他们在向谁表示敬意？我想在此我还是不说为好。
>
> 帕普雷米斯（Papremis）的庆典，比其他地方通常举行的仪式和祭礼更多出一项特殊内容。当太阳快要落山的时候，神像跟前只剩下少数几个祭司继续履行他们的职责，而大多数祭司则手持棍棒，站在神庙入口处。在他们对面，聚集起了另外一群手持棍棒的人，数目大概有一千多，都是先前起过誓来还愿的人。神像供在小小的木制镀金神龛里，早在白天仪式开始之前就被运到了另外一处圣所。在神像前侍奉的少数祭司把它连同神龛一起放在一

1 Brugsch, *Religion und Mythologie*, pp.161ff.

辆四轮车内，然后拉着车子向神庙走去。那些等在神庙门口的祭司试图阻止神像进入，而信徒们则站在神的一边，用棍棒来对付他们。双方剧烈地厮打起来，一时间棍棒横飞，头破血流，受伤致死者不在少数。不过，这只是我的判断而已，因为当地的埃及人告诉我说，从来没出过打死人的事情。据当地人解释，这个纪念日起源于下面的传说：阿瑞斯[1]的母亲曾经住在这座神庙里，而他本人则在另一个地方被抚养长大。当他长大成人后，想要去认[2]母，于是他就来到她的神庙前。但她的侍从们不认识他，不放他进去，并且成功地把他拦在门外，直到他从另一个镇上搬来援兵，一路打了进去。当地人说，正是由于这个典故，他们的阿瑞斯节庆活动中才会包括一场棍棒打斗。[3]

391 一篇金字塔铭文中描述死去的法老争夺天堂的至尊地位，其中写道：

> 当（他们）看见法老王的灵魂升天为神、食其父并拥有其母亲时，天在哭泣，星在颤抖，守护神吓得瑟瑟发抖，仆人们争相逃离。[4]

---

1 阿瑞斯可能指的是埃及的神塞特。

2 ［作者所用的德语文本中，该词被翻译为“与……性交”。——英译注］

3 Herodotus, Book II, 61ff., trans. by de Selincourt, pp.126—127.

4 Cited in Dieterich, *Eine Mithrasliturgie*, p.100.

392 很明显，信徒们彼此打斗，甚至不惜相互残杀，目的就是为了分享这神秘的神圣乱伦。[1]于是他们就以此方式参与了敬神的活动。[2]北欧神话中光明之神巴尔德尔被槲寄生枝射伤而死；与奥西里斯之死类似，似乎需要我们做出相似的解释。故事里说，世间万物都起了誓不伤害巴尔德尔，唯独槲寄生当时还太年幼，所以被遗漏了。后来，正是一根槲寄生的枝子杀死了巴尔德尔。槲寄生是一种寄生植物。在印度的取火仪式上，被称为"火母"的阴性取火木，就取自寄生植物或匍匐植物的木头。德国传说中的梦魔玛拉，在夜海航行结束后，就停在"märentakken"上休憩，而格林认为这应当是槲寄生的别称。[3]槲寄生又是医治不孕症的至尊良方。[4]在高卢，只有事先经过庄严的献祭，征得神灵同意之后，方可由德鲁伊祭司爬上神圣的橡树去采割仪式用的槲寄生枝叶。生长在树上的是孩子，或者说是得到苏醒再生的自己，而那正是人不可拥有的，因为乱伦禁忌不允许。神话告诉我们，杀死巴尔德尔的槲寄生"还

1 毛伊岛的波利尼西亚神话中说，英雄抢走了他母亲的腰带。在天鹅处女的传说中，偷走面纱的小偷所指的是同样的事物。在尼日利亚约鲁巴人的一个神话中，英雄则很简单地强奸了他的母亲（Frobenius, *Zeitalter*）。

2 上文中所提及的哈利罗修斯的神话（par.372）中，他在试图砍掉雅典神树莫利亚的过程中，杀死了自己。这一神话表达了同样的心理，如侍奉大母神的祭祀之阉割所表达的同样。基督教教义中的禁欲倾向（即奥利金的自我阉割）是一种相似的现象。

3 III, p.1246.［Cf. par.370，上文。］

4 因此在英格兰有将槲寄生挂在圣诞树上的风俗。因为槲寄生被视作生活之魔法棒，见 Aigremont, *Volkserotik und Pflanzenwelt*, II, p.36。

太年幼”，故而这种依附性的寄生植物可被解释为“树木的孩子”。而树又代表着源泉，有母亲的意义，因此它代表的是生命之源，就是那种神奇的苏醒的生命力量。在原始时代，人们通过向“圣子”致敬的方式来庆祝此种生命力量的复苏，优雅的巴尔德尔正是这样的一个形象。此类形象均为昙花一现的存在，因为他们从来只是一种对稀缺之物的向往而已。用“昙花一现”来形容他们真是再贴切不过了，有些“母亲的儿子”身上恰恰体现出花一般的年轻神祇的全部特点，而且逃不脱早夭的命运。[1]其原因在于，他只能通过母亲维持他的生存，无法扎根于外部世界，所以他发现自己处于永久的乱伦状态。其实他只是母亲的一个梦，而她不久又把这个理想形象收回，纳入自身，正如我们在近东的那些儿子——塔穆兹神、阿提斯神、阿多尼斯神、基督等的故事中看到的那样。槲寄生像巴尔德尔一样，象征着“母亲的孩子”，即那种由母亲身上流出的、人所渴望的、蓬勃苏醒的新生力量。因此，当德鲁伊祭司割下槲寄生的枝叶，就等于杀死“母亲的孩子”，通过这一举动，象征性地再现了阿提斯的自我阉割与阿多尼斯被野猪獠牙刺伤的情景。这个梦属于母权时代的母亲，那时还没有父亲站在儿子身边。

1 在一本法国飞行员安东尼·德·圣埃克苏佩里 Antoine de Saint-Exupéry 所著的精美小书《小王子》中，有关于彼得潘症候群的美妙描述。我关于作者拥有私人的母亲情结的印象，从一手资料中得到了充分的证实。

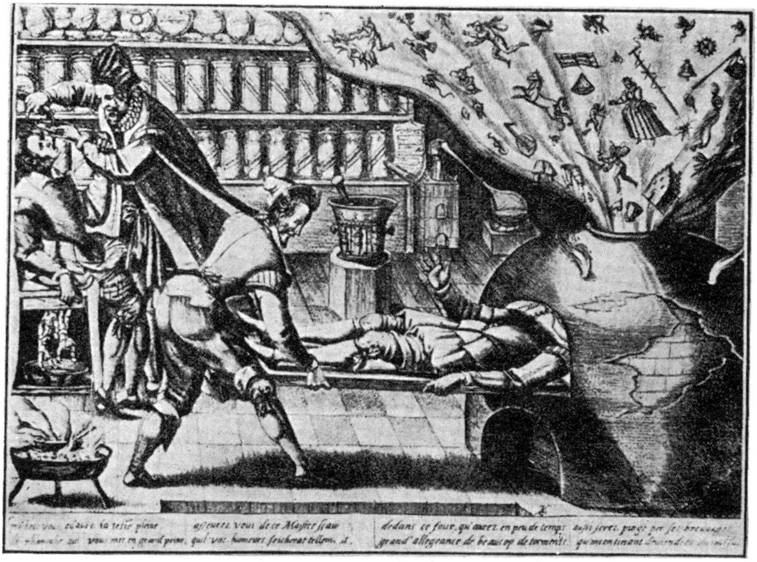

驱魔

佚名雕刻，17世纪

太阳神

萨满教的爱斯基摩偶像，阿拉斯加

罗穆卢斯和雷穆斯兄弟与狼意大利北部木画，中世纪

耶稣在童贞圣母子宫中德国莱茵河上游画师作画，公元1400年

猪首母神：猪首毗湿奴的夏克题
浮雕，北印度，7世纪

伊琉西斯秘仪场景
来自一个骨灰瓮，罗马，公元1世纪

将佛陀教诲尊为太阳轮
阿马拉瓦蒂塔，印度，公元2世纪

七烛台之间的人之子
来自《贝特斯启示录评论》，12世纪晚期

阿普列斯入教仪式
来自17世纪法文版《金驴记》

带翼日轮，悬于国王头顶
图坦卡蒙的王座，公元前14世纪

圣母玛利亚的遮蔽
木刻画彩蛋，埃尔福特大教堂，1620—1640

带翼的日月轮和生命之树
赫梯浮雕,萨基古兹,叙利亚北部

钉在十字架上的耶稣和被举起的蛇
安纳伯格的金匠希罗尼莫斯·马格德伯格所铸的泰勒银币

“性感”
弗兰兹·斯塔克(1863—1928)
绘,德国

国王出席祭祀太阳神的献祭仪式
纳布帕利迪那国王的石碑,巴比伦,公元前870年

生育之神弗雷
青铜人像，南曼兰省，瑞典

蛋中的法涅斯
俄耳甫斯教浮雕，摩德纳

火神钦特亚
木雕，巴厘岛

身骑公羊，手举火棍的阿耆尼
柚木工艺雕刻，南印度

正在哺育的大地母亲
拱顶画，林堡大教堂，约1235年

戈尔贡
细节来自希腊花瓶

乳海

袖珍画,拉吉普特学校,印度

地精和蜥蜴女神
口木与人类牙齿，夏威夷

戴着象征王权头饰的女性形象
国王的香碗，约鲁巴，西非

加冕的雌雄同体
手稿,《论炼金术》,据说来自托马斯·阿奎那,约1520年

拥有不死药的吉尔伽美什
浮雕,阿苏纳西尔帕尔二世宫殿(公元前885—860年),尼姆鲁德,亚述

长角的亚历山大
利亚马库的硬币,公元前3世纪

高举和放下火炬的光使们
来自密特拉教的一个汉白玉浮雕

公鸡上的神人
阁楼上的墙雕

美洲印第安舞者的仪式性头饰
美国新墨西哥州

新耶路撒冷(《启示录》,第21章)
来自摩尔《圣经》的雕刻,1650

被恐怖母亲吞噬的一对男女
萨满护身符,海象牙,特林吉特印第安人,19世纪

湿婆半女世尊像：湿婆与雪山女神的合体
彩色黏土像，印度，19世纪

密特拉神和赫利俄斯
来自克拉根福特附近的
密特拉教碎片

以弗所的戴安娜，头戴金城冠
雪花石膏和青铜器，罗马，公元2世纪

林伽姆与尤尼
吴哥窟，柬埔寨，约12世纪

生命之泉
画像，君士坦丁堡学校，17世纪

双臂环腹杯
基尔佩克的教堂，赫里福德郡，12世纪早期

挂钩
木画,新几内亚北部

林伽中的女神
柬埔寨,14世纪

母亲教会
来自宾根郡圣希尔德加德的手稿
《西维亚斯》，12世纪

牛头哈索尔
青铜，萨卡拉的塞拉皮雍后期

生命之树
青铜器，埃及，公元前7—前6世纪

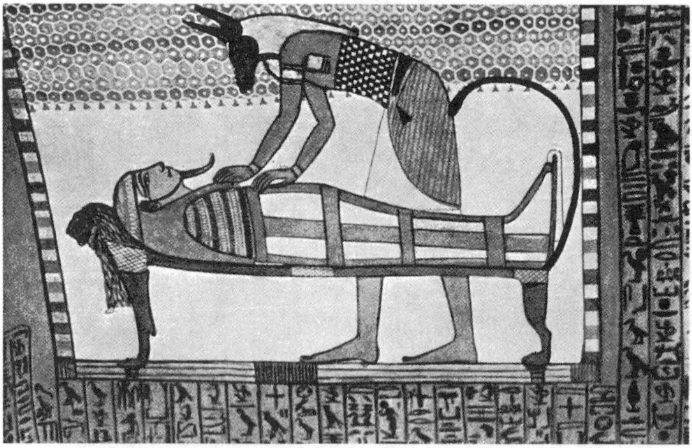

豺狼头的冥神阿努比斯俯身于木乃伊之上
来自底比斯某王朝的一座坟墓

炼金术中的食日之狮
手稿，来自圣迦尔图书馆，17世纪

带来丰收的密特拉献祭
赫登海姆浮雕

食日之魔
石像，东爪哇，15世纪

佛教的亡灵之树
木雕，中国

生命之树上的基督
绘画，斯特拉斯堡

亚当坟墓上的十字架
斯特拉斯堡大教堂西门上的细节，约1280

抱走新生儿的拉弥亚
来自壁画“哈比之墓”，圣托斯的卫城

吞噬中的母亲
萨满护身符，海象牙，特林吉特印第安人，阿拉斯加

结着人果的瓦克瓦克树
《西印度群岛土耳其史》，君士坦丁堡，1730

密特拉献祭公牛
赫德海姆浮雕

帕伦克的十字架
玛雅浮雕，尤卡坦半岛，墨西哥

布塔在陶工车轮上塑造世界之蛋
埃及

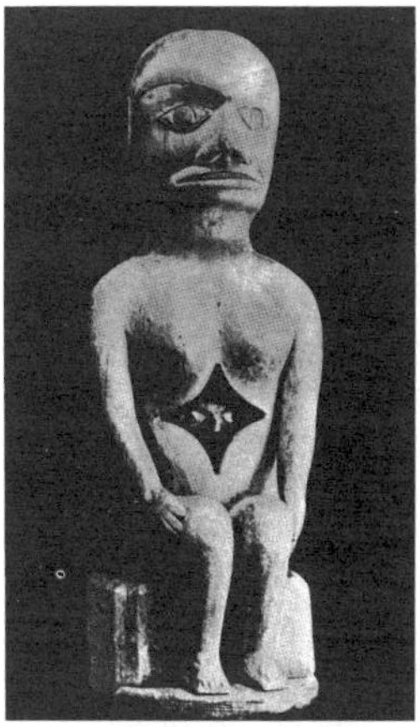

在母亲体内重生
木画，诺特卡印第安人，温哥华岛，
加拿大

模拟受难
帝国军校的墙壁涂鸦，帕拉廷，罗马

黄道十二宫符号环绕的伊雍
罗马，2—3世纪

死神之弓箭手
细节来自一所德国学校“1464年度大师”的雕刻作品

从毗湿奴的肚脐中长出的莲花，内藏梵天
浮雕，维杰亚瓦达，印度

圆轮上的伊克西翁
来自库姆的花瓶图案

鱼形的毗湿奴
锌制小铜像，印度，19世纪

背着公牛的密特拉神
浮雕，斯托克施塔特城堡，德国

摩耶王后怀上佛陀之梦
浮雕，犍陀罗

阿蒂奥女神和熊

青铜器组，用来供奉莱姬尼娅·莎比尼拉女神，来自尼泊尔附近的穆里

玉米之神
陶罐，钦博特文化，秘鲁

有蛇盘绕的伊西斯祭篮
卡利古拉神庙的伊西斯大理石祭坛，罗马

玛图塔，伊特鲁里亚的圣母怜子图
公元前5世纪

般若树
石柱浮雕，巴胡特塔，
印度，公元前1世纪

以西结的异象
《曼涅琉斯圣经》（法文手稿）

圣箱与蛇
银币，以弗所，公元前57年

献祭蛇神
还愿片，维奥蒂亚

吞噬自己的龙
来自赫尔墨斯博物馆的拉姆斯普林克符号
（1678）

三身女神赫卡忒
罗马

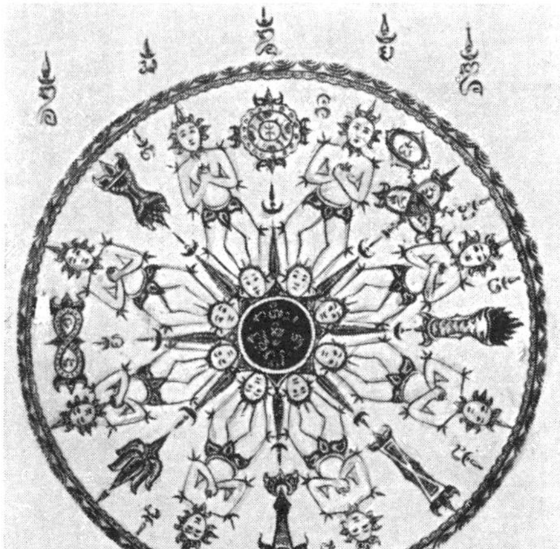

众神之环
巴厘岛

被传道者环绕的基督
浮雕，泰克河畔阿尔勒的教堂，东比利牛斯，11世纪

蛇的神秘
拉瑞斯祭坛，庞贝

普里阿普斯与蛇
罗马

吞噬的怪物

石像，贝拉罕，东爪哇，11 世纪

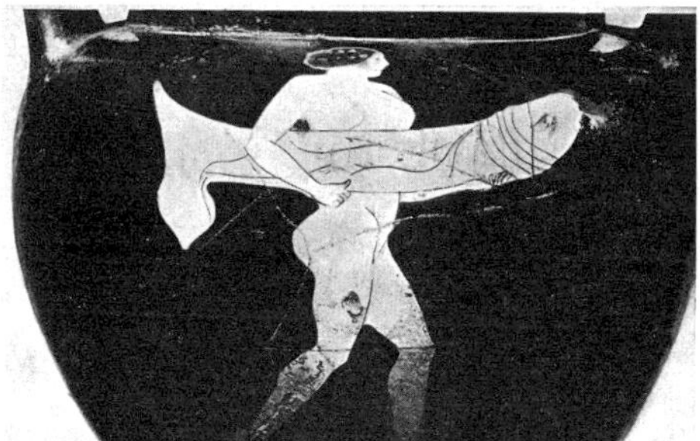

哈拉亚节（丰收节）的重生象征

来自一个希腊花瓶，出自古希腊花瓶画家之手

393 然而，槲寄生又为何要杀死巴尔德尔呢？毕竟，从某种意义上说，他们彼此间是兄弟姐妹般的关系。缥缈浮现的圣子不过是一种幻觉。实际上，他是母亲身上的寄生者，是她想象的产物，他只有扎根于母体之内才能生存。在实际心理经验的层面上，母亲相当于集体无意识，儿子则相当于意识，他/它自认为是自由的，到头来却必须再度服从于睡眠和趋向死亡的无意识力量。而在此层面上，槲寄生相当于阴影兄弟，霍夫曼（E.T.A.Hoffmann）在《魔鬼的万灵药》一书中对此进行过出色的描述，心理医师们也经常遇到作为个人无意识的人格化身的这位阴影兄弟。[1]就像在傍晚时分，黑暗的影子便渐渐拉长，最终笼罩了一切，槲寄生也预示着巴尔德尔的死亡。作为巴尔德尔本人的等同物，它像“难以获得的宝物”那样从树上被采割下来。当英雄的生命力或意识能量过于缺乏，不足以凭此完成他肩负的任务时，影子的作用就变得关系重大。

394 “母亲的儿子”，作为一个凡人，早夭。然而，作为神祇，他却能超越禁忌，超越凡人：他犯下了神奇的乱伦之罪，却因此获得了不朽的神性。神话中的英雄不会死去；取而代之的是，他必须战胜恶龙。

395 读者可能早已猜到，龙代表的是负面的母亲意象，因此体现着对乱伦的抵制或恐惧。龙或蛇象征着人们对打破禁忌、退

1 See “The Relations between the Ego and the Unconscious”, Ch. Ⅰ.

行至乱伦而带来的后果的恐惧。因此，我们一而再，再而三地遇到树和蛇的主题，也就不足为奇。龙与蛇作为财宝守护神的身份显得特别重要。古波斯神话诗篇《提尔·耶什特》中堵塞雨湖之源的黑马阿帕奥沙也有这方面的意义。它的对手，白马提什塔尔（Tishtriya）两次试图战胜它都未成功，最终在第三战中得到主神阿胡拉—玛兹达（Ahura-Mazda）的帮助才获得胜利。[1]于是，天上的闸门大开，丰饶的雨水降临大地。[2]在这一象征中，我们可以清楚地看到，力比多与力比多之间、本能与本能之间，以及无意识与其自身之间的矛盾斗争，并且看到创造神话的人是如何从外在自然的一切敌对事物中察觉到无意识的存在，却从未猜到他曾凝望的是他自己意识背景下的似是而非。

396 因此，蛇缠树的意象可以被视为被恐惧保护而免受乱伦侵扰的母亲的象征。我们在密特拉教的石碑上常能发现这种象征图案。蛇盘石的图案也具有类似的象征意义，因为密特拉神（人也一样）是从石头生的。新生婴儿遭到蛇的威胁（密特

1 同一主题的一个变体能够从下萨克森的一个传说中找到："曾经有一株幼嫩的白蜡树静静地长在一片树林里。每个新年前夕，都有一位骑白马的白骑士来砍掉这棵年轻的树。同时会有一个黑骑士到来与之战斗。漫长的搏斗之后白骑士打败了黑骑士，砍倒了这棵树。但是终有一天白骑士失败了，然后这棵白蜡树会长大，当它长大到可以在它下面拴下一匹马的时候，一位强大的国王将会来到这里，一场大战将会爆发"，即世界末日到来。（Grimm, III, p.960.）

2 J. E. Lehmann, in Chantepie de la Saussaye, *Lehrbuch der Religionsgeschichte*, II, p.185.

拉、阿波罗、海格力斯），这个经典情节可用莉莉斯和拉弥亚的传说来加以解释。巨蟒、勒托之龙、皮同和毁灭了克罗托珀斯（Crotopos）全地的大蛇波瓦涅（Poine），都是由新生儿父亲派出的。这个事实说明：父亲是恐惧的来源。这正如我们已知的，弗洛伊德在其著名的关于原始的游牧部落人的病理学神话中认为：他们对年长的族长的嫉妒乃是精神病态的根源。这方面可顺手拈来的、明显的例子便是那位妒忌的耶和华神，他竭力想保护他的妻子以色列，使其不与异教诸神行淫。父亲象征着道德要求和禁令。不过，在最初的道德律要求有多大程度是出于形势所迫而非出于部落长老的家族优先权这个问题上由于缺乏史前时代状况的信息，答案始终不得而知。无论如何，在那个时代，一个人盯着人群中的女人的机会，想来不会多过他盯着一窝蜘蛛的机会。父亲是精神的代表，其作用就是抵御纯粹的本能性。这是他的原型角色，无论他的个人素质如何都必然要落在他身上。因此，在儿子的心目中，父亲常常是令人产生神经质恐惧的对象。相应地，儿子要战胜的魔怪便经常体现为一头看守着宝物的庞然大物。一个突出的例子，就是《吉尔伽美什史诗》当中守卫伊什塔尔女神花园的巨兽霍姆巴巴，[1]吉尔伽美什征服了巨兽，赢得了伊什塔尔的芳心，这位

1　其他例子参见Frobenius, *passim*。

女神马上就开始与她的拯救者狎戏起来。[1]以上事实足以说明普鲁塔克著作中何露斯所扮演的角色，尤其足以解释伊西斯所受的粗暴对待。通过制伏母亲，这位英雄变得与太阳相等同：他实现了自我苏醒。他赢得了那不可战胜的太阳的力量，永恒的苏醒能量。现在我们可以理解赫登海姆浮雕上表现密特拉神话的系列画面的含义了。在第一个画面中，我们看到密特拉神由树巅出生，接下来是他肩扛被制伏的公牛的场面。在这里，公牛的意义就等于前面所说的巨兽，可与吉尔伽美什所征服的公牛相提并论。它代表着父亲——他作为巨大危险的动物自相矛盾地将乱伦禁忌强加给儿子。其矛盾之处在于，就像那位先是给予生命，后来又以"恐怖母亲"或"吞噬之母"的身份将其再度夺回的母亲一样，父亲本人所过的显然是一种对本能不加约束的生活，但他同时又是阻挠本能的律令的鲜活化身。然而，这里存在着一处微妙但十分重要的差别：父亲并没有乱伦，但儿子却有着乱伦倾向。父亲的律法以其不羁本能的全部狂暴与愤怒来阻止乱伦。弗洛伊德忽视了一个事实，即精神本身也具有能动性，实际上，要想保持心理自动调节的平衡性，精神就必须具有能动性。不过，既然作为道德律令代表的"父亲"不仅是一种客观存在的事实，又是儿子内心的一种主观心理因素，那么宰杀公牛之举显然象征着对兽性本能的一种

1 Cf. Jensen, *Gilgamesch-Epos*, etc.

征服。与此同时，又是对律法权力的一种委婉而隐蔽的颠覆，故而可被视为一种对公义的罪性侵犯。俗话说，更好永远是好的敌人。因此，每一次激进的革新就等于侵犯了传统上正确的东西，有时甚至可能被视为死罪。我们知道，这一悖论对早期基督教心理起到过重要作用，就是它与犹太律法产生冲突的时候。在犹太人眼里，基督无疑是一个破坏律法的人。因此，他被叫作"亚当第二"（Adam Secundus）也并非没有道理：第一位亚当偷吃智慧树上的果子，通过这种犯罪而获得意识；第二位亚当则突破原来的律法，与一位本质上完全不同的神建立了必要的关系。[1]

397 第三个画面表现密特拉神伸手去夺太阳神索尔头上的光轮。此举令人想起基督教关于胜者赢取永恒冠冕的观念。

398 第四个画面表现的是太阳神索尔跪于密特拉神面前。后面这两个画面说明，密特拉神已将太阳神的权力揽于己手，并成为太阳神的主宰。他已经征服了自身的兽性（公牛）。动物代表着本能，又是对本能的阻碍，人类正是通过征服自身的兽性本能才得以变成超越于动物的存在。密特拉神便是如此这

1 上帝意象的转化即使在中世纪也被清晰地感知和表达了（See *Psychology and Alchemy*, par.522f.）。这一转变在《约伯记》中已经开始了：耶和华允许自己被撒旦愚弄，不忠实地与约伯工作，误导了场景，而且之后他不得不承认自己的错误。但是尽管约伯有义务屈服于蛮力，他也获得了道德的胜利。在这个冲突中存在一个萌芽的《约翰福音》中基督的无意识："我是这道路，这真理，这生命。"［也见Jung, "Answer to Job"。——英编注］

般地牺牲了自身的动物性——这在《吉尔伽美什史诗》中早已有所表现，集中体现在主人公拒绝了可怕的伊什塔尔的爱情。在密特拉教的献祭中，不再用战胜母亲这种古老而过时的方式来表现对本能的征服，而是通过弃绝自身的本能欲望来表现同一含义。通过进入母体令自己再生这种原始观念已经变得遥远而模糊。因此，英雄不复涉足乱伦，他在人伦德行方面的火候已经尽了，堪以牺牲乱伦倾向的方式来寻求不朽。上述的重要转变，只有在"被钉上十字架的神"这一象征中才达到真正的圆满。为救赎亚当犯下的罪，一个血肉之躯被作为人祭悬挂在生命树上。[1]尽管生命树具有母亲的含义，但它已不再是母亲，而是母亲的象征性等同物，英雄向其献上了自己的生命为祭。很难想象，还有别的什么象征物能比它更彻底地体现出对本能的弃绝。就连死亡方式都显现着这种行为的象征性内容：英雄任自己的双臂被钉在十字架上，以这种方式自悬于母亲树的枝叶间。可以说，他在死亡中实现了与母亲的合一，同时又否定了这种合一，用死之折磨作为自己罪孽的代价。这种至高无上的勇气、完全彻底的弃绝态度，对人内心的动物性是一种摧毁式的征服，它也是至高救赎的保证，因为单凭这样一种行为似乎便足以抵偿亚当不羁的本能犯下的罪孽。献祭与退行恰恰相反——它是一条成功的力比多疏导渠道，引导力比

1　基督死于亚当所获罪的同一棵树上。Zöckler, *The Cross of Christ*, p.225.

多流向母亲的等同象征物中,因此对力比多是一种升华。

399 我先前已经指出过,将祭品吊在树上是一种宗教仪式,这样的例子在日耳曼文化中数不胜数。[1]祭品被枪矛刺穿也是一个具有典型特色的情节。

在《豪瓦毛尔·埃达》(*Hovamol Edda*)中,奥丁说道:

> 我想,我被悬吊在狂风飘摇的树上,已经整整九个夜晚。
>
> 身被长矛刺伤,并被当作奥丁的祭品,把自己献祭给自己。[2]

400 把祭品悬挂在十字架上也是中美洲的一种宗教习俗。穆勒[3]曾经提到,法雅瓦力抄本中有一幅装饰画,画着一个吊在十字架中央的血淋淋的神祇。另外,玛雅文化中的帕伦克十字架也同样具有重要意义。[4]十字架上方是一只鸟,两边各有一位面向十字架的人,其中之一手中托着一个婴儿,说不清是要将其献祭还是要为其洗礼。据说,古代阿兹特克人把年轻男子或

---

1 动物的皮被挂在献祭的树上,之后长毛会被扔向它们。

2 Trans. by Bellows, *The Poetic Edda*, p.60.

3 J. G. Müller, *Geschichte der amerikanischen Urreligionen*, p.498.[法典,在利物浦公共博物馆,前阿兹特克,大概在11—14世纪。——英编注]

4 Stephens, *Travel in Central America*, II, p.346.

少女钉上十字架并以箭射之，[1]以此赢取“上天的女儿，玉米之神”辛提奥托的喜悦。[2]该十字架的名称意为“我们的生命或血肉之树”。一座来自埃及菲莱岛的雕像表现了奥西里斯神被钉于十字架上，他的两位姐妹——妻子伊西斯和奈芙提斯在旁边悲悼。[3]

401 十字架的意义显然并不限于生命之树，这一点在前文中已经有所表现了。穆勒将其视为雨水与丰饶的标志。[4]还应当提到的是，它具有强大的辟邪能力。

402 说到十字架的形状如同一个人伸开双臂的立姿，在此值得一提的是，早期基督教艺术作品中，基督不是被钉在十字架上，而是双臂伸开地站在十字架前。[5]莫里斯（Maurice）对此解释道：

> 以下事实非但引人注目，而且经过了充分的证实：即，德鲁伊祭司们总是挑选圣林中最挺拔优美的一棵树作为

---

1 Zöckler, p.25.

2 Bancroft, *The Native Races of the Pacific States of North America*, II, p.506. Cited in Robertson, *Christianity and Mythology*, p.408.

3 Rossellini, *Monumenti dell' Egitto*, III, Pl.23, cited in Robertson, p.411.

4 Zöckler, pp.6ff. 在卢克索的一幅国王诞生的埃及画中，鸟头托特，神之理性和信使，正在向年轻的王后Mautmes宣布，她将生下一个儿子。在下一个场景中，Kneph和哈索尔（埃及神话中的爱神）拿着丁形十字架指向她的嘴巴，从而以一种精神性或象征性的方式来滋养她。（Sharpe, *Egyptian Mythology*, pp.18f., cited in Robertson, p.328.）

5 罗伯特森提到，在墨西哥，献祭祈祷者（祭司）穿着刚刚被杀的女人的人皮，然后双臂伸展呈十字架模样，站在战神面前。

他们热爱的神灵的标志，他们把这树的侧枝统统砍去，再选两根最大的树枝横插在树干的最高处，它们与树干共同构成一个T字形，如同一个人展开双臂的样子，于是便形成了一个巨大的十字架。而且，在树皮上的不同地方，也确实刻有“Tau”这个字样。[1]

403 印度耆那教徒们（Jains）敬拜的“智慧树”也有着人的形状，它的粗大的树干宛如人的头部，在树干顶部，两边各伸出一根长而下垂的枝条，上面又生着一根竖直向上的短枝，顶端有芽苞似的疙瘩。[2]罗伯特森告诉我们，亚述神系中的神祇被表现为十字架的形状，纵向的柱代表人形的躯干，横向的柱约定俗成地代表双翅。[3]在爱琴纳岛（Aegina）上大批出土的希腊阿开亚人（Archaic）的信徒们也具有类似的特点：头部颀长，双臂呈翼状微微上举，胸前有明显的乳房。[4]

404 十字架符号与钻木取火的原始仪式中所用的两块取火木之间是否存在任何关联，这一点我无法判断，姑且存疑。然而，十字架意象中很有可能仍然遗留着原始的“合一”观念，因为在所有丰育法术背后，都潜藏着复活重生的意念，而这又与十

1 Maurice, *Indian Antiquities*, VI, p.68.他用“tau”指代原始埃及的十字架形状：T。

2 Zöckler, p.12.

3 Robertson, p.133.

4 我特别感谢前斯图加特工业学院的E.费希特教授向我提供这些信息。

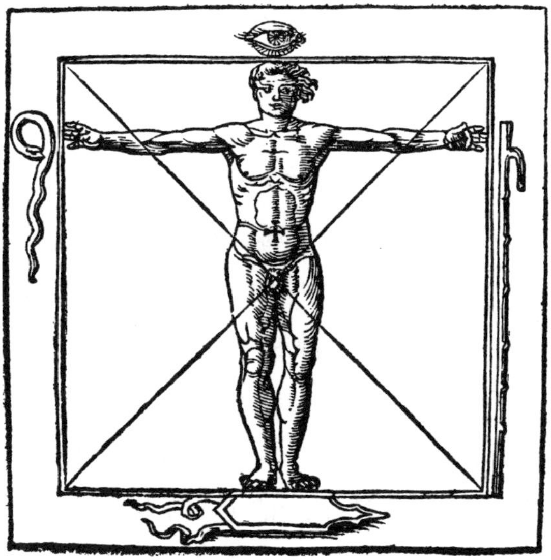

图26. 人类十字架
阿格里帕·冯·内特斯海姆，秘传智术，科隆，1533

字架之间存在着密切的关联。在柏拉图的《蒂迈欧篇》中，可以找到十字架象征所体现的“合一”观念：书中说到，造物主把世界魂的各个部分缝合在一起，形成两条交叉成X字形的缝线。按照柏拉图的说法，世界灵魂就像一个身体一样包含着世界本身，这使我们不由得想到母亲的意象：

> 在中央位置，他安放了一个灵魂，令它扩展渗透到整体，进而从外面将其包裹。如此，他建立起一个独立的世界，它是圆形的并沿着环状轨道旋转；它是孤独的，然而

因其完美它却可以全然自足，无须任何伴侣或朋友相随。从上述的一切来看，他所创造的这个世界是一个极乐的神灵世界。[1]

405 这种圆满自足的观念所体现的无欲无为，最终升华到神圣的极致高度。处于这种状态中的人内心是全然满足。犹如在自己的器皿中，又好似印度教神明居于莲花之中，或是置身于他自己的沙克提的怀抱。正是出于上述的神话学和哲学观念，那位令人羡慕的希腊哲人第欧根尼才选择住在桶中，借此象征性地表达了他自己因无欲而自由，达到了极乐的神性境界。关于世界之魂与世界之体的关系，柏拉图写道：

> 尽管在我们的描述中世界之魂的生成晚于世界之体，但神并没有把它造得比后者年轻，因为当他把二者结合到一起之际，他无法容忍年长的被年轻的所统治。我们人类身上存在着太多的偶然性和随意性，这些尽都反映在我们的言谈之中，然而神却着意使灵魂先于身体，让它诞生更早，也更加卓越，成为身体的女主人和统治者。[2]

---

1 *Timaeus*, 34 B. 这一篇和下一篇文章 trans. by Cornford, pp.58f。

2 *Timaeus*, 34 B—C.

406 从其他一些迹象看，这“灵魂”的意象以某种方式与母亲意象重叠。[1]世界之魂下一阶段的发展采用了一种神秘而颇能引起争议的方式。[2]当上述的创造工作完成之后，神接下来的行动是：

> 他将这整个结构纵向分成两半；令其在中心处相互交叉呈X形，然后又把每一片绕成环形，首尾相接……当灵魂的整体结构已按照造物主的心意造得完美之后，接下来他开始塑造灵魂之内的一切身体因素，并把身体与灵魂中心对中心地结合到一起。[3]

407 秘鲁（Peru）的穆西卡（Muyscas）族印第安人给十字架象征派了一个独特的用场：他们用两条绳子交叉绷紧在水面之上（池塘或河面均可），然后向两绳交叉处的水中投入各种水果、油和宝石。[4]在这里，代表神明的显然是水而不是十字，十字只起到指示献祭地点的作用。其中的象征意义有些不甚分

---

1 见*Psychological Types*，“灵魂”和“灵魂意象”，定义48和49。阿尼玛是女性原型，且在男人的无意识中扮演着相当重要的角色。See “The Relations between the Ego and the Unconscious”, Ch. Ⅱ. 我已经在“A Psychological Approach to the Dogma of the Trinity”, pars. 186ff. 中讨论了柏拉图的《蒂迈欧篇》。

2 见上文备注。

3 *Timaeus*, 36 B—E.

4 Zöckler, p.24.

明。水，特别是深水，通常具有母性的意义，大致可与“子宫”相当。两绳相交点即为结合点，也就是“crossing”发生之处（注意这个词的双重含义）。

408 生命之匙（crux ansata）形式的十字架经常见于埃及的至高神或日至尊的九柱神图恩（Turn）或阿图姆手中。它所蕴含的意义是“生命”，也就是说，这位神是给予生命的神。我们有必要了解这位给予生命的神的特征，这是很重要的。在昂—赫利奥波利斯（On-Heliopolis）受人敬拜的神祇图恩号称“其母之父”，他的侍从女神朱萨斯（Jusas）或涅比特一霍佩（Nebit-Hotpet）有时被称为这位神祇的母亲，有时被称为他的女儿，又有时被称为他的妻子。在赫尔莫波利斯出土的碑铭中，把八月的第一天叫作“女神朱萨希特（Jusasit）的欢宴日”，以庆祝这位“准备好与父亲合一的姐妹”的到来。这一天是“女神梅奈特（Mehnit）完成她工作的日子，好让奥西里斯由左眼进入”。[1]这一天又被叫作“用其需要之物充满神圣之眼的日子”。在秋分日那天，以月亮为眼的天空圣牛伊西斯接受了孕育出何露斯的精种（月亮是种子的守护者）。[2]“眼睛”显然喻指女性的生殖器，正如因陀罗神话中讲到，他遍身都被涂满了阴户之像，作为对他淫行的惩罚，当众神原谅了他之后，就把那些可耻的阴

1 “遗失之眼”指的是月亮。见下文，par.487：月亮被视作灵魂之聚集地。

2 Brugsch, *Religion und Mythologie der alten Aegypter*, pp.281ff.

户之像变成了无数只眼睛。瞳仁中映出的小小人像(pupilla)是一个孩子。伟大的神祇再次变成了孩童:他进入母亲的子宫以获得自身的苏醒。[1]一首埃及颂歌中写道:

> 你的母亲,天空,
> 向你张开了她的双臂。

图27. 赐予生命的安萨塔
埃及

1 见拉神在神圣公牛上的撤退(par.351)。在印度教徒的净化仪式之一中,忏悔者必须爬过一头人工的公牛以获得重生。

409 颂歌中接着写道：

> 你是最闪耀着光辉的神，啊！众神之父。母亲每日背负着你，将你抱在她的怀中。当你的光芒照亮夜空，你便与母亲——天空合而为一。[1]

410 皮图姆—赫罗奥波利斯的图恩神不仅手持生命之匙作为自己的标志，而且把这个标志当成了他常用的名号，自称为"ankh"或"ankhi"，意为"生命"或"不朽者"。这位神主要是以艾格沙狄蒙之蛇的身份受人崇拜。有古语云："圣蛇艾格沙狄蒙自奈齐城而出。"因为蛇有蜕皮的能力，所以被视为苏醒和再生的象征，就像古人认为象征太阳的圣甲虫是有雄无雌，具有自繁育能力一样。"库努姆"是图恩的别名，但总被用来指称太阳神。Khnum这个词来自动词nam，意为"合并或合一"。[2]库努姆神的形象是一位陶匠，他制造了他自己的蛋。

411 综合以上内容可以清楚地看出，十字架是一个具有多重含义的象征物，它的主要意义是"生命树"及"母亲"。因此，它幻化为一种人形的象征便不足为奇了。生命之匙的各种表现形式都具有"生命"和"多产"的意义，又具有"合一"之意，

1 Cited in Schultze, *Psychologie der Naturvölker*, p.338.

2 Brugsch, pp.290ff.

可被诠释为神与其母：以征服死亡、唤醒生命为目的结成的圣婚。[1]显而易见，这一基本神话主题的遗留已经存在于基督教教义中。例如，圣奥古斯丁（St. Augustine）就曾写道：

> 基督从他的房中走出，仿佛新郎一般，他带着一个关于自己婚礼的预言进入到这个世界的领域。他来到十字架的婚床前，在那里，他上了这婚床，完成了他的婚礼。当他体会到人的叹息，便满怀爱意地舍弃了自己以替代他的新娘，从此便与这女子永远地合为一体。[2]

412 这里面的类比关系实在是太过简单，以至于无须做更多的解释。因此，以下这首英国古代的圣母哀歌便显得那么动人心弦，它的歌词尽管天真质朴，却具有极其深邃的象征意义：歌中，圣母玛利亚斥责十字架，[3]说它是一株假树，用死之毒气残忍而不公地毁灭了“她身体结出的纯洁果实，她温柔的雏鸟”，而这毒气本是为罪人亚当的有罪后裔而准备的惩罚。她的儿

---

1 这一模式并不令人惊讶。鉴于其是我们体内的原始人的动物性能量在宗教中的出现。从这一观点来看，迪特里希在其*Mithrasliturgie*（p.108）中所说的话尤其重要：“来自下层的古老思想在宗教的历史中获得了新的力量。来自下层的革命在老旧的坚不可摧的形式中创造了新的生命。”

2 *Sermo Suppositus*, 120, 8. 其中“妇女”即教堂。

3 “Dispute between Mary and the Cross”, in Monis, *Legends of the Holy Rood*, pp.134—135.

子并没有罪。玛利亚哀恸地说道：

你将被称为不仁之树，
我把你叫作吾儿的后母：
你把十字架举得如此之高，
令我无法亲吻吾儿的双脚，
十字架，我视你为仇敌，
我的雏鸟挂在你身，被打得遍体青紫……

413 十字架闻言答道：

夫人，我理应向您致敬，
此时我甘心承受您玉掌的击掴，
您的果子为我开出血色之花……
那花朵初绽于您的闺房。
它不只为您一人绽放，
而是为了赢得整个世界。

414 关于两位母亲彼此间的关系，十字架说道：

由于您承受了无比重负，
您被加冕为天国之后，

我是光芒闪耀的圣物，
世人切望知道我的所在。
待到审判之日我将出现，
待到审判之时我将开口申诉：
梅德尼斯的果实怎样在我身上凋谢。

415 就这样，死亡之母与生命之母一起为将死的神而哀悼，作为她们联合的外在标志，玛利亚亲吻了十字架，并与之和解。[1]在古埃及神话中，这种对立倾向的联合依然天真质朴地存留于伊西斯的母亲意象中。儿子与母亲的分离象征着人类告别了动物性无意识。是所谓“乱伦阻障”[2]的力量创造了具有自我意识的个体。在此之前，人处于与部落浑然一体的朦胧状态，只有当人开始拥有自我意识之际，个体最终死亡的观念才有可能产生。从这种意义上说，正是亚当所犯的罪（他的罪就在于他有了自我意识）将死带进了这个世界。那些在心理上过于留恋母亲怀抱的神经症患者自有其留恋的理由：归根结底，令他滞留在那里的原因是对死亡的恐惧。关于这种冲突的意义，似乎任何观念、任何言辞都显得不够分量，不足以确切地将它们

1 在雅典，处死罪犯的桩子被称作“赫卡忒”。

2 乱伦禁忌是这一复杂整体的一部分，即婚姻的阶级制度，其最基本的形式是姑表亲婚姻。这是介于同族结婚和异族通婚之间的一种妥协。见我的“Psychology of the Transference”, pars. 433ff。

加以表达。无数个世纪以来，人们始终在努力寻找它的恰当表达，其动力绝不可狭隘、粗放地以“乱伦”二字以蔽之。反之，我们应该把“乱伦阻障”中所体现的一贯法则理解为一种教化动机，而把宗教系统视为收蓄人类动物本性中的本能力量并对其加以规置，使之逐渐转向更高层次的文化目标。

416 让我们再次回到米勒小姐的幻象。接下来出现的种种并不需要进行细节上的探讨。最先出现的意象是“紫色水面的海湾”。此处大海的象征与前文内容存在着丝丝缕缕的关联，也令我们联想起第一部分中提到的那不勒斯湾。就整体次序而言，我们当然不应忽视“湾”这个意象的意义，因此我们在这里姑且大略看一下它的词源学。一般说来，湾（bay）是指任何向外敞开之物。法语中的bayer意为“张开嘴，裂开”，它的同义词为gulf（拉丁语sinus），这个词在法语里写作golfe，与gouffre（深渊）存在密切关联（另参见英语词gap）。Gulf和希腊语词κόλπos之间存在关联，[1]这个希腊词意为“胸怀、怀抱、子宫”，又有“衣袍上的褶皱”或“衣袋”之意（在瑞士德语中，Buese是指“外衣”或“裙子上的口袋”）。Κόλπos还可用来指夹在两个波峰之间的浪谷，或是两座高山之间的峡谷。以上意义清晰地显明了潜在于这些词汇当中的原始观念。由此我们更能理解歌德在《浮士德》中的选词，当他描写浮士德希望鼓

1 Diez, *Wörterbuch der romanischen Sprachen*, p.168.

起欲望之翼追逐太阳，醉饮它那“永恒的光的溪流”时，有如下的两句台词：

荒山沟谷，不能验证我像神一样的飞行，
飞行在野外的峡谷和未开化的岩石之路。
看！大海，用它那温暖而且平静的港湾，
把它的美丽呈现给我，打开了我的疑惑。[1]

417 浮士德的渴望，和每个英雄一样，向往着重生与不朽的奥秘；因此，他的路通向大海，深入死亡的魔口，即那象征着新时代的令人恐惧的狭窄的“通道”：

我听见一声呼唤，
召引我走向打开的大门。
我灵魂的潮汐越来越沉陷，
脚下一片光明、透亮、平坦。
新的一天我将被带向彼岸。
好像置身于翼上，驾着一部火焰之车。
越来越接近我了，我已做好进入自由的准备。
我渴望穿越时空，获得重生，

1 Trans. by Wayne, p.66.

升起在天国的净土。
现在让我大胆地打开那扇宽广的大门，
越过凡人曾经退缩地践踏过的路径，
神圣的时刻将要到来，我要像主人一样把握自己的命运，
去证明人可以到达的神的境界。
面对黑暗和毁灭性的洞穴也不必畏缩，
止于幻想，始终是一种折磨。
勇往直前吧，奔向那通往大门的路，
一个狭窄的入口，燃烧着整个地狱的火焰。
纵使要投入死亡、踏上虚无的怀谷，
这一步我仍要迈得满心欢喜，毅然，决然。[1]

418 仿佛是对上述境界的一个确认，米勒小姐看到的下一幕幻象就是“一座兀立的危崖”。根据作者本人的叙述，整个这一系列的幻象结束于一片嗡嗡嚷嚷混杂的声音之中，说的似乎是“wa-ma，wa-ma”。这给人留下了一种极为原始的、不可猜测的印象。既然米勒小姐没能为我们提供任何主观根源以阐释这一来自过去的回声，我们唯一可能的推测就是：从上下文总体考虑，这声音或许正是那句尽人皆知的呼唤——“妈妈”，只不过略有变相而已。

1 Trans. by Wayne, p.54.

六

挣脱母体的战斗

419　至此，意象的生成暂告一段落；此时，无意识层面的活动积极地活跃着。

420　一片森林出现了，到处是树木和灌木丛。经过上一章的讨论，在此我们只需说明一点：森林与禁树的意义在本质上是一致的。圣树通常被发现在森林里或者宛如天堂的花园里。有时，禁林的意象会取代了禁树的意象并被赋予了禁树的一切属性。森林，如同树木一样，也蕴含着母性的意义。在接下来的幻象中，这座森林便构成了Chi-wan-to-pel的结局的戏剧性表现的背景。我首先要引用原文的开始作为这个戏剧的开端，即最初的祭奠尝试。读者可以在下一章开头发现后续的部分，主人公的独白和祭奠的场景。

> 主人公Chi-wan-to-pel身上裹着一块红、蓝、白交织且

颜色鲜亮的毛毯，骑着马由南而来。一个身着鹿皮衣，戴着珠子并用羽毛装扮起来的印第安人，正偷偷地匍匐前行，准备向Chi-wan-to-pel射箭；但此刻的Chi-wan-to-pel却赤裸着胸膛面朝着印第安人，一副藐视的态度；印第安人被眼前的景象镇住了，悄然溜走，消失在森林中。

421 Chi-wan-to-pel是骑在马背上出场的。这一事实似乎相当重要，因为我们将在下一幕中看到，马儿所扮演的并非一个中立的角色，它最终与主人公一样，落得个命归黄泉的结局，主人公甚至称他为“我忠实的兄弟”。这在马儿和骑士之间形成了一个耐人寻味的相似点。二者之间似乎存在着某种亲密的关联，而这关联牵引着他们堕入同样的命运。我们已经看到，以母亲为指向的力比多实际上是把马作为母亲的象征。[1]母亲意象是一个力比多的象征符号，马儿亦然；在某些时候，两个符号的意义相互重叠。不过，二者所共有的因素是力比多。因此，在当前的情境中，主人公和他的马儿似乎就象征着人与其内心次级层面上的动物本能。类似的象征还有骑公牛的阿耆尼、骑着八脚马斯莱普尼尔的沃旦神、骑在魔王安格拉

1 地狱之女神赫卡忒，有时候以一个马头来代表。德墨忒耳和菲吕拉，想要逃避克隆纳斯或波塞冬的注意，把自己化身为马雷什。女巫能轻易地化身为马，因此马掌钉可以看作是她们的手。恶魔骑在女巫之马上，祭司的女管家在死后化身为马。（Negelein, “Das Pferd im Seelenglauben und Totenkult”, XI, pp.406ff.）

曼尤（Angramainyu）身上的袄教主神阿胡拉—玛兹达[1]、骑驴的耶稣[2]、骑着公牛并有其象征性动物——狮子和蛇——相伴左右的密特拉神、骑着人足马的曼神以及骑着金鬃野猪的弗雷等。神话人物的坐骑总是被赋予重要的意义，且常常以神人的形象表现出来。因此，曼神的马儿有着如同人足的前脚；巴兰（Balaam）的驴子会讲人话；而当密特拉神一跃而起，对着那只公牛的后背发出致命一击时，公牛就具有了赐予生命的神性。

图28. 沃旦骑着八脚马斯莱普尼尔
墓石，公元1000年，瑞典，哥特兰岛

1 传奇国王达木拉斯以同样的方式骑着魔鬼阿里曼（恶灵）。

2 母驴和它的驴仔可能来自占星术，因为黄道带意味着癌症，它支配着夏至日，这在古代作为驴子及其幼崽而闻名。Cf. Robertson, *Christianity and Mythology*, p.368.

图29. 恶魔带着巫婆骑马而去

在巴拉汀山上的那个仿制的十字架表现为钉着一个驴头的十字架，这或许为一个古老的传说提供了参照。即在耶路撒冷的圣殿中，人们曾对着一头驴子的形象顶礼膜拜。[1]当大神沃旦以马须的形象现身时，他是个半人半马的神。一则古老的德国谜语对这种骑士与马浑然一体的感觉[2]进行了非常优美的描绘："两位一体共进退，三眼[3]十足一条尾，[4]巡视大地同结伴，猜猜二者应是谁?"神话赋予马很多在心理学上属于人的无意识的内容：有的马是"千里眼"、"顺风耳"，有的马在主人迷路时具有超凡的识途能力，还有的马具有占卜能力。史诗《伊利亚特》第19卷中，就谈及马儿预言祸事的发生。它们能听见

1 这一传说是犹太神(Saturn)的占星学部分，对此我不想在这里进行讨论。

2 见Max Töhns, *Ross und Reiter*对此一主题的详尽描述。

3 沃旦是独眼。Cf. Schwartz, *Indogermanischer Volksglaube*, pp.164ff.

4 奥丁向海德雷克国王(赫瓦拉尔萨迦)给出了这一谜语。Schwartz, p.183.

死尸前往墓地途中的幽声细语——而这是人的耳朵听不见的。恺撒骑的人足马(可能是将恺撒等同于弗里吉亚的曼神的结果)曾告诉他:他将会征服世界。一头驴子曾对奥古斯都预言了亚克兴大捷。很多马儿还能够看见鬼魂。所有这一切都是无意识的典型表现。从中我们可以看出为什么马儿(作为人类身上动物成分的一种象征)与魔鬼之间有着千丝万缕的联系。魔鬼有着马一样的蹄子,有时候还以马的形象出现。每到关键时刻,它便会露出谚语中所说的"马脚"。就像哈丁(Hadding)在被诱拐之时,斯莱普尼尔突然从沃旦的披风背后露出了一双眼睛一样。[1]魔鬼,就像在噩梦中常常发生的一样,会骑在梦中人的身上,所以民间才把做噩梦叫作"被鬼骑在身上"。在波斯传说中,魔鬼是神的战马,他代表着性本能。因此,在魔女们的"安息日"里,他们常常化为山羊或马的样子出现。魔鬼的性欲本性也就传递到了马的身上,但是,只有在上下文正在讲性的时候,把马解释为性本能的象征才是合适的。作为远古时代的火神,洛基是以马的形象来繁殖的,魔鬼也是。闪电也在人们的想象中被赋予了马的兽形。[2]一名没受过教育的歇斯底里的患者曾告诉我,她从小就惧怕暴风雨,因为每道闪电过后,她都会看到一匹巨大的黑马后腿直立而头向天的身影。印

1 Negelein, p.412.

2 Ibid., p.419.

度传说中的死神阎罗王（Yama）就是一匹黑色的雷霆神马，它居住在南方，那里是神秘的风暴之地。[1]在德国的民间传说中，魔鬼就是雷电之神，在空中挥掷马蹄——将闪电投向人们的屋顶。远古时候，人们相信雷电能让大地受胎并变得富饶。于是，闪电和马蹄便都带上了阳具象征意义。一名没有接受过教育的女患者，曾被其丈夫逼迫进行暴力性交，她经常梦见一匹野马跃到自己身上，用后蹄踢她的腹部。普鲁塔克曾记录了人们在狂欢纵欲节上的一段祈祷词：

> 来吧，狄俄尼索斯，神将降临到厄利斯（Elis）——你的神殿。伴随着那公牛雷霆万钧般的蹄声，神将与美惠女神们一起驾临到你的圣殿。尊贵的公牛，尊贵的公牛！[2]

希腊神话中，天马帕伽索斯（Pegasus）的蹄足踏过之处，撞出了希波克里尼（Hippicrene）的圣泉；而希腊科林斯的那尊带有泉池的柏勒洛丰（Bellerophon）塑像，也有泉水从其马蹄之下涌出；巴尔德尔的坐骑也曾奋蹄击出一眼泉水。因此，马蹄便被视为能带来富饶润泽之物的象征。[3]耶恩斯（Jähns）[4]曾经

1　Schwartz, p.88.

2　Preller, *Griechische Mythologie*, I, p.432.［来自 Plutarch, *Quaestiones Graecae*, 36。］

3　更多例子见 Aigremont, *Fuss-und Schuhsymbolik*。

4　*Ross und Reiter*, p.27.

记录了一则流传于下奥地利地区的传说：有一位骑白马的巨人时常出没在当地的群山之间，每当他的身影出现，随后必有降雨。在德国传说中，司掌生育的母亲霍勒（Mother Holle）就是骑在马上降临人间的。将近临盆的孕妇们常用围裙兜着燕麦给白马吃，祈求生产顺利。而最早的习俗，是让马轻蹭女人的外生殖器。马，和驴一样，都是具有阳具崇拜意味的动物。[1]过去人们曾把马的足迹当作传播福佑和富饶之物来崇拜；这些足迹还像古时拉丁人竖立的阳具雕像一样，是确认产权的依据，在地界划分过程中具有重要的判定意义。一匹骏马，像古代传说中的魔法师一样，曾用它的马蹄踏查出了哈茨山脉中蕴藏着的宝矿。马掌，作为马蹄的等同物，[2]也被认为能给人带来好运，还有“驱邪”的意义。在荷兰，人们在马厩里悬挂一些马掌，用来阻挡外来的巫术。阳具的类似效果是广为人知的，因此人们会把马的阳具挂在大门口。特别是在门口悬挂马的小腿被认为是一种特灵验的防雷电击的方法。

422 人们常说，马儿奔跑迅疾如风。因此，马便成了“风”的象征物。在这里，类推的标准又是力比多象征。在德国传说中，“风”是一个为满足情欲而追逐少女的狂野的猎手。大神沃旦也趁着暴风雨策马疾驰，追赶在前面逃奔的“风的新娘”

---

1 Aigremont, p.17.［见罗宾逊·杰弗瑟的诗歌“Roan Stallion”中马的情欲角色。——英编注］

2 Negelein, XII, p.386f.

（Frigg，芙莉格）。[1]很多风暴中心的地名也往往由马而得名，如：位于吕涅堡荒野的“白马山”。希腊神话中的“马人”，除了具有一些其他属性之外，同时也是“风神”。[2]

423 马还象征着火和光，就像太阳神赫利俄斯驾驭的火焰驹那样。在史诗《伊利亚特》中，赫克托尔（Hector）的几匹战马分别叫作桑索斯（黄色、耀眼）、波达尔斯（脚步飞快）、兰波斯（闪亮）和埃同（燃烧）。齐格弗里德骑在雷霆神马格拉尼背上，飞跃火墙，此马并非凡物，乃是大神沃旦的坐骑、大名鼎鼎的八脚马斯莱普尼尔的后裔，天上地下也唯有它能跃过那道烈焰腾腾的樊篱。在狄奥·克里索斯东[3]所讲的二轮四马战车的传说中有一处明显的火的象征：天神总是驾着他的战车在天上跑圈。战车由四匹天马拉着，位于最外侧的那匹天马跑得飞快，它的皮毛熠熠生辉，上面带有黄道十二宫和各个星座的图案。[4]靠外的第二匹天马跑得稍慢，只有一侧身体被照亮。第三匹跑得更慢，而最内侧的第四匹天马只是绕着自己打转。不管怎么说，有一次，最外侧那匹天马喷出的带火的鼻息点燃了旁边第

1 Schwartz, p.113.

2 半人半马为风神的证据或许能参考Meyer, *Indogermanische Mythen*, II, pp.447ff。

3 *Opera*, XXXVI, 6. Cited in Cumont, *Mysteries of Mithra*, p.25.

4 这是一个拥有一些典型例子的特别主题。一位精神分裂症病人（“The Psychology of Dementia Praecox”；1936 edn., p.131）宣称她的马在其皮肤下面有“像卷发”一样的“半月”。《易经》就被猜测是由一匹皮毛上有神奇符号（河图）的马带到中国的。埃及的天神，神牛的皮肤上点缀着星星。密特拉神的永恒之塔在其表面有黄道十二宫的图像。

二匹天马的鬃毛，而第三匹天马汗流成河，把第四匹天马完全打湿了。于是，这四匹天马便分解、融化并与最强大、最炽烈的物质并为一体，即如今战车的御者。他们分别代表着天地间的四大元素。这个传说中所发生的灾祸，喻指神的不断分割结束以后，世界将可能遭遇大火与洪水，那时唯一神可存。[1]无疑，这里的二轮四马战车具有一种天文时间的象征意味。我们从第一部分斯多葛学派的理念中看到，命运是火的象征。因此，作为上述理念的合理延伸，时间这个与命运密切相关的概念，也可以体现出同样的力比多象征意义。

424 《广林奥义书》中写道：

> 黎明是献祭之马的头，太阳是它的眼睛，风是它的呼吸，宇宙之火来自它张开的嘴，年来自它的躯干，天空是其背，空气是其腹，地球是其腹部的下部。两个极点是其两翼，极的中间部分是其肋骨。四季来自它的四肢，月和半月来自它的关节，白天和黑夜是其双足，星是其骨，云是其肉。沙子是其半消化的食物，河是其血管，山是其肝，小树和草是其毛发。日出显其前半身，日落显其后半身……洋是它的亲属，海是它的摇篮。[2]

1　这是一个世界灾难的结果。在神话中也是，生命之树的荣衰指示着转折点，即一个时代的开始。

2　Br. Up., 1, i, trans. by Hume, p.73，修订版。

425 这里，献祭之马除了象征整个世界之外，无疑还被确信为一种时间的象征。在密特拉教中，我们看到一位陌生的神——爱翁(Aion)，也叫克洛诺斯或“狮头人身”(deus leontocephalus)，因为他是以传统上的狮头人身像的相貌出现的。他直挺挺地站在那里，一条巨蛇缠绕其身，蛇的头部在狮头的正上方向前突起。他的双手各持一把钥匙，胸前刻着闪电，背上长着四只风翼，全身遍布着十二宫的符号。他的特征是一只公鸡和各种器具。在基于经典模式的加洛林时代的写本《乌特勒支诗篇》(*Carolingian Utrecht Psalter*)中，爱翁被描绘为一个手中持蛇的裸体男性。[1]正如他的名字所暗示的那样，他是一个时间象征，完全由力比多的意象构成。在十二宫符号中，狮子代表夏的酷暑，[2]象征着“疯狂的欲望”。(马格德堡的梅希蒂尔德写道：“我的灵魂如饥渴之狮怒吼。”)在密特拉教神话中，蛇通常作为狮子的敌手而出现，符合“太阳与龙争斗”的传说。埃及的《亡灵书》中，图姆(Tum)被称为一只雄猫，因为他正是以这种形式打败了冥府之蛇阿波斐斯(Apophis)。“被缠绕”或“被拥抱”同样也是一种“被吞噬”，在我们看来就意味着进入母亲的子宫。如此，日出日落，力比

1 Cumont, *Textes*, I, p.76.

2 因此狮子是被参孙杀死的，后者随后在尸体上收获了蜂蜜。夏季的结束是秋季的丰收。参孙的传说类似于密特拉宗教的祭仪。Cf. Steinthal, “Die Sage von Simson”, pp.129ff.

多的死亡和苏醒，意识的觉醒和泯灭，便成了时间变化的指征。爱翁的标志物“公鸡”再一次表现出其时间的暗喻，而各种工具则象征通过时间的变化被不断地更新和创造。祆教主神阿胡拉—玛兹达与恶魔阿里曼（Ahriman）都是在经历了“无限漫长的时间”（Zrwan akarana）而进入到目前的存在状态的。因此，时间这个空无的、纯粹形式的概念，在各种神话中都是通过力比多这种创造力的转化得以表达的，正如物理学领域里的时间被认同为能量的流动过程一样。马克洛比乌斯评价说：“借助于狮的头部，当下的时间可以被预指出来……因为那时它的头部状况是强健的和炽热的。”[1]而犹太神秘主义哲学家斐洛了解得更为深刻：

> 那些希望隐藏真实的邪恶之人将时间当作神……恶毒之人认为时间是世界产生的起因，但聪明和善良之人则认为时间就是神。[2]

426 在菲尔多西（Firdausi）的作品中，时间常常是命运的象征。[3]上文引用的印度《奥义书》片段中进一步指出：其中的

---

1 *Saturnaliorum Libri VII*, I, 20, 15, in *Opera*, II, p.189.

2 In *Genesim*, I, 100, in *Opera omnia*, VI, p.338. Cited in Cumont, *Textes*, I, p.82.

3 Spiegel, *Erānische Altertumskunde*, II, p.193. 在论文*Περὶøύσεως*中，其归属于琐罗亚斯德，命运之女神阿南克，其由空气所象征（Cumont, p.87）。

马的象征包含着整个世界，大海是它的亲属和摇篮，是相当于世界魂的母亲。正如爱翁代表着力比多受到“拥抱”或者说处于死亡与重生之境一样，这里马的摇篮是海，喻指力比多处于“母体”之内，在无意识的领域里死亡与重生。

427 我们已经看到，马通过世界之树（Yggdrasill）与树的象征意义联系起来。马也是“死亡之树”。比如，在中世纪，人们把尸架称“圣米歇尔的马”；而在现代波斯语中的“棺材”一词就是“木马”的意思。[1]马还起着引导亡灵走向另一个世界的作用。在北欧神话里，死后的亡灵将由骑马的少女瓦尔基莉（Valkyries）驮载着升天。现代希腊颂歌还提到了冥府的骑士卡戎（Charon）。

428 最后，马还以另外一种形式的象征出现：有时候，魔鬼骑着一匹三条腿的马行走各处。每当瘟疫蔓延之时，死亡女神赫尔（Hel）便骑着她那三条腿的马四处游荡。[2]《班达希经》（*Bundahish*）[3]中有一头巨大的三条腿的驴子，站在天上的沃卢·卡沙之中。它的尿液可以使湖水清澈明净；它一旦鸣叫，天下一切有益的动物都将受孕，而一切有害的动物都会流产。这头驴子的形象，将赫尔身上矛盾的象征意味统一在一起。一

1 史毕尔莱因的病人提及食人马，它们甚至挖掘人的尸体（来吃）。

2 Negelein, p.416. 见我在《童话精神现象学》中对三足马的论述（1954/55 edn., p.28）。

3 ［见《心理学和炼金术》，par.535。——英译注］

面可能是硕果累累，一面可能是毁灭性的灾难，这就是力比多能量的对立和统一。

429 在米勒小姐的梦中戏剧里，一个印第安人悄悄溜到主人公近前，打算射他一箭。而Chi-wan-to-pel却一副藐视的姿态，无所畏惧，挺胸直面偷袭的敌人。

此情此景让作者想起了莎士比亚名剧《裘利斯·恺撒》（*Julius Caesar*）[1]中发生在卡修斯（Cassius）和布鲁特斯之间的一幕。两个朋友之间产生了误会，布鲁特斯指责卡修斯克扣了军队的粮饷，卡修斯听后又气又急，激昂地慷慨陈词：

> 来，安东尼，来吧，年轻的奥克塔维厄斯，
> 你们朝着卡修斯复仇吧，
> 卡修斯已经厌倦于人世
> 被所爱的人憎恨，被他的兄弟攻击，
> 像一个奴隶似的受人呵斥。
> 他的一切过失都已被人注视和记录，
> 作为当面揭发的罪状背诵得滚瓜烂熟。
> 啊！我可以从我的眼睛里哭出我的灵魂来。
> 这是我的刀子，
> 这儿，是我袒裸的胸膛，里面藏着一颗

---

1 第四幕，第三场。

比普路托斯的宝矿更富有、比黄金更贵重的心；
你若还是一个罗马人，请把它挖出来吧，
我拒绝给你金钱，却愿意把我的心给你。
就像你向恺撒行刺一样把我刺死吧，
因为我知道，
即使在你最恨他的时候，
你也爱他远胜于卡修斯。

430 请注意，卡修斯的这番话与西拉诺在痛苦烦乱之中所说的胡话之间有若干相似之处（如果不提及这一点，我们的分析材料就不能算完整）。只是，相比之下，卡修斯显得更为戏剧化。他的态度当中带着些许幼稚和歇斯底里的成分。布鲁特斯并无杀他之意，反而在以下的回答中使他冷静了很多。

请收好你的刀，
如果你高兴发怒就发怒吧，
一切请便。
卡修斯啊卡修斯！你的伙伴是一头羔羊，
愤怒来自他那儿，就像燧石里的火星一样。
只是在受到重大打击的时候，就会射出灼热的火光，
但在一转瞬间之后它便会冷却。

卡修斯：　难道卡修斯的伤心烦恼，
只能是布鲁特斯的笑料吗？

布鲁特斯：我说那句话的时候，我自己脾气也太坏。

卡修斯：　你也承认是这样吗？请把你的手给我。

布鲁特斯：我可以连我的心也一起给你。

卡修斯：　啊，布鲁特斯！

布鲁特斯：什么事？

卡修斯：　我的母亲给了我这副暴躁的脾气，使我常常忘记我自己。看在我们友谊的情分上，您能原谅我吗？

布鲁特斯：是的，我原谅你。从今往后，有时，如果你和你的布鲁特斯过分认真，我会当作是你母亲在那儿发脾气，一切都不再介意。

431　这里解释说，卡修斯是继承了母亲的脾气禀性，才会如此敏感易怒，行为像个女人——他自己的话也十足地表明了这一点。[1]他对爱的渴求带有明显的女人意味，被布鲁特斯评价为“（你的）伙伴是一头羔羊”。换言之，卡修斯的性格中存在某种从母亲那里继承来的软弱之处。这可以说明此人具有一种

1　阿尼玛的一个鲜明案例。阿尼玛原型的第一个载体是母亲。

婴儿式的性情，其通常的特点是受到父母意象的左右（在这里是母亲的意象）。一个人之所以脱不掉婴儿气，原因在于他未能从童年环境和父母的束缚中得到充分的自我解脱，结果就是他对世界的反应会产生错位：一方面，对于父母他始终表现得像个孩子，永远在索取爱和即时的情感补偿；另一方面，他与父母之间的纽带是如此紧密，几乎达到了完全认同的程度，以至于他的一举一动与其父母如出一辙。他没有能力过他自己的生活，找到他自己的个性。因此，布鲁特斯猜测，不是卡修斯本人，而是"你母亲在那儿发脾气"，可以说这一点儿没错。从而我们可以得出一个有价值的心理事实：卡修斯具有婴儿式心理，认同于其母。他的歇斯底里举动乃源于他身上还有一部分"羔羊"的禀性，一个天真的、无恶意的幼童。在情感方面，他还没有长大，正如许多和他有着同样问题的人一样：他们为人处世的外在表现似乎游刃有余，但在情感需求上却依然像个孩子。

432 既然米勒小姐梦中、戏剧中的人物都是作者臆想中的孩子，他们自然会带有作者自身的一些性格特点。[1]主人公Chi-wan-to-pel代表她的理想，在此被投射为一个男性形象；这是因为米勒小姐还很年轻，还能够在一个男人身上看到自己完美的理想。在此方面，她显然还不曾受过任何有益健康的失望，

1 因为她的幻想并不是其意识以意愿构成的创造物，而是一种无意识的产物。

依然徜徉在自己的幻想中。因为这样一个形象可能与她太过紧密，她还不知道，她心目中的理想人物实际上应当是一个女性。只要这个理想形象以男性的面目出现，它就不可能承诺给她任何东西，只能刺激她的幻想需求。假使这个理想形象和她自己一样也是个女性，她有朝一日便可能发现自己与这个理想之间的差距。这个发现虽说令人不舒服，却是个有益健康的教训。西拉诺（Cyrano）所表现出的姿态[1]当然非常美，令人印象深刻，而卡修斯的姿态则更濒于戏剧化。两位“英雄”都“庄严”地堂皇赴死，而且西拉诺还实实在在地兑现了。这种对死亡的渴求预期了一种不可避免的终结——认为“他人”是理想的幻想的破灭。米勒小姐心目中的理想人物显然将会改变他的心灵局限（psychic localization）——他甚至可能占据米勒小姐的内心。这，将成为她心理成长过程中的一个至关重要的关键点。因为，当理想人物这样一个至关重要的形象面临变化时，就好比这个人物将不得不死去一样。这会令她产生各种莫名其妙、没有来由的死亡预感——一种罗曼蒂克的厌世感。这种倾向已经在《逐日飞蛾》那首诗里有所表现，但在这里变得更为清晰了。她的孩童世界意欲走向结束，被成年世界所代替。少女的死亡意愿通常只是这种情形的间接表现，但即便她们真的死去，也依然保持着这种姿态，因为死亡也能被戏剧化。

---

1 见上文par.48。

死亡的结果只是使得这种姿态更加鲜明而已。生命的至高点可以通过死亡这一象征得到体现，此乃人所共知的事实，因为任何超越自身的成长都意味着死亡。处于孩童状态的米勒小姐认识不到自己的生活使命；她无法为自己设置任何生活的目标或者维护她感受到的责任。故，她也没有准备好迎接爱情中的难题，因为这也要求一个人具有完备的自觉与责任感、慎重与远见。站在结束死亡的线上，是一个有益于生活的决定。爱与死亡，彼此间的联系并不只是一点点。

433 在这里，主人公毅然赴死的姿态或许很容易被视为一种博取对方同情的策略，因此招致了下文中布鲁特斯的一番冷嘲热讽。Chi-wan-to-pel的表现也同样令人怀疑，因为卡修斯的范例已经轻率地暴露了整个事件只是出于孩童意气这个事实。当一个姿态显得过于戏剧化，便令人有根据怀疑它不是出于真诚，而是有某种相反的意愿潜藏其中而发挥作用，它所需要的不是死亡，而是别的完全不同的东西。

434 在接下来的剧情中，力比多臆想出了一个威胁性的举动和一个冲突发展的结果，这个威胁性的举动与前面出现的那些充满被动意味的象征形成了强烈反差，而这个冲突发展的结果则是：剧中的一方以谋杀的方式对另一方制造威胁。剧中的主人公，也就是梦者理想的化身，已经做好了死的准备；面对死亡他毫无畏惧。死亡将随着对手的致命一箭降临于他，考虑到这位主人公身上的婴儿式个性，他也确实到了该退出舞台的时候了。鉴于许多英雄人物本身就是出色的射手，或是遭箭射而死，因此我以为，在此探讨一下“死于飞矢之下”意味着什么或许算不得多余之举。

435 安娜·卡特琳娜·艾默里希（Anna Catherina Emmerich），就是那位接受过圣痕、歇斯底里的德国修女，在其传记中，我们看到了关于她心脏问题的一段话：

> 当她还是个见习修女的时候，便从基督那里获得了一份不同寻常的圣诞礼物：一种极为痛苦的心脏病。此后，在她奉献给上帝的整个生命中，都有这种痛楚贯穿始终。不过，上帝在内心里向她昭示了这份痛楚的目的：那是一种救赎，以挽救精神秩序的腐朽，尤其是她的同伴们犯下的罪孽。然而，令这痛苦更为剧烈的，是她从小就拥有一种特异功能，即能用她的心灵之眼看穿别人真实的内在本质。她从身体上感受到心脏上的麻烦，如同不停遭到利箭穿心一样。[1]她认为这些利箭（对于她来说，是更为严重的精神折磨）都来自其他修女们的恶毒想法、诡计、流言蜚语、曲解和无慈悲心，完全没有任何理由，只是针对她和她虔诚的生活方式而来的。[2]

---

1 上帝之母的心脏被一把剑刺穿，“那样诸多心之思想得到拯救”。Luke 2: 35.

2 Wegener, *Leben der Dienerin Gottes Anna Catherina Emmerich*, p.63.

436 做圣人是一件艰难的事，因为，即使是具有一种耐心而坚忍的本性，也不易忍受如此高程度的一种变异，并且还要以其自身的方式来维护它。诱惑是圣洁如影相随的伴侣，没有诱惑就没有真正的圣人。我们知道，这些诱惑可以悄悄避过人的意识从头脑中溜过，只有其等同物以各种不同症状的形式进入意识。我们还知道，Herz（心脏）这个词传统上和Schmerz（疼痛）这个词押韵。[1]众所周知，歇斯底里症实际上是受到压抑而未被感知的精神痛苦在身体上的外在替代物。卡特琳娜·艾默里希的传记作者已经多多少少地认识到了这一点，但她自己对这种疼痛的诠释则和通常的情形一样，建立在心理投射的基础上：她总认为别人在背后以各种流言蜚语来诋毁她，这就是她痛苦的根源。然而，事实的本相却与此大不相同：真正的根源在于她对生活快乐的放弃！花开之前的凋谢总会令人痛苦，尤其令人难以承受的，是内心未满足的欲望和那一次次想打破压抑的阻挠而作出的自然的尝试，而假如没有压抑，圣人又何以有别于凡人呢？其他修女们的讥讽和闲话会很自然地触到这些隐痛之处，于是这位圣女便感到她的痛苦之源正在于此了。她不见得知道，流言很容易替代无意识的角色，而且，它就如同一个武艺精湛的对手，专能瞄准你甲胄上自己没注意到的缝隙插入刀剑。

1 ［德语的“心脏”和“疼痛”。——英译注］

437 同理，佛祖常有言曰：

> 如果那些肉欲般的愉悦受阻，渴望和希望得到这些欲望满足的人就将会痛苦，这种痛如同利箭穿心。[1]

438 这带来创伤和痛楚的箭，并非来自外界。那些流言蜚语只能伤及我们的表皮；真正的创痛则来自我们无意识的伏击。那是我们自身压抑的欲望，如箭一般刺入我们的肉体里。[2]在另外一种情境中，这个形象的比喻在修女身上成为真实，也出现在大量的文学记事中。一个众所周知的事实是，与救世主神秘整合的场景带有强烈的爱欲力比多的色彩。[3]圣痕，对于一个与救世主潜伏在一起的对象而言，显现意味着救世主蕴含在她的身体之内，是对古代“神秘合一”(unio mystica)概念的轻微改变，同样意味着与神同居。关于自己身上圣痕显现的情形，这位修女描述道：

---

1 *Sutta-Nipata*, trans., by Fausböll, p.146.

2 忒俄克里托斯(27, 29)称生产之剧痛为“厄勒梯亚之飞镖”，似乎痛苦来自外在。[Cf. Edmonds trans., p.337.]同样的对照被用在Ecclesiasticus 19: 2中关于欲望的阐述中：“弓箭射在大腿肉上，就像宝剑插在笨蛋的肚子上一样。”也就是说，被取出之前，它使人不得片刻安宁。

3 但是这一事实并不能证明，从本源上说神秘合体之体验是完全色情的。情欲的高涨只能证明力比多的渠化没有完全成功，结果导致原始形式依然未被同化的清晰痕迹。

> 我默想基督所遭受的痛苦经历，求神让我和他一起承受那些苦痛；我一一敬拜基督身上神圣的五处伤点，并为每一处伤痕念诵祷文。我躺在床上，双臂伸展，进入甘甜之境，内心充满了分享耶稣苦难的无尽渴盼。就在此时，我看见一束光由上倾斜下来照耀着我；那是主被钉在十字架上的身躯，活生生的、透明的、双臂张开着，但是没有十字架。在那身体的伤口处，散发出比其他部分更强的光辉；那五处环状的荣光，透过总体的荣光放射出来。我狂喜万分，我的心因剧烈的痛楚和甜蜜而感动，渴望着与主共饮苦杯。看到主耶稣身上的伤口，这种渴望变得越来越强烈，它似乎从我胸膛中涌出，经我的双手、肋边和双脚的伤口流泻出来，迎向主耶稣的圣伤。随后，从主耶稣的双手、肋边和双脚伤口处，依次发出闪亮的红色光束，每束光由三道光线组成，它们分别照向我的双手、肋边和双脚，光的束端呈箭头状。[1]

439 这些光束各由三道光线组成，并且光端呈箭头状。[2]和丘比特一样，太阳的箭袋里也装了毁灭之箭和富饶之箭。[3]箭是

---

1 Wegener, 77ff.

2 Apuleius（*The Golden Ass*, II, 31, in Graves trans., p.59）强烈地使用弓箭象征："由于早上丘比特之箭刺入我的心脏，我已经站了一整天，我的背已经绷得很紧，以至于我担心假如尽快没有进展的话，什么东西会折断。"

3 像瘟疫携带者阿波罗。在古高地德语中，弓箭是"strala"。

一种具有男性意义的象征符号；正因如此，东方人惯常把勇敢的儿子称作父亲的箭或标枪。在阿拉伯语中，“打造利箭”的意思相当于生养勇敢的儿子。中国有种风俗，哪家生了儿子，就在房前悬挂一副弓箭。同样地，《赞美诗》(修订版，127：4)中也写道：“少年时所生的儿女，好像勇士手中的箭。”也正因为箭的这层象征含义，古代斯基泰国王阿瑞安提斯(Ariantes)在准备进行人口普查时，才会命令用箭镞来代表每个男丁。[1]枪矛也被赋予了类似的含义：人类是枪矛的后代，梣树是枪矛之母；因此，青铜时代的人类是由梣树而生的。传说开纽斯(Kaineus)[2]曾吩咐众人敬拜他的长枪。据品达(Pindar)诗中的描述，开纽斯“以那挺直的腿脚劈裂大地，如是他降入地底深处”。[3]据说他原本是个少女，名叫开妮斯(Kainis)，海神波塞冬为奖赏她的驯良，将其变成了一个刀枪不入的男性。据奥维德(Ovid)的描写，这位刀枪不入的开纽斯卷入了拉庇泰人(Lapithae)与马人之战，马人一族用无数棵大树把他完全压在

1 Herodotus, IV, 81.[Cf. Roscher Selincourt trans., p.269.]

2 Cf. Roscher, *Lexikon*, III, 894ff., S.V. “Kaineus”.

3 Pindar, fr. 166f. 史毕尔莱因的病人同样有分裂地球的想法：“铁被用来钻探地球——你可以用铁来造男人——地球是裂开的，爆开的，而男人是分裂的——男人被切碎然后又组装在一起——这是为了停止被活埋，耶稣告诉他的信徒们去钻入地球里面。”“分裂”肢体具有世界范围内的意义。波斯英雄提什特里亚是一匹白马的样子，他劈开了雨湖，使得地球富饶。他也被称作泰尔，意为“箭头”。他有时候也表征为携带弓箭的女性(Cumont, *Textes*, I, p.136)。密特拉神用他的弓箭从岩石处射出水来以阻止干旱。在密特拉教遗迹中，原本用于杀死公牛的祭祀工具匕首，有时被发现插在地上(Ibid., pp.115, 116, 165)。

下面，因为只有靠这个法子，他们才能斗得过他。接下来，奥维德写道：

> 这位英雄最后不知所终。有人说他的躯体被众树所压，坠入了地狱之坑，但这遭到安皮喀斯（Ampycus）之子的否认。因为，他眼见从那树垛中间，飞出一只金翅鸟儿，直上晴空。[1]

440 罗雪尔[2]认为，这里讲的金翅鸟就是金斑鸻（Charadrius pluvialis），这种鸟儿因栖居于“地下的缝隙”中而得名，它们的歌声是下雨的先兆。

441 这里我们再次辨识出了力比多神话的典型因素：最初的双性特质，通过进入母体（用腿脚劈开母体）获得永生（刀枪不入），化身为鸣禽而重生，又能带来富饶（雨水）。这种类型的英雄让人敬拜他的长枪，很可能是因为他内心里认为这杆长枪能够恰当地代表他本人。

442 以此为出发点，我们在第一部分中引用过的《约伯记》片段，显现出了新的含义：

---

1 *Metamorphoses*, trans. by Miller, II, pp.216—217，修订版。

2 参见Meyer, *Indogermanische Mythen*, in *Göttingische Gelehrte Anzeigen*, I (1884), p.155。

他把我当箭靶子，
从四面向我射击；
他的箭射中我的要害，
使我的肝胆倾流地上。
他一再地击伤我；
他像武士疯狂地践踏我。[1]

443　在这里，约伯所表达的，乃是无意识欲望横遭打击给他带来的心灵磨难；力比多在他的肉体中溃烂，一位严酷的神已经将他彻底压倒，又用带刺的思想洞穿他的心，令他的整个存在痛苦不堪。

444　同样的意象也曾出现在尼采的作品中：

伸展一下，感觉身上瑟瑟发抖，
如同半死之人，只有双脚有点温度。
唉，为无名的热病所战栗，
似冰尖霜箭中颤抖。
由于你的扰动，哦，我的思想哟
不可言传的、神秘的、可怕的人！
你是躲在云彩后的猎手，

1　Job 16: 12ff.

我被你的枪击倒；
你用嘲笑的眼光在黑暗中望着我，
我，却只是躺在这里。
委屈、剧痛、折磨，
在无尽的苦痛中挣扎。
我却着迷于你，
残酷的猎人哟，
你——未知的神。

陷入得再深一点，
再深一点！
撕碎、分裂我的心。
用这钝齿慢箭刺下的痛苦究竟隐藏着什么？
你为何又这样看着我，
——用你那神一般的、嘲笑的、闪光的眼睛，
对人类的临死的挣扎从不疲倦？
你为何不杀掉我？
只是让我痛苦并在痛苦中挣扎？[1]

445 毋庸多作解释，我们就能从以上比喻中感受到神在受难

1 *Thus Spake Zarathustra*.（*Werke*, VI, pp.367f.）［Cf. trans. by Common, p.293.］

牺牲时的意象，这个意象我们在前文中的阿兹特克十字架刑及奥丁的牺牲当中都曾遇见过。[1]同样的意象也出现在表现圣塞巴斯蒂安（St. Sebastian）殉难的画中，画中年轻圣者那白皙闪亮、处子般柔嫩的皮肤泄露了画家出于自身敏感而投射到画中人身的全部弃绝之痛。一个艺术家的作品，无可避免地带有其所处时代的心理色彩。即便是更高层次的基督教象征（十字架上的基督遭长矛刺肋的情景）也同样如此。它是基督教纪元中人类的真切象征：被自身欲望折磨，与基督同钉十字架。

446 折磨着人类的痛苦之源并非来自外部，恰恰相反，人是捕猎自身的猎手，是以自己为祭品的献祭者，是刺向自身的祭刀。

从尼采的另一首诗中，我们能清楚地看到这一点。其中，上述的两重性通过同一个象征被归结为一种心理冲突：

> 哦，查拉斯图特拉，
> 你这最最残忍的猎人（宁录）！
> 以前，你是神的猎手，
> 一切美德之陷阱，
> 邪恶之箭镞！

1 史毕尔莱因的病人说，她也被上帝射中了三次——“随后到来的是灵魂的复活”。

如今——
你被自己追捕，
成为自己的猎物，
自遭穿透……

如今——
你形单影只，
被自身的智慧劈裂，
被无数面镜子围在当中
面对自己的虚伪，
被无尽的、不确定的记忆包围。
每一处伤口都令你虚弱，
每一次霜冻都令你震撼。
卡死在自己布下的陷阱中，
自我认知的对象；
杀死自我的刽子手！

为何要用你智慧的绞刑绞杀自己？
为何要自己诱使自己
进入到毒蛇的天国？
为何要诱骗自己，
进入那古蛇的天国？

为何要潜入你自我去偷劫自己，

偷劫你自己？[1]

447 那射中主人公的致命箭镞并非来自外部；那猎捕他的、与他搏斗并折磨他的，正是他自己。在他的内心，本能在与本能激战。因此，诗人才说“自遭穿透”，这意味着被自己的箭射伤。我们知道，箭是一种力比多象征，此处“穿透”的象征意义一目了然；它代表与自身的结合，一种自我受精，同时也是自渎，自我谋杀。正是出于这个原因，查拉斯图特拉有充分的理由自称为“自我的刽子手”（就像奥丁牺牲自己向自己献祭一样）。当然，我们不应从过度意志主义（voluntaristic）的角度出发来看待这种极为古老的心理学（psychologem）：没有人故意把这种折磨加于自身，事情只不过是发生在他身上而已。一个人若把无意识认作他自身的一部分，那么他就必须承认，他实际上是在与自我作斗争。然而，只要从这痛苦中显现出来的象征具有原型的和集体的特性，那就标志着他痛苦的来源不再是他的自我，而是整个时代的精神。折磨着他的，乃是一种客观的、非个人的原因，来自他心灵的集体无意识领域，这是他和除他以外的所有人所共有的。

1 “Between Birds of Prey.” (*Werke*, VIII, p.414.)［Cf. trans. in *Ecce Homo and Poetry by Ludovici*, Cohn, et al., p.179.］

448 因此，伤于自己的箭下便意味着一种内倾(introversion)的状态。关于它的意义，我们已经了解：力比多“沉潜于自身深处”(尼采所钟爱的意象)，在黑暗中发现被它抛弃的上层世界的替代物——记忆的世界(“被无数的记忆包围”)，而其中最强大、最具影响力的，乃是来自生命最初阶段的记忆。它是童年的世界，婴儿期最初阶段那天堂般的状态，我们都曾身处其中，又被无情的时间法则从中逐出。在这地下王国中，蛰伏着甜蜜的家的感觉，还有对未来将要发生的一切的希望。正如戈哈特·豪普特曼(Gerhart Hauptmann)的《沉钟》(*The Sunken Bell*)一剧中，海因里希(Heinrich)关于自己的神奇之作的那番描述：

> 它唱着一首歌，一首久已失传，被人遗忘的歌，
> 一首家的歌，孩子般的爱的歌，
> 由一眼圣泉的水波中诞生，
> 人人心里知晓，却没有谁能听到。[1]

449 然而，正如魔鬼梅菲斯特所言，“危险是巨大的”，[2]因为那极深处充满着魅惑。当力比多离开光明的上层世界，无论是

1 Trans. by Meltzner, p.75.

2 *Fraust*, Part II, “The Mothers” .

出于选择，还是出于惰性，或是由于命运的安排，它重新沉潜到自身的深处，回到它生发的泉源，直到最初的分裂点（肚脐处）——起初，它就是从那里进入人体的。这个分裂点被称为母亲，因为生命之流是由她那儿传入我们体内的。每当一个人需要完成某件伟大的工作，而他却在这任务面前感到畏缩，怀疑自己的能力时，他的力比多就会倒流，退行到这个源头；而这是一个危险的时刻，整个使命的成败，是毁灭还是新生，统统系于一发之上。因为，如果力比多滞留在内心世界的仙境中不能自拔，[1]那么上层世界里的人就失去了生机，变成一个影子，他已经是个垂死的人，或者，至少是重病缠身了。然而，假如力比多能够挣脱下面的魅惑，重新冲上表面，奇迹般的事情便会随之发生；经过下界之旅，人的力比多就仿佛是在青春之泉里浸过，本来是显然已死，现在又欣然醒转，重新变得强健丰饶。这种意识在一则印度神话里得到了具体的反映；毗湿奴（Vishnu）进入深沉的入定状态，在沉睡中，由他的肚脐长出一株莲花，莲花绽放，其中诞生了创造神梵天，还有四部《吠陀经》，由梵天诵念不止（创造性意念由内倾而生）。但是，就在入定的毗湿奴不留神间，一场大洪水降临世间（内倾带来吞噬

1 这一点在提修斯和佩里托俄斯的传说中进行了神话的描写，他们二者试图从冥府中诱拐走珀尔塞福涅。他们进入科罗诺斯果园的一个峡谷中，并且沉降入地球的内部。下沉之时他们想要略作休息，但发现他们迅速成长为岩石且不能上升了。换句话说，他们依旧卡在母亲体内，遗失了上层世界。后来提修斯被海格力斯所拯救，后者以一种死亡征服者的角色出现。提修斯的传说因此也就是自性化过程的一个表征。

和世界的毁灭)。一个魔鬼趁乱偷走了《吠陀经》,把它们藏在水下深处。随后,被梵天唤醒的毗湿奴化身为鱼,跳进大水,打败魔鬼,夺回了《吠陀经》。

450 这是对于力比多进入精神世界内层,即无意识领域的一种原始描述方式。通过内倾与退行,一直潜隐在那里的内容如今如同星座般排列显现出来。这些都是原始的意象,也就是原型。它们在力比多的内倾作用下,被个人记忆所丰富,从而变成可以被清醒的意识所感知的东西,正如潜藏于饱和溶液中的晶体结构通过分子的聚合作用而显现一样。由于这种内倾与退行只出现在有必要进行重新定位和适应的时刻,因此经排列显现出来的原型便总是当前需求的原始意象。尽管在我们看来,人的生活际遇总是千变万化且没有止境,但实际上,无论它们怎么变,自会受到特定的范围所限。正所谓"万变不离其宗",它们总可以大概地被纳入某种典型模式,一再地重复出现。无意识的原型结构与事物发展的一般规律相符合。可能降临到一个人头上的变故,其变化形式并非无穷无尽;它们都是某些典型情境的变体,而这些典型情境在数量上是有限的。因此,当某种令人烦恼的情况出现时,与之相对应的原型就会从无意识中浮现。由于原型具有超自然性,也就是蕴含着特殊的能量,它会吸纳意识的内容——这些来自意识领域的想法令原型具有可分辨性,因而能够被清醒地意识到。原型进入意识领域,是以启示、顿悟或者“山穷水尽之时的灵光乍现”这类形式而被感知的。这一过程反复出现在人们的经验中，其普遍结果就是，每当发生重大情况时，人们便会通过神秘仪典、祭礼、符咒、祈祷等仪式性活动人为地促使内倾机制的启动，从而达成精神上的预备。这些仪式性活动的目的是引导力比多指向无意识领域，迫使其进入内倾状态。如果力比多联结了无意识，就好比联结了母体一样，乱伦禁忌便由此而生。然而，无意识的内涵范畴不知要比母亲的内涵范畴大上多少倍，它只是以母亲的形象作为一个象征而已，所以，人若想得到无意识的“拯救的启示”——那难以获取的宝物，就必须克服乱伦禁忌带来的恐惧。

由于儿子并没有意识到自己的乱伦倾向，这种心理倾向便被投射到母亲或母亲的象征物身上。但母亲的象征并不等同于母亲本身，因此，在现实中并不存在丝毫乱伦行为的可能性，故而我们可将乱伦禁忌视为一种阻抗因素而加以排除。在母亲作为无意识象征物的情况下，乱伦倾向——特别是当它表现为母亲的爱欲（如伊什塔尔和吉尔伽美什）或阿尼玛（anima）的爱欲[如克律塞（Chryse）和菲洛克忒忒斯（Philoctetes）]时——其实只不过是需要加以注意的无意识欲望而已。拒绝无意识的要求通常带来不幸的后果；无意识的本能力量如果一再遭到忽视，就会反过来与人作对，就像克律塞化身为毒蛇一样。意识对无意识的弃绝愈是强烈，后者的反啮便愈是危险。[1]克律塞的诅咒得到了如此完全的应验，以致菲洛克忒忒斯一接近她的祭坛，就被自己那浸了毒药的箭头扎伤了脚，或者，按照另一个版本，[2]也是更加有据可循的说法，被一条毒蛇咬伤了脚，[3]倒地不起，变得衰弱不堪。[4]

451 这种极具典型意义的受伤情节，也同样发生在太阳神拉的

---

1 当希腊向特洛伊派出他们的远征军的时候，为了能够保证远征顺利，他们期望能够像之前的阿尔戈英雄和海格力斯一样，在克里斯的祭坛上献上自己的祭品，克里斯是一位生活在同名小岛上的女神。菲洛克忒忒斯是他们之中唯一知道通向其隐藏圣地之路的人。但是在那里，上文所描述的灾难降临在他身上。索福克勒斯在他的《菲洛克忒忒斯》的这一章节中对其进行了描述。我们从一位训诂学者那里了解到，克里斯向英雄们献出自己的爱，但却是通过鄙视、咒骂他的方式。菲洛克忒忒斯如同他的先驱者海格力斯一样，是受伤和生病的国王的原型，这一主题在圣杯传说和炼金术象征中依然有所持续。（Cf. *Psychology and Alchemy*, pars. 491ff.）

2 Roscher, *Lexikon*, 2318, 15ff., S.V. “Philoctetes” .

3 当俄罗斯太阳神奥列格走近被杀死的马之骷髅的时候，一条蛇蹿出来咬了他的脚，他因此而得病死去了。还有因陀罗，以隼什耶拿为相，当他偷苏摩酒的时候，被牧人克里沙努用弓箭射伤了他的脚。De Gubernatis, *Zoological Mythology*, II, pp.181—182.

4 圣杯之王守护者圣杯，母亲之象征。菲洛克忒忒斯的神话来源于更广泛的海格力斯周期背景。海格力斯有两位母亲，助人的阿尔克墨涅和复仇的赫拉，他从她们的乳房中吮吸到永生之母乳。尚在摇篮之中的时候，海格力斯就征服了赫拉的巨蛇。但是赫拉时不时地让他陷入疯狂，其中的一次，他杀害了自己的孩子。这是赫拉就是拉弥亚的间接证据。依据某一传统，海格力斯在拒绝为其主人欧律斯特斯服务之后，犯下了这一罪行。作为其退行的一个结果，本来准备进行工作的力比多退行为无意识的母亲意象，而这导致了疯狂。在此状态下，他认同于拉弥亚，并杀害了自己的孩子。德尔斐神谕告诉他，他不朽的名声要归功于赫拉，通过她的迫害，他才能成就伟大事迹。很明显这一伟大事迹意味着战胜母亲并因此而赢得永生。他的特殊武器——棍棒，是他从母亲的橄榄树上砍斫下来的。他在其洞穴中征服了尼米亚猛狮，其洞穴的意义是“母亲子宫中的墓穴”（见本章末尾）。随后是与九头蛇的战斗和他的其他事迹，这些都是赫拉对他的祝福。所有这些都象征着与无意识的斗争。然而在其生涯的最后，如神谕所预言的那样，他变成了翁法勒的奴隶；也就是说，他终究向无意识臣服了。

身上。在一首古埃及颂歌中,是这样描写的:

大神年事已高,嘴角难合,
涎水不时流下。
落于地面,
被伊西斯的玉手收集;
连同落地处的泥土,
捏成一条高贵的爬虫
令它的头如矛尖。
她不教它萦系于自己面前,
却抛在小径,盘作一团。
那是大神日常散步的路径,
当他心神愉快,行走在两个国度之间。
尊贵之神昂然举步,身披荣光,
随侍众神相伴两旁。
他悠然前行,一如往常,
随即却被那高贵的爬虫咬伤……
尊贵之神开口呼痛,
声音震彻上界天堂。
众神齐呼:看哪!看哪!
他却再也无力作答。
牙关嗒嗒作响,

四肢百体虚弱打战，

剧毒侵入他的肌体，

如同尼罗河的洪水冲袭他的国土。[1]

452 在这首颂歌中，古埃及人为我们保存了一份“蛇噬”主题的原始版本。秋阳的衰败作为人类衰老的象征，其原因可追溯到遭毒蛇咬伤。而造成太阳神之死的是那个运用诡诈手段的母亲。毒蛇象征着害命的“母亲”（以及其他鬼怪）的莫测之灵，但与此同时，母亲又是人类抵御死亡的唯一避难所，因为生命源于母亲。[2]因而，只有这位母亲才有能力医治挣扎在死亡线上的病人。颂歌中接下来的内容，就是众神被召集到一起，商议此事：

来了智慧的伊西斯，

她的口中满是生的气息，

她的饬令能驱散疼痛，

她的话语能让断气者死而复生。

她问道：怎么了，怎么了，神圣的父亲？

看哪，原来是一条爬虫对你造了孽。

---

1 此处和下文来自埃尔曼的译文，265—267页，修订版。

2 这一神话主题在原始层面上呈现得多么具体，在Gatti, *South of the Sahra*（pp.226ff.）中对一个与二十足的王蛇为密友的女巫医的描述中，可见一斑。

告诉我您的名字，神圣的父亲，
因为经我口念诵名字的，他就得活着。

453 拉回答说：

我是那创造天堂和大地、堆造群山者，
一切生灵都是我造的。
我是那创造众水、制造洪水者，
我创造了母亲之牛，
我便是父。

那蛇毒没有散去，反而弥漫更深，
伟大的神没有得到治愈。
伊西斯再对拉说：
您说的那些，不是您的名。
快把真名吐露，才好消散蛇毒，
因为经我口念诵名字的，他就得活着。

454 最后，拉决定吐露他的真名。但他并没有被完全治愈，正如奥西里斯最终没有得到完整拼合一样；此外，这位大神还失去了他的神力，最后只得依靠神牛来背负。

455 那条毒蛇所代表的，是致人死命的而不是赋予生命的力比多形式。拉的“真名”就是他的灵魂和魔力(他的力比多)。而伊西斯所要求的,是要他将自身的力比多传递给母亲。最后,这个要求得到了毫厘不差的践行;因为那位年迈的大神回到了神牛那里,而神牛正是母亲的象征。

456　参看我们前文中的阐释,这一象征的内在含义便显得愈加清晰:主宰儿子意识驱动前行的力比多要求与母亲分离,但他对母亲的孩童式渴望却以精神阻抗的形式为此设置阻碍,这种阻抗表现为多种多样的神经质恐惧,笼统而言,就是对生活的恐惧。一个人越是畏首畏尾,不敢适应现实,他内心的恐惧感就会变得越强烈,并在其人生之路上步步给他设置难关。于是便形成了一个邪恶的怪圈:由于惧怕生活,人就变得越发畏缩,而这又导致了这个人心理上的幼稚症,最终“回到母亲怀里”。人们通常都把造成这种现象的原因归之于自身之外:不是外在环境的问题,就是父母的责任。实际上,在母亲对儿子不肯放手的问题上,做母亲的究竟应当承担多大责任,此事尚有待探讨。儿子总是自然而然地试图把一切问题归咎于母亲的错误态度,但他若能抵制这种无效尝试,少将自己的无能推诿于父母的不是,对于他自己是很有好处的。

457　这种对生活的恐惧并不仅仅是臆想中的怪物,而是非常真实的恐慌感。它之所以显得夸张,只因为它的真正来源是无意识。而且它是一种投射:如果人格中年轻、成长中的部分,在生活中受到阻碍或抑制,或者被固着在某处,就会产生恐惧,并且越来越陷入恐惧。这恐惧看起来好像来自母亲，实际上这种致命的恐惧却来自本能、无意识，来自那个因生活总是畏缩不前、与现实割裂了的内在的人。母亲一旦被认作阻碍物，那么她就会成为复仇者追逐的对象。自然，这不是真正的母亲，虽然，真正的母亲也可以用病态的柔情迫使子女进入成年生活，因而延长其幼稚期并超出恰当的时期，这样就会给子女造成严重伤害。与其说被妖魔化的是真正的母亲，不如说是无意识中的母亲意象。[1]无论如何，母亲意象代表着无意识，而无意识必须与意识相联结，其重要性绝不亚于意识切不可断绝与无意识的沟通这个事实。再没有什么比现实生活的成功更能威胁到二者间的这种关联了；成功能使一个人忘记他对无意识的依赖。在这方面，吉尔伽美什的例子是颇有教益的：他的辉煌成就使得各方神祇（无意识的代表）感到有必要齐聚商议，想办法促其垮台，杀杀他的气焰。他们的做法起初并不见效力，但是，当这位大英雄采得不死仙草，几乎达成目标之际，趁他熟睡，一条毒蛇却盗走了那长生不老药。

458 无意识要求最初所发生的作用，就像致人无力的毒药一样，在暗中亏蚀人的能量和聪敏。因此，将其比作毒蛇的啮咬

1 希波吕托斯的神话中有相似的材料：他的继母菲德拉爱上了他，他拒绝了她，于是她诅咒他在其父面前违规，后者要求波塞冬来惩罚希波吕托斯。于是从大海来了一只怪兽，希波吕托斯的马受了惊，害死了他。但是医神埃斯科拉庇俄斯救回了他，天神让他去智慧女神埃杰里亚的果园，后者是努马·庞皮留斯的顾问。

是再恰当不过了。表面上，剥夺人能量的必是一个恶魔；但实际上，那是他自己的无意识在作怪，是无意识里相异的倾向开始阻止意识心灵的前行驱动力。该过程通常十分隐秘，而且由于外界各种因素和次要事件掺杂其中而更加复杂：比如，工作中的难题、生活中遭遇的失望和失败、做事效率因年事渐高而降低、令人烦忧的家庭问题，等等。根据神话的说法，是女人秘密地奴役了男人，使之无法摆脱她的控制，从而再次成为孩童。[1]同样意味深长的是，女神伊西斯，太阳神的姊妹与妻子，用拉的唾液造出了一条毒蛇：唾液这东西，和所有的人体分泌物一样，作为力比多的等同物，具有神奇的属性。她用太阳神的力比多创造了那条蛇，通过这种方式使他变得虚弱，依赖于她。大利拉（Delilah）也是采取同样的手段来控制参孙的：通过剪去他的头发，即太阳的光芒，进而剥夺了他的能量。这个神话中的女魔实际上就是男人内心深处那个融"姊妹—妻子—母亲"为一体的女人，她将在他生命的后半叶出人意料地现形，试图强行改变他的人格。我曾在《论人生阶段》（*The Stage of Life*）这篇文章中阐述过上述变化的某些方面。其中包括男性人格的部分女性化及与之相应的女性人格的部分男性化。这通常发生在极其戏剧化的情境中：男性身上最强的特质——他的逻各斯（Logos）原则——转而背叛了他，开始和

1 Cf. Heracles and Omphale.

他作对；而在女性身上，其最强的特质——本能爱欲——也出现了同样的情形。男人一味执着于其固有态度（previous attitude），变得僵化刻板；而女人则深陷于自身的情感关系，无法发展她的理性认知，任由同样顽固而无能的"阿尼姆斯"观念占据了本应属于理性的心灵领地。随着男性的人格僵化而来的，是情绪化、不可理喻的易怒倾向、对人的不信任感和仇视，这些外在表现如同一团阴郁的浓雾包裹着内在，打算为其死板的态度辩护。施雷伯在《我的神经疾病回忆录》（*Memoirs of My Nervous Illness*）一书中对自身所患精神病的记述便是这种心态的一个绝好例证。[1]

图30. 羽蛇神吞噬一个男性
16世纪阿兹特克波旁尼克手抄本

1 在我将其注意力引向这本书之后，弗洛伊德以一种令人难以满意的方式详细记述了这一案例。"Psycho-Analytical Notes upon an Autobiographical Account of a Case of Paranoia", p.9.

459 前行能量的无力在某些方面实在不得人心。它就像是某种不受欢迎的突发事件或是一场实际的大灾难，任何人都会自然而然地倾向于回避它。在大多数情况下，意识人格会奋起抵御来自无意识的攻击，拒绝它的要求；可以清楚地感觉到，这种攻击的目标不仅指向一个人的所有性格弱点，还同时指向他的主要价值观（分化的功能和理想）。海格力斯和吉尔伽美什的神话故事中还显明了一件事，那就是这种攻击可以化为创造英雄业绩的能量之源；的确，这种功效是如此明显，以致我们不得不自思自问，来自母亲原型的这种明显敌意是否是自然母亲（Mater Natura）为激励她心爱的孩子登上成就之巅而故意设下的计谋？这样一来，心存报复的天后赫拉就摇身一变，成为骑士文学中令骑士倾心服从的贵妇人，这个严厉的情人给她的英雄指派了最艰巨的任务并威胁他，除非他鼓足勇气去建立一番恢宏功业，真正成为他可能成为的那个人物，否则她就毁灭他。英雄对于"母亲"或其恶魔般的象征物（龙或其他类似物）的征服，其胜利从来都是暂时性的。在年轻人身上应被视为退行的表现［男人的女性化（部分地与母亲同化）和女人的男性化（部分地与父亲同化）］在人生的后半段则具有大不相同的含义。在这一阶段，同化于异性的倾向成为一项必须完成的任务，目的在于使力比多保持进取状态。这个任务的内容就在于对无意识的融汇，达成"意识"和"无意识"的结合。我把这个过程叫作自性化过程（individuation process），更多细节敬请参阅我后来的相关著述。[1]在这个阶段，母亲的象征不再回头与生命的本初相连接，而是指向作为未来创意母体的无意识。因而，“进入母亲”就意味着在自我（ego）和无意识之间建立一种关系。尼采在以下诗中所表达的，或许就带有这方面的含义：

为何要诱骗你自己，
进入那毒蛇的天国？
为何要潜入自我，
潜入你自己的自我？

现在的你，
是病痛缠身，做了蛇毒的牺牲品；[2]
是个被俘者，
抽中下下签，干最苦的活儿；
弓身及地
在自我的陷阱里苦受，

自己把自己封于自我之中，

1 ［主要参见*Two Essays on Analytical Psychology*及*Psychology and Alchemy*。——英编注］

2 史毕尔莱因的病人也厌恶“蛇毒”。施雷伯说他被“尸毒”感染了，“灵魂杀手”在他身上实施了犯罪，等等（pp.54ff.）。

自掘自我的坟墓，
笨手笨脚、僵硬的，
一具死尸——
身上压着千斤重担，
自己把自己压死。
一个认识者，
一个被认识的对象。
智慧的查拉斯图特拉！
你寻求最沉重的负担，
结果找到了你自己。[1]

460　诗中人陷于自我的深处，就像被埋在地底一样；一个爬回母体的死者；[2]一个“身上压着一百件重物”、受压致死的开纽斯，在自性和自身命运的难以忍受的重负之下辗转呻吟。看到此处，人人都会联想到跳牛仪式上的密特拉神，扛起公牛（或者，如前面埃及颂歌中所说的“母亲之牛”），也就是他对自然母亲的爱，就这样背负着世上最沉重的负担踏上那条逾越到

1 “Between Birds of Prey.” (*Werke*, VIII, p.414.)［Cf. trans. in *Ecce Homo and Poetry*, by Ludovici et al., p.179.］

2 史毕尔莱因的病人使用了同一意象；她提到了必须被“融化”的“石像”的“十字架上的灵魂的刚性”。

永生的受难之路。[1]在这条激情之路的尽头，是屠宰公牛作为献祭的山洞。同样的道理，基督必须身背十字架[2]走到献祭之地。在那里，根据基督教的说法，羔羊以神的形象被杀戮，之后被埋入坟墓。英雄所背负的十字架或其他任何形式的重负，[3]实际上就是他自己，或者说是他的自性、他的整体，同时具备神性和动物性——不只是实证意义上的人，而是他作为一个人的

---

1 古利特说道："公牛背负的是密特拉神为人类之救赎而做的最艰难的事情之一；它大概对应于（如果我们可以用渺小之物来对应伟大之事的话）基督背负着十字架。"（"Vorbericht über Ausgrabungen in Pettau"; cited in Cumont, *Textes*, I, p.172.）

2 罗伯特森（*Christianity and Mythology*, p.401）对"背负十字架"之象征做出了有趣的贡献：参孙在菲利斯神庙的柱子之间背负着加沙城的门柱。海格力斯背负着他的柱子去加迪斯，据传说的叙利亚版本，他死在了那里。海格力斯的柱子标志了西边天太阳沉入海底的位置。罗伯特森说："在古老的艺术中，他其实被描述为抱着两根柱子，它们正好构成一个十字架的形状，此处，我们或许找到了基督背负他的十字架走向刑场的起源。这三者作为耶稣这一十字架背负者的福音书替代品来说，已经足够了，另一个是西蒙，一个古利奈人。古利奈在利比亚，如我们所见，是海格力斯背负柱子之壮举的发生之处；而西蒙是最接近于参孙的希腊名字……在巴勒斯坦，西蒙或者塞姆，其实是一个神的名字，代表着古太阳神谢美什，与巴尔（古代腓尼基信奉的太阳神）一致，在其神话中，参孙无可非议地出现了；而且西蒙神在撒玛利亚尤其受到尊崇。"此处我给出罗伯特森的文字，但是我必须强调西蒙和参孙之间的词源学联系非常值得怀疑。海格力斯的十字架很可能是太阳轮，希腊人用十字架来象征它。雅典小都城中浮雕上的太阳轮中确实包含着一个看起来像马耳他十字架的十字架（Cf. Thiele, *Antike Himmelsbilder*, p.59）。这里我必须提示读者关注 *Psychology and Alchemy* 和 *The Secret of the Golden Flower* 中的曼荼罗象征。

3 伊克西翁（pl. XLVIb）的传说中，他"被钉在四个轮辐的轮子上"（品达），这指的是同一件事情。起先伊克西翁谋杀了他的继父，但随后他被宙斯赦免，并获得了他的支持。这位忘恩负义的伊克西翁，随后竟试图勾引赫拉，但是宙斯让云之女神涅斐勒模仿赫拉的样子愚弄了他。据说马人族从这一联盟中一跃而出。伊克西翁吹嘘他的所作所为，但是作为对他的惩罚，宙斯把他贬入地狱，在那里他被绑在一个轮子上，轮子飘浮于风中，永转不休。

完整存在，这个存在植根于他的动物性本质，超越其单纯的人类属性，向着神性的天空伸展。他的这种整体性意味着存在于各个对立面间的巨大张力看似矛盾地达成了自身的统一，正如十字架这个最完美的象征物所昭示的那样。尼采作品中出现的似乎是诗的比喻，实际上却是一个古老神话的再现。在现代语言的表层之下，透过蜂拥在想象中的无数意象，诗人仿佛仍能感觉到已逝世界的精魂，拥有令它们复生的能力。正如戈哈特·豪普特曼所言："诗，就是让原始的话语透过普通词句发出共鸣。"[1]

461 对于上述这种祭祀——神秘而多层的含义，我们的猜测要多于理解。它们从我们的作者米勒小姐的未被识别也未能完成的意识心灵中经过。那支箭还没有射出，主人公Chi-wan-to-pel还没有与毒蛇致命邂逅，没有做好自我献祭而死的准备。凭眼前的证据判断，我们可以说这祭祀意味着放弃与母亲的联结，割断阻碍我们的心灵从幼年进入到成人阶段的所有的联系和束缚。从米勒小姐文中的多处暗示来看，当她产生这些幻想之时，她似乎还生活在家庭的圈子里，而此时她已经到了即将独立的年龄。因此，她的幻想恰巧发生在一次海外旅行期间，即与童年生活环境分离的期间，我们说这是很重要的一点。一

1 引用自*Zentralblatt für Psychoanalyse*, II (1912), p.365。[W.史德克尔的笔记，引自豪普特曼出版的日记。——英编注]

个人如果在幼年的环境中滞留过久，或者始终生活在家的怀抱中，其心理健康就不可能不面临危险。生活召唤我们向前，迈向独立，任何人如果出于孩童的惰性或怯懦而不肯听从这个召唤，就会遭到神经症的威胁。而一旦神经症发作，这又越发地成为此人逃避生活的有效借口，令其有理由永远留在这毒害心灵的幼稚症的氛围当中。

462 射箭幻想是争取个人独立的奋斗的一部分。然而在当时，下决心迈进独立人生阶段的需要还没有进入梦者的意识范畴：来自丘比特的致命神箭还没有找到它的靶子。Chi-wan-to-pel，即作者在梦中的自我化身，还不曾受伤或被杀死。他是个胆大妄为的历险者，敢做米勒小姐本人显然会退避三舍的任何事情：他自觉自愿地袒开胸怀，去做那致命之箭的箭靶。梦者将这种自我袒露的姿态投射在一个男性形象之上，这个事实直接证明了她还没有察觉该行为的痕迹。Chi-wan-to-pel是一个典型的阿尼姆斯形象（animus-figure），换言之，是女性心理中男性一面的人格化体现。他是一个原型意象，当意识拒绝遵照无意识激发的情感和直觉去行动时，这个原型意象就会变得分外活跃：以各种形态和各种方式表现出雄赳赳、好争辩、顽固地自以为是、偏激执拗的特征，而不是爱与顺服（这一切均为力量而非爱的表现）。阿尼姆斯并不是一个真正的男人；他是一个略带歇斯底里的、孩子气的英雄，从他全身甲胄的每个缝隙里都透出被爱的渴望。米勒小姐给自己生活中的关键决定披上了这样的一层外衣，或者说，这些决定尚未脱离无意识想象的阶段，还没有作为她自己的决定被其意识辨别认知。

463 潜伏的杀手被Chi-wan-to-pel的英雄举动吓走，这个事实表明，死亡虽已迫近这位纸板糊就的英雄，却暂时被延迟了：意识尚未准备好做出自主决定，而是采取了鸵鸟政策，把头埋进无意识之中。Chi-wan-to-pel必将倒下，这是无意识中封存的决策力所注定的结果；目前支撑着那个松懈无力的英雄形象不至于倒下的无意识，还需要为意识提供支持，因为如果没有无意识及其直觉力量的合作，意识人格就软弱到无法摆脱幼稚的过去，迈进那个充满无法预知的可能性的陌生的世界。生活的战斗需要力比多的整体。梦者现在还无法令自己做出这个决定（它将撕脱她对童年时代、对父母的一切感伤怀恋）然而如果她愿意听从个人命运的召唤，做出这个决定就是必须的。

七

双重母性[1]

464 潜伏的攻击者消失之后，Chi-wan-to-pel开始了下面的独白：

我来自那些大陆脊梁的尖端，[2]来自那最遥远的洼地。自从我离开父亲的宫殿，便四处游荡，经历了一百个月圆月缺，不断地追寻我的一个疯狂的欲望：就是要找到那个"懂我的她"。我曾尝试用很多珠宝诱惑了许多美女，试图用热吻诱出她们心中的秘密，用大胆的举动赢得她们的赞赏。（他一一列举了那些他已熟知的女人。）Chi-ta，我同族的公主……一个傻瓜，像只孔雀般虚荣，脑袋里除了

1 ［见p.394, n.1，联系本章标题。——英编注］

2 可能是暗示安第斯山和洛基山。［弗卢努瓦的笔记。］

饰品和香水一点点思想也没有。Ta-nan，那个乡下的女孩儿……呸！简直就是一头十足的母猪。除了长着一个胸脯和肚腹，满脑子想的就是寻欢作乐，其他什么都不想。还有Ki-ma，那个女祭司，纯粹就是一只鹦鹉，只知重复那些从神父那里学来的空洞乏味的词语，一点理解力和真诚都没有！疑神疑鬼、矫揉造作、极度虚伪！……唉！怎么就没有一个女人能理解我呢？怎么就没有一个女人能像我，可与我成为灵魂沟通上的姐妹呢？在她们所有人当中，没有一个了解我的心灵，没有一个能读懂我的思想——差得太远！她们当中，没有谁能陪我一道去找寻那闪光的顶点，无人能与我一起去品味那超越人类的"爱"字！

465 在这里，Chi-wan-to-pel承认他的旅行和漂泊是为了寻找另外一个人，为了寻找他的所爱，寻找生命的意义，这种意义就在于找到另一半使自己成为一个完整的人。这种可能性在书的前半部分只是隐约地有所暗示而已。寻求者为男性，被寻求者是女性这个事实并没有什么特别之处，如同我们已经学过的一样，这点应该相当清楚了。由于无意识渴望的主要对象是母亲，在婴儿的语言中，"懂我的她"指的正是母亲。像comprehend、comprendre、begreifen、erfassen这些词，在字面上均有抓握、搂住之意，而这正是母亲在孩子寻求帮助或保护的时候做出的举动，也是母子纽带的关键所在。但随着孩子的成长，这种“理解”妨碍他/她人格自然发展的危险性也变得越来越大。孩子的力比多没有按照必要的发展路径去适应新的环境，取而代之的却是退回到母亲的怀抱，沉湎于那里的保护和舒适，从而使他/她的成长与流逝的时间无法保持一致。这种情形在一部古老的炼金术著作中被描述为：“我被束缚在母亲的双臂间和胸前，并束缚在她的物质条件中，我把我的财物和她的合在一起并依赖于她，我写下这些来自可见中的不可见内容，使神秘出现……”[1]当一个人一直被他的母亲束缚时，他自己应当已经拥有的生活便以意识的和无意识的幻想方式逃走了。在一个女性个案中，这种幻想通常被归结为由一些英雄形象，或者像在上面所描述的那样，由“他”来付诸行动。“他”是一个一直渴望着已久拥有一个与他灵犀相通的心灵伴侣的人。他是一个找寻者，在多次冒险中幸免，而这些冒险都是意识人格有意回避的。他，一个高贵姿态的人，坦然地面对那些充满敌意的绳索和箭，显现出大无畏的勇气，（这是多么地可悲）缺乏意识的心灵！对命运带有如此奇思异想的任何一个男人一旦接触到这个幼稚的女人，他就会立即被这个女人视为理想中的英雄，一旦他的行为略有疏忽，显出和那个完美形象之间的丝毫差距，他就会受到惩罚的威胁。

1 *Septem tractatus aurei* (1566), ch.IV, p.24. 这句话的主题（墨丘利或者神秘物质）可被理解为内在的幻想活动。当应用于与母亲关系之原始意象的时候，这一引用自然拥有了一个更广泛、更神秘解释的意义。Cf. *Psychology and Alchemy*, par.141.

466 我们的作者发现自己目前恰恰处于上述境地之中。Chiwan-to-pel是个极有杀伤力的情魔：数十个女人为他心碎，所有的女人都为他痴狂。他阅女无数，以至于可以将她们排成名册一一数来。然而她们中没有一个获得他的心。因为他所寻找的那个女人，只有我们的作者才知道她是谁（她想）。换言之，她内心坚信他所寻找的就是她自己。但这只是一个镜中花、水中月的错觉而已。经验表明，事实并非总是不变。阿尼姆斯作为典型的"儿子"——英雄，他所寻找的对象根本不是她；他忠实于自己古老的原型，寻求的乃是母亲的意象。这个少年英雄永远是母亲（女神的儿子）情人，而且注定要早早夭亡。没有按时注入生命之中的力比多就会退行到神秘的原型世界。在那里，它激活了自最远古时代起就已潜藏在这里的许多意象，这些意象已经表达了神无论是上界还是下界的非人的生活。假如这种力比多的退行现象发生在一个年轻人身上，他自身的个人生活就会被神圣的原型性戏剧化事件所取代，这种原型性戏剧化事件对他来说意味着更多毁灭性的灾难，因为他所接受的意识层面的教育根本没有教会他如何去思考正在发生的是什么，因此他就没有可能把自己从这种来自原型的魔力中解救出来。神话的至关重要之处就在于此：它们向这位着魔者解释了他无意识里正在发生什么，以及他被紧紧束缚的原因。神话告诉他："这不是你，而是众神。你将不会触及他们，还是回到你做人的乐趣上吧，当你感到恐惧的时候不妨紧紧地把握住神并敬拜他们。”基督教神话中也能发现这些意思，但表述得过于含蓄，以致不能带给作者有益的启示。《教义问答书》中也丝毫没有提及这方面的内容。所谓“光辉的顶点”，自是凡夫俗子无法企及的；而“‘爱’这个超越人类的字”则泄露了这个戏剧化角色的神圣本质——要知道，即便是尘世之爱，都会给人们带来痛苦的问题，致使人们宁愿躲在遥远的角落里也不愿去触碰它，哪怕是一点点。上面的引文表现出，我们的作者是多么深地沉浸在无意识的戏剧情境中，并且严重地受到其魔力的支配。有了以上的领悟，我们就能品味出，主人公的慷慨陈词听来是多么空洞，而他的豪迈之举也显现出了些许歇斯底里的味道。

467 无论如何，假如我们不从人格角度来看问题，如不从米勒小姐的个人情况出发来考察此事，而是从原型自身的生活情形来看问题，结果就有所不同了。正如我们已经解释过的，无意识现象或多或少地可以被视为自主原型的自发表现，这种假说在一个非专业人员看来可能非常奇怪。但原型具有一种超自然的特性的事实却得到了充足的证据支持：它表现出一股魔力；它开始积极地与意识心灵对抗，并且可以说，它通过无意识影响人的思维、情感和行为，最终规划人的命运。尽管，这种影响要到相当长一段时间之后才可能被人们意识到。原初意象本身是一种“行为模式”，[1]这种原初的意象或行为模式可以

1 See “On the Nature of the Psyche”, Sec. VII.

与意识人格一起合作来维护自身，但也可以没有意识人格的合作而靠自身来获得维护和发展。尽管米勒的案例令我们多少了解到原型是以怎样的方式逐渐靠近意识层面并最终占据这个层面的，但这里的材料终究不足以为我们提供其进程的完整画面。在此，有必要推荐读者研究一下《心理学与炼金术》中探讨的系列梦境，在那个病案中我们能够跟踪一个特定原型的渐渐浮现过程，在这一过程中我们可以看到其自治权和自主性特征的一些标志性表现。

468 从这一观点出发，英雄Chi-wan-to-pel所代表的心理本质只能被比作一个不完整的或碎片状的人格，但这个不完整的人格或碎片状的人格具有一种相对程度上的自主意识和与这种意识相匹配的意志力。假如我们关于自主性的前提和情结的目的性是正确的，那么上述结论就是必然的。这样一来，Chi-wan-to-pel还是处于他背后并超乎其上的母亲意象，二者的心理意图都值得我们更仔细地加以盘查。他自己似乎在演员的角色中找到了完全的满足。作为一个理想化身，他把我们作者的全部注意力都吸引到了自己身上，他表达了她最隐秘的想法和欲求。而且，和西拉诺一样，他所说的每一句话，都发自米勒小姐的内心深处。因此，他对自己的成功满怀自信，其气势足以横扫一切可能的对手。他赢得了梦者的芳心，不是为了引她回到正常的生活中去，而是带她走向她的精神归宿；因为他是个死亡的新郎，是那些注定夭亡的儿子—情人之一，这种人没有自己的生活，只是母亲树上早凋的花朵。他们存在的意义和生命力，起始于母亲—女神，也终结于母亲—女神。因此，当Chi-wan-to-pel，这位“幽灵似的恋人”（ghostly lover）[1]引着米勒小姐偏离其生命轨道的时候，某种意义上他是遵从了母亲意象的指引。这里的母亲意象在女人身上人格化为无意识的一个特殊方面，和阿尼玛一样，它并不代表无意识在所有方面的混乱生活，而是专门代表令人神魂颠倒的心灵背景——原始意象的世界。凡是涉足这个世界的人，都冒着极大的危险，犹如忒修斯（Theseus）和庇里托俄斯（Peirithous）一样，他们想从地府里诱拐冥后，结果却快速地与岩石长在一起无法脱身。凡人想进入“玄牝之域”，一切都过于容易，只是有去无回。正如我先前暗示过的，这正是米勒小姐所遭遇的命运。然而，只要她的意识有能力解读无意识的内容，这种危险同样可以成为她的救赎。我们的作者自然没有这份幸运。对她来说，这些幻想是一种无意识活动不可思议的产物，并且她或多或少都无能为力面对。尽管，正如我们在下文中将看到的，这些联想当中包含着所有必需的线索，只要她稍稍反思一下，就能从中猜出这些幻象的含义，并且把这些象征当作天赐的良机去理解自己的无意识的内容。可是，不管怎么说，在此方面，我们的文化一方面缺乏认识，另一方面也缺乏用心啊。任何出自心灵内部的发

1 Cf. Harding, *The Way of All Women*.

现，在最佳时机总是会遭到人们的怀疑。假如我们不能当即证明它的重要价值，就会变得毫无意义。

469 这位作为阿尼姆斯形象的英雄，是替代意识个体而发挥作用的；这也就是说，他所做的都是主体应该、能够、喜欢去做但没有做的事情。所有这些事情原本可以发生在意识生活中，但没有发生，而是发生在了无意识中并且常常以投射的方式表现出来。Chi-wan-to-pel被特征化为英雄，这是一个为了寻找自己心灵伴侣而远离家乡、远离祖先之家的英雄。因此，他代表着应该发生的事件的正常过程。但这一切却作为幻想中的形象出现这一事实，说明作者在这些事件方面做得太少。因此，幻想中发生的事情乃是对意识心灵的情境或态度的一种补偿。这也是很多梦中的规划。

470 米勒小姐的无意识里正在发生什么？那是一场为心理独立而展开的战斗！我们对这一问题的猜测是何等正确。关于这点，米勒小姐的评论表明，英雄与其父亲之家的分离，使她想起了年轻的释迦牟尼，毅然抛弃了家中的一切荣华富贵，投身于广大的世界去寻求完美的生命意义。[1]佛祖和基督一样，做出了同样的英勇表率，弃绝了自己的家庭与家人，甚至说出了

---

1 见何露斯对伊西斯亵渎神明的攻击，这着实吓坏了普鲁塔克（*De Iside et Osiride*, trans. by Babbitt, V, pp.48—49）："如果他们持有那种观点，并认同这些被祝福的和不朽的传言（这与我们的神必须被陷害的内容相一致），似乎这种行为和事件真的发生了，那么'真的需要吐口水并漱口'，像埃斯库罗斯做的那样。"

下面的激烈言辞(《马太福音》10：34)：

> 不要以为我来是让地上太平：我来并不是让地上太平，而是让你们动刀兵。
>
> 我来是想让男人与父亲生疏，女儿与母亲生疏，媳妇与婆婆生疏。
>
> 人的仇敌就是与自己一家的人。
>
> 爱父母胜过爱我的，配不上我……

471 何露斯从他母亲头上夺走了她的头饰——那是她权力的象征。尼采说过：

> 我们必须假定在“自由精神”的理想中有一颗心灵能够成长至成熟和完美，并且在一些伟大的解放行动中这颗成熟和完美的心灵已经历了它的致命性危机。在此之前，它曾是一种精神束缚，显然永远被捆绑在它的角落和柱子上。什么样的绑绳最牢不可破？对于一个优秀的男人及其选择类型而言，就是责任的束缚：年轻人应有的对所有由来已久的和有价值的事物的崇敬、尊重和敬畏，对生养自己的土地、对牵引自己成长的手、对自己初学祈祷的圣地的感恩之心——他们所经历的这些情感体验的巅峰时刻恰是把他们最牢固地合为一体的纽带，这使他们处于最持久地承

担责任的状态之中。他们置于最持久的责任之下。大解脱突如其来地降临到那些被如此束缚着的人身上……伟大的解脱突然释放了那些就这样被束缚着的人们……

“与其活在这个地方，还不如死了好！”那充满诱惑的、专横的声音说道；而这里所说的“这个地方”，这种“家的感觉”，却是迄今为止灵魂一直热爱的地方！对自己钟爱的地方产生一种突发的恐惧和不信任，对所谓的“责任”突然闪现出轻蔑的态度，一种反叛、任性、想去远行的像火山一样爆发的欲望、陌生、疏远、冷淡、希望幻灭、死气沉沉；对爱的仇视，或许还有一种亵渎神灵的想法，回过头去看看自己曾经崇拜并一直热爱到那时的一切，对自己已经做下的事情或许会有一丝羞愧，但同时对自己所做的一切，内心里又满溢着得意的感觉，一种令人陶醉的充满愉悦的兴奋，这兴奋标志着他的胜利——在什么上获得了胜利？到底是谁获得了胜利？尽管如此，对于一个被捆绑了如此之久的年轻人来说，毕竟是第一次的胜利。上面提及过的不幸和痛苦的事情，组成了这种伟大的解放的历史。它们就像一场疾病一样，可以轻易地摧毁一个人的意志，这是第一次的力量爆发，也是意志的第一次自我解放。[1]

---

1 *Human, All Too Human*, trans. by Zimmern and Cohn, II, pp.4f.，修订版。

472　这里的危险，如同尼采所看到的一样，正在于自我内部的隔离：

> 他被孤独层层地环绕和包围，不断地感受到威胁、压抑，令心灵窒息。那可怕的女神，贪婪的、充满噬欲的母性。[1]

473　孤独的、极不情愿地离开了"母亲"的力比多，变成了一条极具威胁的蛇（那是死亡和恐惧的象征），因为他与母亲的关系，他必须切断这种关系、让这种关系必须死亡，这几乎就和他自己死掉一样。就是说，这种分离的剧痛和母子间纽带的牢固程度是相当的；最初形成的纽带越是牢固，"母亲"伪装成无意识接近他的危险就越大。这确实是那个贪婪的、充满欲望的残忍的母性以另一种形式威胁着要吞噬那个曾经的逃亡者（请注意其中蛇的象征意义）。

474　现在，对于在更普遍的模式上影响她幻想的一些事情，米勒小姐为我们提供了一份更加深入的、可供参考的材料，也就是朗费罗的伟大叙事史诗《海华沙之歌》。[2]我的读者必定无

---

1 *Human, All Too Human*, trans. by Zimmern and Cohn, II, p.6.

2 ［1855年出版。基于北美印第安人的传说，其来源主要是亨利·罗威·斯库尔科拉夫特，一位研究北美印第安人人类学的先驱。从历史学上来说，海华沙是16世纪伊洛魁族印第安人的一位首领，但是这首诗的术语学和传说材料是亚尔冈京语的。（Cf. *Standard Dictionary of Folklore*, s.v. "Hiawatha".）——英编注］

数次地感到不解：为什么我总是频繁地引证一些显然是令读者感到十分生僻的材料进行比照，并且如此用力地扩展米勒小姐作品的基础？读者也一定有所疑惑：基于这样一个缺乏民众意见的基础，我就展开这样一个关于幻想的神话基础的本质讨论这样做是否正确？读者会说，我们未能从米勒小姐的幻想背后找到任何相关的内容。我需要特别强调，这些比照在我看来其实也相当冒险。在这个案例中，我至少还有一个借口：米勒小姐称她自己是她幻想内容的来源。只要我们紧紧围绕这条线索，我们的研究就不会偏离太远。我们从病人那里获得的信息很少是完整的。我们从记下来的信息中要发现哪些观点是我们自己的和哪些是来自病人的并不容易。不过，尽管内隐记忆的例子十分常见，但极有可能，我们头脑中的所有观念并非都是来自个体所获。那些说不清来源的观念不一定就都属于内隐记忆吧？人的观念的形成方法及其在记忆中的排序方法被认为是相当不同的两个过程或结果。此类事情能够毫无疑问地被掌握并在事后记住，这种需要并非总是在个案中，不管怎么说，由于人类心灵具有普遍的、典型的功能模式，这种心理的功能模式对应于生理的“行为模式”。然而情况并非绝对，因为人类的头脑拥有一些与生理“行为模式”相对应的普遍而典型的功能模式。这些固有的、与生俱来的模式（原型）能够令具有相当差异的个体产生很多观念及观念组合，这些观念实际上是完全相同的事物，并且没有哪个个体能对这些观念的起源担负责任。比如，在精神病患者身上，许多在患者本人和其亲友看来都显得极其古怪的想法和意象，在精神病学专家这里却相当熟悉。因为它们的主题类似于某些基本的神话主题。无论走到哪里，由于人类心理的基本结构大同小异，这使我们有可能把那些看似相当个人化的梦的主题与来源于任何文化的神话进行比较。基于以上原因，我才毫不犹豫地在美洲印第安神话与现代美国人心灵间进行比较。

475 在我探究到此处之前，我从未读过《海华沙之歌》，为满足写作本书的需要我才算补上了这一课。这首集印第安神话之大成的诗歌，由于蕴含着异常丰富的神话主题，令人满意地印证了我之前的思考是如何地正确。这个事实应当有助于我们认识米勒幻想中所包含的丰富联想。因此，我们理所当然地应对这首史诗的内容进行一番更细致的考察。

476 那瓦达哈（Nawadaha）吟诵着人类的朋友海华沙：[1]

> 在那儿，他为海华沙歌唱，
> 唱着那首《海华沙之歌》，
> 唱他神奇的诞生和生平，
> 唱他如何祈祷，如何斋戒，

---

1 关于“朋友”这一主题，见我的论文“Concerning Rebirth”（Swiss edn., pp.53f.）。

如何为了人类部落的繁荣昌盛，
历尽艰辛、承受磨难，
以激励人们向前。

477 这里的英雄，作为一个象征性人物形象，以其令人惊异和爱慕之心吸引着力比多朝向自身，其目的意义就是为了把神话的象征桥梁导向更高的价值，我们期待已经为此做出了一些努力。在这里，我们很快就结识了海华沙这个救世英雄，并且准备好倾听一个人们常常听说的救世英雄的救世故事：神奇的诞生，年轻时代的超凡壮举，以及最终为拯救同胞而献身。长诗的第一章以“福音”为开端，讲述“生命的主宰”吉谢·曼尼托（Gitche Manito）厌倦了其人类子孙的争吵，把子民们召集到一起，向他们宣告一个特大喜讯：

我将送给你们一位先知，
一位民族的拯救者，
他将引导你们，教诲你们，
与你们一道历经艰辛和承受痛苦。
如果你们肯听他的劝告，
你们就会多子多福、繁荣昌盛；
如果你们不听他的劝言，
你们将会渐渐消失和灭亡。

478　大神吉谢·曼尼托，“万民的创造者”，[1]昂首挺立在“伟大的红烟斗石（Red Pipestone）采石场”上：

> 一条河水从他的脚下流过，
> 明媚的晨光跃入小河，
> 历经悬崖峭壁飞泻而下，
> 闪光一现，好似彗星伊西柯达。

479　这个形象在埃及的科普特人（Coptic）的基督教观念中有着类似的表达。在《圣约翰和圣母经》（*Mysteries of Saint John and the Holy Virgin*）中我们读到：

> ［基路伯］回答并对我说：“你可看见那天父脚下之水？天父若一抬脚，水即泛滥；不过，天父令水泛滥之时，即人类冒犯天父之时。因人的罪孽深重，他习惯于让土地里的果实匮乏。”[2]
>
> 这里的“水”是指尼罗河，埃及土地的富饶全然依仗着这条河流。

1　吉谢·曼尼托的形象可被视为一种原始人（人类学）。

2　Budge, *Coptic Apocrypha in the Dialect of Upper Egypt*, p.243.

480 具有多产、丰饶象征意义的不仅仅是脚部本身，这种含义似乎延伸到了脚部的动作：踩踏。我观察到，普韦布洛族印第安人有一种“踏地”舞步，就是持续地用足跟大力击地：“我们用那无拘无束的双脚叩击大地。”[1]在前文中我曾提到过，开纽斯神“以挺直的腿脚劈裂了大地”，降入到地底深处。浮士德也是跺脚入地，进入玄牝之域的：“跺脚即下沉，跺脚又升起！”[2]

481 吞日神话中的英雄通常会踏、踢怪物的咽喉。北欧神话中的雷神托尔（Thor）在与怪兽搏斗时，一跺脚踩通船底，直踏到海底。力比多的退行使得舞步中仪式性的踏地动作宛如婴儿期“蹬踹”动作的重演。后一种动作以母亲为相关对象，并伴随愉悦感，再现了婴儿在母亲子宫内重复过的活动。脚和脚的踩踏动作都被赋予了某种与阳具相关的象征含义，[3]或是重归子宫的含义。正因如此，这种舞蹈的节奏便能把舞者带入无意识状态。这一点无论是在土耳其旋舞的舞者还是其他一些原始舞蹈的舞者身上都得到了证实。自吉谢·曼尼托脚下流出的河水曾被比作一颗彗星，这意味着它是一个具有光或力比多意象的象征物，代表着能带来丰饶的水（精液）。洪堡曾在《宇宙》（*Cosmos*）[4]一书的注解中提到：一些南美印第安人部落

1 ［Horace, *Odes*, I, xxxvii, 1—2.］

2 ［Cf. MacNeice trans., p.179.］

3 证据见 Aigremont, *Fuss-und Schuhsymbolik*。

4 Humboldt, *Cosmos*, I, p.99, n.

把流星叫作“星星的小便”。另外值得一提的是，吉谢·曼尼托还是一个点火者：他用力向森林吹气，树木彼此剧烈摩擦，便爆出了火苗。因此，这位大神本身也是一个力比多的象征物，因为他不仅带来了水，而且带来了火。

482 在上述序幕之后，长诗的第二篇介绍了主人公的出身来历。他的父亲，伟大的勇士麦基凯威斯（Mudjekeewis），以偷袭的方式战胜了山中的一头大熊——“令各族人闻风丧胆的家伙”，并偷得了它的有魔力的“珠宝带”——一种用贝壳编成的印第安腰带。在此，我们又遇到了“难以获得的宝物”这一主题，英雄与怪物搏斗，夺得了宝物。大熊的“神秘”喻义通过诗人的比喻被揭示出来——麦基凯威斯夺得珠宝带之后，朝着大熊的脑袋猛击一棍：

> 随着那棍棒的沉重一击，
> 那头熊挣扎着想站起；
> 怎奈何双膝发抖，
> 呜咽声酷似女人。

483 麦基凯威斯嘲笑它说：

> 你不必这样，像一个苦命的娘们
> 如此哭泣和哀怨……

你是一只大熊！再坐在这里只顾着哭，
就会用眼泪玷污了你的同族。
——一个可怜的胆小鬼，
像一个怯懦的婆姨！

484 这里，诗人在同一页上连续三次把大熊比作女人。麦基凯威斯所杀的，是他自身人格的女性面即阿尼玛形象，它的第一个承载者是母亲。他像一位真正的英雄那样，从死亡的巨颚中、从吞噬一切的可怕母亲那里夺回了生命。正如我们已经见过的，这一壮举亦被描绘成地狱之旅、夜行航海，还有身处怪物腹中战胜怪物，也同时象征着进入母亲的子宫，这种重生在麦基凯威斯身上带来了十分显著的结果：正如佐西莫斯所见的幻象一般，这位重生者最终化身为气。风的呼吸或曰精气：麦基凯威斯变成了西风，沐浴大地的丰饶的风，它乃众风之父。其他几位风神都由他的儿子们担任。接下来的一段间奏曲介绍了这些风神和他们各自的情事，这里我只说一说东风瓦本（Wabun）的故事，因为关于他的恋爱在诗中描述得格外生动形象。每天清晨，他都能在草地上看到一位美丽的姑娘，他热切地追求着她：

每天早晨，当他向大地凝视，
他看到的第一件事情，

依然是她那双蓝蓝的眼睛在朝他相望。
宛如两簇细灯芯草中的两湾湖水。

485 在这里，湖水的比喻十分相关，因为人的重生正是由“风和水”而来。

他轻柔地爱抚着向她求爱，
送上他那灿烂的笑容，
大献殷勤的蜜语，
还有他的思念，他的歌唱，
在青枝绿叶间的轻声细语，
轻柔的音乐和最甜美的气息。

486 在这里，诗人用节奏明快的拟声法将风的柔情蜜意美妙地展现出来。[1]

487 诗的第三章描写的是海华沙出生前的事情，关于他的两位母亲的故事。诗中告诉我们，他的祖母瑙柯米做女孩儿时生活在月亮之上。那天，她正在荡着葡萄藤的秋千，一个嫉妒的情敌剪断了葡萄藤，于是瑙柯米便落到了地上。那些看见她坠落

1 在密特拉教的礼拜仪式中，精神的呼吸来自太阳，大概来自“太阳—管”。《梨俱吠陀》中有相似的思想，其中太阳被称为“独脚的”。亚美尼亚祈祷文中，太阳可能把它的脚放在崇拜者的脸上休息。Abeghian, *Der armenische Volksglaube*, p.43.

的人，还以为天空掠过了一颗流星呢。随着诗的进展，瑙柯米的奇妙出身得到了进一步的说明。小海华沙问他的祖母，月亮到底是什么？祖母对他说，有一个好战的勇士，在大发雷霆之际把自己的祖母抛上天空，从此她就待在那里成了月亮（见图32）。[1]古时候的人们相信，月亮是离去的灵魂聚集的地方（见图31），[2]是种子的守护神，因此是一个具有女性特质的生命之源。令人称奇的是，瑙柯米落到地上的时候，生下了一个女儿，起名叫文瑙娜，她后来成为海华沙的母亲。母亲被抛起、下落与经受产痛，这种情形似乎具有十足的典型性。有一则17世纪的逸闻，说有一头发狂的公牛把一名孕妇抛得“足足有房子那么高”，落下来时她的腹部被挑开，婴儿掉落在地面，居然毫发无损。这个神奇降世的婴儿，按理说应当成长为一个英雄或奇迹制造者，可惜他未成人便夭折了。土著人普遍相信，太阳是女性，月亮是男性。南非纳马瓜·霍腾托茨（Namaqua Hottentots）部落的土著人认为，太阳是由清亮的猪油构成的。

---

1 ［图中所描述的海达族神话基于一位女性的讲述。她冒犯了月亮，随后被驱逐了，她抓着水桶和浆果灌木，试图自救。Cf. Swanton, *Ethnology of the Haida*, p.142.——英编注］

2 Firmicus Maternus（*Matheseos libri octo*, I, 5, 9, in edn. of Kroll, etc., pp.16—17）：“通常认为灵魂通过太阳之星盘而下落，但其上升则是通过月亮之星盘而准备。Lydus（*De mensibus*, IV, 1, 2, in Wunsch edn., p.66）报道了教皇的言论，即雅努斯（古罗马两面神）“将占卜者的灵魂遣送至月球”。Epiphanius（*Adversus octoginta haereses*, LXVI, 52）：“月亮的星盘充满了灵魂。”异国传说中也是如此。Cf. Frobenius, Zeitalter, pp.352ff.

传说中讲:“那些乘船远航者,每天傍晚用魔法将它从天空中拉下来,割下一大块之后,又把它踢回天上。”[1]人在婴儿时期,食物来源于母亲。诺斯替秘教幻想中,有一则关于人类起源的传说,或许与我们的话题有一定的相关性。其中讲到,女性的神主(archon)必须升上天穹,但由于天穹的飞快旋转,使她们孕育的婴孩无法留在体内,于是婴孩们掉到地面,在这里长成了人类(某些野蛮的助产方法也可能与此有关:人们把分娩中的女人抛起或从高处扔下,让其摔落到地面)。对母亲的攻击从麦基凯威斯的故事开始,在祖母瑙柯米遭受的粗暴对待中得以延续——由于葡萄藤被割断,她跌落到地面上,在这一过程中,她似乎以某种方式怀了孕。正如我们已经了解的,“揪住树枝”的动作暗示着对乱伦禁忌的违犯。人们传唱的“在萨克森,漂亮姑娘长在树上”那首歌,以及“偷来的果子最甜”这样的俗语,都带有类似的意思。瑙柯米的坠落与海涅诗中的意象好有一比:

一颗星,一颗星,
从它闪烁的天空坠落!
我望着它,那是一颗爱之星,
却陨落并消失在漆黑的夜里。

1 Waitz, *Anthropologie der Naturvölker*, II, p.342.

在许多棵苹果树下，
树叶和蓓蕾纷纷飘零；
我看到兴高采烈的微风，
拥抱着他们纵情地嬉戏。[1]

图31. 月亮作为灵魂的住所
公元前1世纪，卡尔西登宝石

图32. 月亮中的女人
美国西北部，印第安人，图腾

1 Trans. by Untermeyer, p.78.

488　　后来，文瑙娜被柔情的西风所追求，并由此怀上了身孕。作为一位年轻的月亮女神，她就像月光一样美丽。瑙柯米曾经告诫她，被麦基凯威斯追求是危险的，但文瑙娜还是任着自己恋上了西风，并且由他的气息而受孕，生下了一个儿子，那就是我们的主人公：

> 晚上，西风来了……
> 他发现了美丽的文瑙娜
> 躺在百合花丛中。
> 他用甜言蜜语向她求爱，
> 还轻柔地把她抚弄。
> 直到她在悲伤中生下一个儿子，
> 那是爱和悲伤的结晶。

489　　此处的星星或彗星显然属于生育的场景；瑙柯米也是作为坠落的星星来到地面的。莫里克（Morike）的诗中同样描绘了一幅因神受孕的幻想图景：

> 她孕育了我，
> 供我食物和衣裳，
> 一个棕色皮肤的野姑娘。
> 任何男人她都看不上。

她挖苦他们、高声嘲笑，
不让任何一个追求者贴近身旁。
“我宁愿嫁给风做它的新娘，
也不要任何男人成为我的新郎。”

风儿真的来临，把她紧紧抱住，
她，成了他的俘虏，沉醉在风的爱中。
看！他将一个快乐的孩子
种在了她的子宫中。[1]

490 在佛祖释迦牟尼神奇诞生的故事里，也蕴含着同样的观念。埃德温·阿诺德爵士这样写道：

王后摩耶夫人……
做了一个奇异的梦；梦见天上有一颗星星——
放射出六道光芒，色如玫瑰色珍珠
似乎有一个标志是一头大象，
生有六根象鼻，通体洁白，犹如卡玛德亨努的牛奶。
这星儿掠过天空，照进她身，

1 ［如Hinkle edn. (1916), pp.254f。］

从右上方进入她的子宫。[1]

491　怀孕时，

微风吹过，

从未有过的清新轻拂海洋和大地。

492　孩子出世后，东、西、南、北四方风的精灵全都赶来为他抬轿（可比照耶稣诞生时，三位智者前来参拜他的故事）。除了来自星星和风的授精，来自兽形象征物的授精更使故事的象征意义变得完满，作为菩萨（Bodhisattva）化身的大象成了佛祖释迦牟尼的父亲。在基督教画面语言中，用独角兽和鸽子来象征具有赋生能力的神的话语或圣灵。[2]

493　说到此处，我们可能会问，为什么英雄的诞生总是这么非同一般？一个英雄也可能以普通的方式出生，在平凡的家庭环境下成长，克服无数艰难险阻，成就一番大业，难道不是吗（这个主题在历代英雄的神话中也不少见）？然而，一般说来，凡是英雄，多半有着奇异的身世来源。他的非凡的赋生和降世也是英雄神话中传奇的一部分。为什么会这样呢？

1　*The Light of Asia*, Book, I, p.2. 其中展示了大象的象牙穿透了玛雅的身体。根据一个中世纪传统，玛利亚是通过耳朵怀上耶稣的。

2　Cf. *Psychology and Alchemy*, pars. 518ff.

494 这个问题的答案如下：英雄的出生之所以不同于凡人，是因为他的出生来自母亲—妻子的再次重生。这也是英雄为什么通常会拥有两个母亲的原因。正如兰克[1]以丰富的例证所阐释的，神话英雄被亲生母亲生出后往往面临孤立无援的境地，后来由养父母抚育长大。这样，他就有了两个母亲。海格力斯和天后赫拉之间的关系就是一个极好的例子。在海华沙的史诗中，文瑙娜生下海华沙之后就死了，祖母瑙柯米代替了她的位置；[2]释迦牟尼也是由养母抚育长大的。有时候，英雄的养母是一种动物，比如哺育了罗慕路斯和雷姆斯兄弟的那头母狼。双重母亲的主题可能被双重出生的主题所代替，后一主题在许多宗教中都获得了崇高的地位。例如，我们已经知道，在基督教义里，洗礼代表着重生。人并不仅仅在通常意义上出生，还以神秘的方式得到重生，从而分享了神性。任何一个以这种方式得到重生的人，都成了英雄，一种半神的存在。因而，基督在十字架上的救赎之死便被理解为一次"洗礼"，也就是说，通过第二位母亲获得重生，而死亡之树就是第二位母亲的象征。基督亲口说道："我有一个应当接受的洗礼尚未完成，我是何等的窘迫啊！"（《路加福音》第12章第50节）也正是出于这个原因，他才以"产痛"来象征性地表达自己临死时的痛苦。

1 *The Myth of the Birth of the Hero*.

2 母亲早死，或者与母亲分离，是英雄神话中至关重要的一部分。这一思想在天鹅处女的神话中也多有表达，孩子出生之后她再次飞走，她的目标实现了。

495 双重母亲的主题暗含着双重出生的观念。一个母亲是真实的、人间的母亲；第二个母亲是象征意义上的母亲。换句话说，她是神圣的、超自然的，或者在某个方面不平凡的。她也可能以兽形出现。在某些情况下，她具备更多的人类因素：这里我们所讨论的是原型观念投射在周遭环境中的个人身上的情形，这通常会令情况复杂化。譬如，重生象征比较容易投射到继母或岳母的身上（当然是在无意识中），正如从岳母那方面讲，她发现自己通常很难不像古老的神话中那样把女婿当成自己的儿子—情人。这一母题有着无数的变体，特别是当我们在集体神话因素中掺入个体因素的时候。

496 源自两个母亲的人就是英雄：第一次出生令他成为一个凡人；第二次出生令他成为不朽的半神。这就是这位英雄诞生故事里所有暗示的指向所在。海华沙的父亲先是征服了可怕的大熊所象征的母亲；[1]接着，化身为神后，他又成为英雄之父。海华沙这位英雄应该做些什么，是在瑙柯米给他讲月亮起源故事的时候暗示给他的：他要将自己的母亲抛上天空，在那里她将怀上身孕，生下一个女儿。这位重获青春的母亲，按照埃及的神话幻想，将以女儿—妻子的身份被送给太阳神——“他母亲的父亲”，以达到自我繁衍的目的。我们将很快看到

1 熊与阿耳忒弥斯（月亮与狩猎女神）相联系，因此它是一种“女性”动物。Cf. *Gallo-Roman Dea Artio*（pl.Lb），和我的“Psychological Aspects of the Kore” (1950/1951 edn., pp.234f.)。

海华沙在这方面的所作所为。上面我们已经考察了近东神祇们的死亡和复活行为。关于基督的先存性，就我们所知，圣约翰撰写的《福音书》是该观念的最好见证。只要想一想施洗约翰的话我们就明白了："那在我以后来的，反成了在我以前的，因他本来在我以前。"（《约翰福音》第1章第30节）此外，《约翰福音》的开篇也同样意义深远："太初有道，道与神同在，道就是神。这道太初与神同在。万物是借着他造的，凡被造的，没有一样不是借着他造的。" 接下来的宣言是关于光、关于初升的太阳的——它是先前的，并将永远在。在比萨（Pisa）的洗礼池中，基督以给人类带来了生命之树的形象呈现，他的头部被日晕所环绕。在这尊浮雕之上，镌着 "INTROITUS SOLIS" 的字样。

497 由于重生者是一个人自我的继承，因此关于他如何被赋生的故事从来都是被蒙上一层奇异的象征性事件的面纱，时隐时现、半遮半掩。与之相当符合的是，关于童贞概念的非凡论断。超自然受孕的观念当然可被视为一种形而上的抽象事实；但在心理学意义上，它告诉我们，某种无意识内容（"孩子"）已经生成，无须常规意义上的人类父亲（意识）为其赋生。它还告诉我们，恰恰相反，有些神已经受生（begtten）了儿子，并且更进一步，这孩子与他的父亲一模一样，如果用心理学的语言来说，意思就是指一个中心原型（神的意象或上帝意象）重生了他自己，以一种可被意识知觉的方式转化成了 "人体"。"母亲" 对应于 "原始的生命"（少女时期的阿尼玛），它尚未朝向外部世界，也还没有受到外部世界的影响而堕落。她宁愿朝向“内在的太阳”，即超越整体的原型——自性。[1]

498 与来自无意识海洋的英雄的诞生和重生之神的故事相吻合的是，海华沙的童年是在水陆之间度过的，他生活在大湖的岸边：

在吉彻·古米湖之滨，
靠近银光闪闪的湖面，
伫立着瑙柯米
——月亮之神的女儿的神舍。
神舍背后是黝黑的森林，
还高耸着暗沉忧郁的松柏，
上面缀满锥体形的冷杉；
神舍前一片明光照在水上，
照得水中无比清澈并碧波荡漾，
照得湖面到处闪放银光。

499 在这样的环境里，小海华沙由祖母瑙柯米抚养长大。在这里，她教他说出第一句话，给他讲了平生听到的第一个神话故事，而这一切又与来自大海洋的水声和来自森林的树声融化在

1 Cf. Layard, “The Incest Taboo and the Virgin Archetype” , pp.254ff.

一起。因此，这个孩子不仅学会了人类的语言，还能听懂大自然的心声：

夏日的黄昏，
小海华沙坐在神舍门口，
听着那松树哗哗作响，
听着那水浪的柔声细语。
音乐般的声调，奇妙的语言，
松树们对水说："米尼—哇哇！"（"Minne-wawa!"）
湖水对松树说："木达未—奥斯卡！"（"Mudway-aushka!"）

500 海华沙能从大自然的声音中听出人类的对话；因此，他理解自然的语言。风说："哇哇。"鹅叫时"哇哇"。还有那只为他催眠的小萤火虫儿，它的名字叫作"哇—哇—达伊茜"。为此，诗人描绘了外在的自然渐渐进入主观世界的过程，以及作为第一客体的母亲与第二客体的自然的渐趋混淆：孩子咿呀学语的第一句话是对母亲说的，他听懂的第一个声音也是母亲教的；随着时间的流逝，自然在不知不觉中篡夺了母亲的地位，在她怀里，我们能听到最初从母亲那里听来的声音，而长大成人之后的我们也在对自然母亲的热爱当中重新发现了孩提时对母亲的满腔眷恋之情。作为其结果，敏感、开化的人无论是在泛神论意义上还是在审美意义上都与自然融为一体，[1]以回顾的眼光看来，这乃是与母亲的重新融合。母亲是我们生命中的第一个客体，只有与她合为一体，我们才能成为更真实和更完整的人。她是我们第一个处在客体的体验对象，同时也是我们的第一个内在客体。从我们的内在世界里，浮现出一个意象，它显然是外在的母亲形象的反映，却远比这个外在的母亲形象更古老，更原始，也更加永恒——这位母亲可以换回一个青春不老的少女柯尔（Kore），可以换回一个永远年轻的形象。这就是阿尼玛，集体无意识的人格化身。因此，当我们看到上述的古老意象在现代哲学家卡尔·约珥（Karl Joël）那画一般生动的语言中再度复活，也就不至于感到惊奇了：它们象征着人与母亲的融合，以及无意识中主体与客体的合而为一。约珥是这样描绘“原始经验”（Primal Experience）的：[2]

我躺在海岸边，在我梦幻般的视线里，海水一片湛蓝，

---

1 Karl Joël（*Seele und Welt*, pp.153f.）说道：“生活并非因艺术家和先知而减少，而是增强。他们是我们在失乐园中的指导者，只有通过重新发现，它才能重新成为天堂。它并非艺术家们所争取的那种古老的、无意义的统一体（unity），而是一种感觉到的综合体；并非空泛的统一体，而是充实的统一体；并非中立的同一性，而是经由分化而获得的同一性……生命就是失衡和追求重获平衡的过程。我们在宗教和艺术中发现了这一点。”

2 “原始经验”指的是最初人类在主体和客体上的分化，最初的意识客体化没有任何与其自我相对抗的人类动物性的内在分工，这在心理学意义上是非凡的——这正是其将自身从自然的统一体中分离出来的方法手段。

闪着粼光；远处轻风微风在吹；层层波浪涌起，海浪带着它沉重的流动声，撞击、拍打成水沫，微波颤颤、无精打采地拍击着海岸——还是拍打着我的耳鼓？我分辨不出。远处、近处的声音模糊成一片；外物和内心合为一体。听着海浪的拍击，在耳边响得越来越近，越来越轻柔，犹如一种到家的感觉；就在此刻，一个异乎寻常的脉冲，经过我的头，流进我的灵魂，然后把它包裹起来，溢满全身。同时，我的灵魂也好像碧海里溢出的水漂浮着要出来，外在与内在浑然一体。所有进入各个感官的交响声渐渐消失，取而代之以一种和鸣，此刻所有的感觉都融化为一，这种感觉满是浓浓的情意；世界终止于灵魂，灵魂融化在世界里。我们微不足道的生命沉睡在梦里。沉睡在我们的摇篮里，沉睡在我们的坟墓里，从清晨出发，到黄昏回家，我们周而复始地沉睡在家中；生命是一次短暂的朝圣之旅，是从最原初的太乙再到沉回其中的一段距离。无边无际的大海闪烁着片片粼光，在这里，我们的思想里一直都通过远古的记忆渗透着关于原始存在的水母的梦想。因为，每一种经验都必经变化，它必须对个体生命有所担保。那一时刻（当经验者从变幻的经验、从随波逐流的状态中抬起头的时候，他们依旧盲目、辛苦）他们便不再是一体。当人们想在这些变化中表现得超然并有点像外星人那样把控变化的时候——就在这一内部变得疏远的时刻，经验的两个方面便被实体化为主体和客体，也就在这个时候，意识产生了。[1]

501 这里，约珥采用极易让人理解的象征手法，把主体和客体的融合描绘为母亲和孩子的重新合一。他所使用的象征，和神话中的象征毫无二致，即使是他们的细节之处也是如此。文中明显暗喻了缠绕和吞噬的主题。大海吞噬了太阳，然后再给予它新的生命——这是我们早已熟识的一个主题。当意识萌发的那一时刻（主体与客体分离之时）确确实实是一次诞生。尽管那时哲学的思考还羽翼未丰，只能用寥寥几语表达为数不多的原始形象，但它却是一种超越，这种再简单不过的壮美没有思想可以跨越。水母的意象的出现在这里也绝非偶然，曾经有一次，我向一位患者解释水的母性意义的时候，在触及她母性情结的那一刻，她体会到一种非常讨厌的感觉。“它让我浑身不舒服，”她说，“就像我触碰到了一只水母。”人出生之前和死亡之后就是那种美好的状态，正如约珥所观察到的，恰如一种我们对毫无戒备的童年早期的古老的朦胧记忆。那时候，还没有任何对立的力量来挠动那种平静流淌着的睡眠生活。内心的渴望一次次把我们拽回，但现实的生活却总是要进行拼死的斗争，从而打破这份自由，唯恐它陷入睡眠的状态。在约珥前

1 *Seele und Welt.*

很久，就有一位印第安酋长，曾经用同样的话对一个焦躁不安的白人表达了同样的意思。他说："啊，兄弟，你将永远也体会不到那种一无所思、一无所事的幸福。这是生命中最令人愉快的一件事，那就是接近睡眠的状态。我们出生以前就是这个状态，死后也将重归这个状态。"[1]

502 我们将从海华沙后来的命运中看到，童年早期的印象对于他日后的择妻是多么重要。海华沙的第一个行动是用他的箭射死了一头雄獐：

> 死后的雄獐躺在森林里，
> 靠近对岸河边的浅滩……

503 这种情形在海华沙的行动中是具有代表性的。凡是被他杀死之物，通常都是倒在水边或是水里，更有意义的是一半在水中一半在陆地。[2]他接下来的历险将帮助我们理解这种情形。进一步看，他所射杀的那头雄獐并非普通动物，而是一种具有无意识（即象征）意义的神奇动物。海华沙用獐皮为自己做了一副手套和一双皮鞋：戴上这副手套，他的双臂就变得

---

1 Crèvecoeur, *Voyage dans la haute Pensylvanie*, I, p.362. 我从一位普韦布洛印第安人首领那里听到许多同样的事情，他告诉我美国人都疯了，因为他们是那么的焦躁不安。

2 希腊（和瑞士）神话中的龙也生活在泉水或其他水源附近，它们通常是水源的守护者。这与"浅滩边的搏斗"这一主题有关。

力大无比，可以把岩石粉碎成尘埃；而那双鞋则具有童话里的“七里靴”的功效，能令他行走如飞。他又用獐皮把自己裹上，立时变成了一个巨人。因此，那头被他射死在浅滩附近的雄獐[1]实际上是个“医师类动物”，它是一个魔术师改变形状后的兽形化身，或者说是一个有魔法的生命——它是一个象征，也就是说，它指向“动物”和诸如此类具有无意识能量的生命。这就是为什么它会被杀死在浅滩，即水与陆地的交界、意识与无意识的交界处。这头动物代表着人的无意识，而后者作为意识的母体，具有母性意义。这种母性意义有助于解释为什么有时候母亲也通过熊来表达。所有动物都属于大母神，杀死任何野生动物都是对母亲的不敬。就像母亲相对于小孩子来说显得像巨人，原型大母神自然具有比巨人还硕大的特征，这就是大母神的本质。能够成功杀死一头“具有魔法的”动物（动物母亲的象征性的典型）的人，就能够从她的巨能中获得一些魔力。传说中把这点表述为：英雄穿上这些动物的兽皮，动物以此方式便可以获得重生。在阿兹特克的人祭中，罪犯们扮演着神的角色：他们被宰杀并剥掉皮后，祭司们把血淋淋的人皮披在身上，以象征诸神的重生和更新。[2]

1　这里我们可以奋力跨越水流，即我们上面所说的包围和吞噬主题。在梦中，河水作为一个障碍似乎象征着母亲，或者是力比多的一种退行。穿越河流意味着克服障碍，即母亲意味着男人渴求睡眠或死亡之状态的象征。见我的“On the Psychology of the Unconscious”，p.87。

2　在泉水中填充公牛的习俗，牧神节、农神节等节日也是如此。

504 因此可以说，海华沙杀死了平生第一只雄鹿，就等于杀死了无意识的象征性代表，即动物本性在他自己身上神秘参与的部分，由此获得了巨大的能量。现在，他航海前去与他的父亲麦基凯威斯决战，为他的母亲文瑙娜复仇（比照吉尔伽美什与巨兽霍姆巴巴搏斗的故事）。在这场战斗中，父亲也可以由某个必须被征服的具有魔法的动物来代表，但也同样可以由一个巨人、魔法师或邪恶的暴君来代表。加上必要的变更（Mutatis mutandis），这些动物可以被解读为“母亲”，就像那位“贪婪好嗜的母亲”一样，或者又像“那位把毒蛇放在丈夫必经之路上的温柔可爱的伊西斯”一样——简言之，他们可以被解读为专事吞噬和毁灭的“恐怖母亲”，因而象征着死亡本身[1]（记得我治疗过一位患者，是一位母亲，她用变态的爱和奉献把子女们始终与自己捆绑在一起。进入更年期后，她陷入了抑郁型精神病之中，在她的多次妄想状态中，她常看见自己就是一只动物，尤其是一只狼或一头猪，并伴有相应的行为动作：四肢着地奔跑，像狼一样嗥叫或像猪一样哼哼。在其精神病状态下，她使自己变成了吞噬一切的恐怖母亲的象征）。

505 无论如何，对于父母亲术语的解读，只是一种简单的讲

1 这一事实引导我的学生施皮尔莱恩博士发展出死—本能的思想，这一思想后来被弗洛伊德所采纳。在我看来，死—本能作为表示精神生活的“他者”本能（歌德），这并不成其为一个问题。

话方式或套语(facon de parler)而已。在现实生活中，这整出戏剧都发生在个体自身的心灵内部，在这里，“父母”根本就不是真正意义上的父母，而是父母的意象(imagos)：它们是父母的独特性和孩子的个体倾向相结合时所产生的结果的表现。[1]这些意象被一种同样从属于个体的能量所激活，并能以各种可变的方式发生变化。它源自本能层面，并以本能的方式表达自己。这种精神动力作用在梦中常以兽形的象征得以表现。充斥着我们梦中的所有那些狮子、公牛、狗和蛇都代表着一种尚未分化的、迄今为止仍未被人的意识所驯服的力比多，同时它也组成了人格的一部分，因此可以被恰如其分地称为类人猿心理或类似人的心理(anthropoid psyche)。和能量一样，力比多从不表现它自身，而只是以某种“力”的形式表现出来。也就是说，只是在一个确定的能量状态中表现为某种事物的形式，可以是移动身体表现为某种明确地处于精力充沛状态的事物，可以是身体的运动、化学能量或电子能量，等等。因此，力比多是与确定的形式或状态联系在一起的。它表现为各种冲动的强度、影响的程度和活动的强度等。但这些现象从来都是个人的，它们总是作为人格部分表现出来。情结也是一样，它们也同样像人格的

1　这一倾向的基本部分是一个“组织因素”的先验存在，即原型，其可被理解为在人之本质的整体性上起构建作用的天生的模式。小鸡并没有学习如何从蛋壳里面钻出来——它先验地掌握了这一知识。

部分一样行动。

506 正是人身上的这种类人猿心理，用不太适应文化的理性模式（或者只是非常不能令人满意地、极不情愿地）尽力对抗文化的发展。就仿佛它的力比多总在不断地向回撕拽着，力争要重返那种未驯服的野性的原始无意识状态。这条退行之路引着人回到童年时代，并且，不妨说，最终回归到了母体之中。这种怀旧的渴望之强烈，在《吉尔伽美什史诗》中通过恩奇都的形象得到了生动的展现，随着适应外界需求的增强，这种强烈的欲望变得令人越发难以忍受。对外适应的需求可能发自外部，也可能源于自身。假如这是一种“内源性”的需求，主要的困难并不在于外界的不良环境，而是更多地在于一种随着岁月流逝却似乎在不断增强的“主观”要求，在于内心里迄今为止仍处于隐蔽状态的“真实”人格的越来越强烈的显现。上述变化显然源于类人猿心理，而类人猿心理也是所有心理退行指向的目标和归宿；无论何时，只要人对外物的适应稍有犹豫，心理退行便立即启动——而当一个人完全达不到生活对他的要求时，那就更不消说了。

507 由于觉知到了这种情形的危险性，各种宗教和传统道德便与弗洛伊德理论联合起来，不断地贬低“心理退行”的价值，把它明显的目标（重返婴儿期）贬低为“幼儿期性欲”“乱伦”“子宫幻想”等。至此，理性必定会叫停，退行便不可能继续向前然后回归母亲的子宫。这时候，具体主义（concretism）上升简直就是白费力气；还有，来自世俗的道德谴责紧紧抓住退行倾向，试图通过各种手段贬低它以阻止这种在他们看来简直就该受天谴的做法，即回归母亲。更有片面注重“生理”倾向的弗洛伊德学派在暗中助阵。不过，任何超出个人意识之外的东西，都属于无意识范畴，因此都会以投射的方式显现出来；这就是说，有着退行要求的半动物心理（以其拼命的抗拒为特征）会在与母亲的对抗中表现出来，而相关的防御则从父亲身上可以看到。不管怎么说，投射绝非治疗；它只在表面上防止了冲突，同时在深层却引发了神经症，这些神经症允许他逃到病中。而这种方式，无异于魔王驱逐出了魔鬼。

508 与此相反，有益的治疗方法必须支持这种心理退行，直到抵达“出生之前”的阶段。我们必须牢记，所谓“母亲”其实只不过是个意象，一个心理形象，在它身上承载着多种多样而又十分重要的无意识内容。“母亲”作为阿尼玛原型的第一个化身，实际上是无意识总体的化身。因此，前面说的心理退行只是表面上回归到了母亲；实际上，她是通向无意识，通向“玄牝之域”的一道大门。任何涉足这一领域的人，都要把意识层面的自我人格交托给无意识的控制作用。否则，如果他感到自己误入此境不得脱身，或是被诱骗至此，就会拼命地反抗，即使这反抗将不可能使他脱离险境。因为，如果这种退行不受到任何干扰，它并不会终止于“母亲”，而是会继续回归，超越母亲进入出生之前的“永恒的女性”之领域，抵达那无法追忆的、充满各种可能的原型的远古世界，在那里，所有创造的意象星罗棋布，那个“神圣的孩子”仍在沉睡，他在耐心等待他的意识的觉醒。这个孩子就是“整体”的胚芽，同样地，他通过他独有的象征特征化了。

509 当约拿被巨鲸吞入腹中，他并不是简单地被困于那怪物腹内，而是像帕拉赛尔苏斯所告诉我们的那样：[1]见识了那里的“天大的奥秘”。这种观点可能来自《拉比·以利亚沙文萃》（*Pirkê de Rabbi Elieser*）这本书，其中写道：

> 约拿进入了巨鲸的口中，恰如一个人走进了一座宏伟的犹太教会堂，他站在那里。巨鲸的两只眼睛宛如两扇玻璃窗，为约拿照亮四周。拉比迈尔（R. Meir）说过：一颗珍珠悬挂于鱼腹之内，给约拿提供了照明，就像正午炽热的阳光一般明亮；并且它还为约拿照亮了海底深处的一切。[2]

510 在昏暗模糊的无意识中，静静隐藏着一个宝物，在我们很多的文本中或是其他很多地方也有谈到与此相同的“难以获得的宝物”。它被描述为“闪亮的珍珠”，或者，用帕拉赛尔苏

1 *Liber Azoth*, ed. by Sudhoff, XIV, p.576.

2 Trans. by Friedlander, ch.10, p.69.

斯的引述，描述为“秘密”，说它是秘密，是指它极其令人着迷。正是以上这些“精神”或“象征性”生命与生俱来的可能性及其发展的与生俱来的可能性，构成了心理退行的终极目标，尽管它是无意识的。作为一种无意识的表达手段，作为沟通意识与无意识的桥梁和指针，象征有助于我们预防力比多陷入对母亲实质的肉欲而无法自拔。再没有比尼哥底母对话中的两难处境更具有尖锐的论证意义：一方面，再次进入母亲的子宫里是不可能的；另一方面，又需要经“水和圣灵”而重生的[1]英雄之所以成为英雄，正是因为他在生活的一切艰难险阻中看到了对阻碍目标力量的反抗，并与这种阻止进行搏斗，全心全意朝向目标的渴望驱动着英雄朝向宝物，克服艰难险阻最终获得宝物。也许不能获得，毕竟这种渴望足以麻痹和杀死一个普通人。

511 海华沙的父亲是麦基凯威斯，即西风神，因此这场战斗便顺理成章地发生在西方。生命（文瑙娜的受孕）和死亡（文瑙娜之死）也都来自那个方位。所以说，海华沙的战斗是发生在西方的一场典型的英雄重生之战。这是一场与父亲的战斗，这里的父亲阻挡着他实现目标。在另外一些情形中，西方的这场战斗是吞噬母亲的战斗。正如我们先前看到的，危险来自父母双方：我们说危险来自父亲，是因为他显然是阻碍力比多

1 怎么办呢？象征便成为处理这种两难窘境的最佳手段。——中译注

退行，使之成为不可能的一部分能量；我们说危险来自母亲，是指吞噬性的母性意象吸收了退行中的力比多，把它们占为己有，从而使那个想寻求重生的人只有死亡。麦基凯威斯（这位通过战胜那只雌熊已获得神性的英雄）自己便是被他的儿子战胜了。

麦基凯威斯仓皇撤退，
越过重山一路西逃，
山间里的他跌跌撞撞，
且战且退整整三天。
海华沙随后紧追不舍，
一直朝着西风的家门，
追到落日的门口，
追到那天涯海角，
世界的尽头，
太阳在这里，
好像一只火鸟，
深夜沉落在她的巢穴中。

512 “三天”乃是“夜海航行”（12月21日至24日）的传统化表达。基督也曾在冥界里度过了三天。在这场西方之战里，英雄赢取了那难以获得的宝物。具体到海华沙的情形，他的父亲被迫对儿子做出了让步：他把自己的神性，[1]即风的神性，给了海华沙，正是凭着这种精神才保护了麦基凯威斯永生不死。[2]他对儿子说：

我将与你共享我的王国，
从此你就是掌管西北风之神——基威丁，
引人回归的风神——基威丁。

513 海华沙被指定为引人回归的风神，这在《吉尔伽美什史诗》里也有确切相应的支持：吉尔伽美什从居住在西方的智慧老人乌特那比西丁那里得到一株仙草，靠着它的佑护安全地几越重洋回到了自己的家乡，但他刚一到家，那株仙草就被一条蛇盗走了。作为此次战斗胜利的奖赏，海华沙获得了一个“风动之身”，一个呼吸之体，或者一个不朽的灵体。在返回的旅途中，他与一位技术娴熟的造箭师待在一起，这位师傅有个可爱的女儿：

他为她起的名字取自河流，
来自瀑布，

1 在《吉尔伽美什史诗》中也一样，不朽是英雄的目标。

2 Cf. Zoismos, “Concerning the Art”：“以强制之必要性，我心满意足为一名牧师，现在我以灵魂的形式立于完美之中。”（也见Berthelot, *Alchimistes grecs*, III, i, 2。）

这个名字就叫明尼哈哈(瀑布名),爱笑的流水(河流名)。

514 在海华沙童年早期的幻想中,他能够感受得到风声、水声在耳边细语,从大自然的语音中他可以辨别出自己母亲的声音。湖畔的松叶沙沙,像是在对他说"米尼—哇哇"。如今,透过风的细语和潺潺的流水,他在自己选择的姑娘身上再次发现了他的童年幻想,那就是"明尼哈哈,爱笑的流水"。英雄与普通人相比,更能从自己所爱的人身上发现自己的母亲,从而再次成为一个孩子,获得不朽。女性的原型(阿尼玛)最先表现在母亲方面,然后又转化到他心爱的女人身上。

515 明尼哈哈的父亲是个技术精湛的造箭师,这一事实告诉我们,他在无意识的戏剧里是一个男性主角,即英雄的父亲(正如他心爱的女人扮演着母亲角色一样)。智慧老人的原型先是表现在父亲方面,在生殖意义方面表现为一种人格意义和精神。[1] 英雄的父亲通常是一个高级木匠或其他一些匠人。根据阿拉伯传说,亚伯拉罕之父他拉(Terah)是个出色的匠人,他能用任何不起眼的木料造成笔直的箭杆、车辕等物,这在阿拉伯文化里,隐喻着他能生出了不起的儿子。[2] 此外,他还是一个形象的

1 Cf. "Phenomenology of the Spirit in Fairy Tales".

2 Sepp, *Das Heidentum und dessen Bedeutung für das Christentum*, III, p.82, cited in Drews, *The Christ Myth*, p.116, n.

制造者。阿耆尼之父陀湿多（Tvashtri）乃是宇宙的大工匠，身兼建筑师、铁匠和木匠之职，还是钻木取火之术的发明者。耶稣在人间的父亲约瑟是个木匠；在希腊神话中，阿多尼斯的父亲喀倪拉斯（Cinyras）也是木匠，他还发明了锤子、杠杆、房顶建造和矿物开采技术。希腊众神中的多面手赫尔墨斯，他的父亲是那巧思能干的技师兼雕塑家——火神赫淮斯托斯。在童话故事里，主人公的父亲身份通常显得更温和一些，多以传统的木雕师形象出现。在《吠陀经》里，世界是由宇宙的建筑师陀湿多从一棵树中凿刻出来的。在这里，海华沙的岳父是一个造箭师。这便意味着，属于英雄之父的神性特质已经转移到了他的岳父身上。与此相应的心理事实是，阿尼玛总是处于女儿与智慧老人的关系之中。[1]我们常常可以发现岳父的地位受到格外的强调以至于超过了真正的父亲。造成这一现象的原因，就在于我们刚刚讨论过的原型关系。

516 最终，父亲的神性特征偶尔也会落在儿子本人身上，即当他的本性与父亲的本性明显相同的时候。英雄象征着一个人无意识的自性（unconscious self），并且在经验上，它表现为所有原型的总和，并且包括了父亲原型和智慧老人原型。在这种意义上，英雄就成了他自己的父亲，即他的生身之父。摩尼的

---

1 关于此的经典案例是索菲亚的爱情故事，由Irenaeus, *Adversus Haereses*所讲述，Roberts and Rambaut trans., I, p.7。

神话传说中我们便可以看到这些主题的结合。他以宗教导师的身份完成了多项伟业，后来隐居山洞多年，死在那里，死后被剥皮、填絮并悬挂起来。此外，他还是一位艺术家，并且生有一只跛足。在铁匠维兰德的传说中也同样存在着这些主题的结合。

517 海华沙回到瑙柯米身边后，对于他在造箭老人那里所看到的一切只字不提，也没有采取任何行动来进一步追求明尼哈哈。假如这一事件不曾出现在印第安的史诗中，接下来所发生的事情，我们大有可能在某位神经症患者的病历当中看到。海华沙引导自身的力比多转向了内心，对于事物的自然发展倾向表现出了最顽强的抵抗：他在森林中为自己造了一间小屋，在那里斋戒、冥想和幻想。在斋戒的前三天里，他在林中四处漫步，就像童年时常做的那样，看遍所有的动物和植物：

> "生命的主宰啊！"他沮丧地呼喊，
> "难道我们必须依靠这些东西来生活？"

518 "难道我们必须依靠这些东西来生活？"这个问题问得相当奇怪。听起来好像海华沙发现自己无法忍受依靠"这些东西"来生活。比如，来自大自然的东西。自然界在这里似乎突然承担起一个外来者的意义。对于这种情形，唯一可能的解释就是：主人公内心里一股相当宏大的、迄今为止一直隐伏于无意识之中的力比多之流突然转向了自然，或是被自然从其无意识中抽走。无论如何，主人公感情的大致走向发生了某种重大的变化，其中显然存在着力比多的退行。海华沙回到家，回到瑙柯米那里，什么也没有做；但他又被逐出，因为明尼哈哈已经站在了他前面的路上。于是，他令自己退得更远，一直退回到他学着从大自然的声音中分辨母亲声音的遥远的幼年时代；那来自往昔的袅袅余音，此刻充满了他的内心，一丝一缕都勾起他对明尼哈哈的回忆。在这个自然的印象再度被激活的过程中，我们看到，人生最初阶段的那些强烈印象在他心中复活，形成一股极其强大的力量，唯有孩提时来自母亲的更强烈的印象才抵得过它。这种恋母之情所发出的迷人光辉，在无形中晕染了孩子周围环境中的其他事物，使之在以后的年月里，持续散发出那种淡淡的、富于魔力的幸福感，那是人们回首最初的童年记忆时所特有的一种美妙感觉。所以，当海华沙让自己再度躲进自然的怀抱中，他所做的正是重新唤醒自己与母亲以及某种比母亲更古老的东西之间息息相关的情感纽带，因而我们可以期待的是，他将以某种别样的形态重获新生。

519 在回到这种由内倾而生的新生之前，我们还需要考虑一下海华沙关于“我们是否必得依靠这些东西来生活”这一问题的另一层含义。简单地说，生命确实依赖着“这些东西”，如果没有它们，人就会饿死。既然如此，我们只有从中得出结论，即对于我们的英雄来说，营养问题突然间变成了一个令他至为关切的问题。在此，我们必须对营养问题加以考察，因为朝向母亲的心理退行必定会唤醒作为营养来源的母亲的记忆。[1]乱伦并不是心理退行的唯一特征：同样的特征还有驱使孩子投奔母亲的饥饿感。任何一个放弃了适应环境的生存斗争而缩回到家庭怀抱的人（家中最后的避难所就是母亲的怀抱），他所寻找的并不只是家的温暖和爱，还有的就是母亲能够给予他的哺养。如果这种退行具有幼儿式的特征，那么它所指向的目标自然不必说就是乱伦与哺养。而当退行只发生于表面，并且在现实中它是一种故意的力比多内倾时，这种内倾指向一种目标，即禁止同族结婚关系，因为这种同族结婚关系在任何情形中都是被乱伦禁忌所禁止的。于是就像海华沙所做的那样，便用斋戒来替代被哺养的需求。这样一种态度迫使力比多转向了某种象征或象征性的等同物。换言之，转向了集体无意识。自古以来，隐居和斋戒一直是最为人熟知的、为那些想打开无意识之门的人加强冥想的方法。

520 禁食到了第四天，海华沙停止了与自然的交流；他筋疲力尽地躺在地上，双目微闭，沉浸在梦幻之中，这正是心理内倾到极致的画面。我们已经了解到，在这种状态之下，人的内心体验取代了外在的生活和现实。此时海华沙的幻象出现了：

1 阿尔穆斯的意思是“有营养，使人振作，和蔼和慷慨的”。

他看见一个青年在向他靠近，
穿着黄绿两色的衣裳，
从紫色的暮光中降临，
穿越落日的余晖；
前额上一缕弯弯的绿色羽毛，
那头发显得如此柔软，闪着金光。

521 这位非凡的人对海华沙说：

我是来自生命主宰的后裔，
人类的朋友孟达明。
只为警示和教导你：
如何通过奋斗和劳作
获取你所祈求的东西。
起来吧，从你那树枝之床走下来，
年轻人，起来和我搏斗！

522 孟达明就是玉米，印度玉米。海华沙的内省产生了一个神灵，这是一个专供人吃的神灵。他的上述双重意义上的饥饿，即他对哺养之母的渴望，从无意识中召唤出了另一个英雄，一位可吃的神：就是玉米，大地母亲的儿子。显而易见，基督教中存在着与此相对应的主题。这里没必要假定存在任何基督教的影响，因为早在16世纪初，[1]弗雷·贝尔纳迪诺·德·萨阿贡（Fray Bernardino de Sahagún）就曾描述过阿兹特克人的惠齐洛波契特利（Huitzilopochtli）圣餐。和耶稣基督一样，这位神也是仪式性地被人吃掉。孟达明，这位“人类的朋友”，[2]在晚霞的余晖中要挑战海华沙，和他做一对一的搏斗。于是，在那落日映照下“紫色的暮光”中（在西方的土地上），展开了一场神话中的搏斗，搏斗的对象就是由无意识中升起的神，如同海华沙那内省的意识的转化性反射。作为一个神或者有神性的人来说，他是海华沙英雄使命的原型；也就是说，海华沙的本性决定他有可能，实际上是必定要面对面地对抗他命中的魔鬼。在通向这一目标的路途中，他征服了自己的父母，打破了孩童情结的束缚。然而，母亲情结才是他心底最深层的情结。一旦他攻克了这一目标而获胜，他就可以进入到象征意义上母亲的等同物，从而获得重生。在这与母性源泉的连接之中，潜藏着一股力量，它给予英雄超凡的能力，也是他真正的保护神，这股力量是他靠着自己大无畏的独立自主的冒险精神从无意识的怀抱中释放出来的。因此说，这位神产生于他自己体内。“母亲”的奥秘就在于那神圣的创造力量，在此以玉米之神孟达

---

1 Bernardino de Sahagún, *General History of the Things of New Spain*, Book 3, pp.5f.[Cf. “Transformation Symbolism in the Mass” , pars. 339ff.]

2 关于“朋友”，见我在《关于重生》中关于黑德尔的讨论。[也见 *Psychology and Alchemy*, pars.155—157。——英编注]

明的形象体现了出来。这种观点在切诺基印第安人（Cherokee Indians）的一个传说中得到了进一步印证：他们将其（玉米）呼作“老婆婆”。这个典故出自一则神话故事，说这种植物是在一位被不孝之子杀害的老婆婆的血泊中发芽长出来的。[1]

饿得虚弱无力的海华沙，
跳下他那树枝做成的小床，
从紫色的暮光中降临，
穿越落日的余晖，
来与孟达明搏斗。
初交手他就感受到一股新生的勇气，
涌动在他的脑海和胸膛，
新的生命力、新的希望和活力，
充满了他的每一根神经和纤维。

523 落日余晖中和玉米神孟达明的搏斗，赋予海华沙新生的能量——注定如此！因为与无意识那令人麻痹的掌控进行对抗，必定唤醒人的创造力，这乃是一切创造力的源泉。但是，与各种无意识力量作战，并从它们那里夺取那难以获得的宝物却需要一种大无畏的英雄气概。任何人如果能做到这一点，便是取

1 Frazer, *The Golden Bough*, IV, p.297.

得了真正的胜利。海华沙是在与自己搏斗,为的是创造他新生的自己。[1]他们搏斗了三天——三天,又是那个具有神秘意义的天数;到了第四天,正如孟达明所预言的那样,海华沙把他埋在了他的大地母亲体内。过了不久,葱茏鲜嫩的玉米苗儿就从孟达明被埋葬的地方钻了出来,为人类提供了营养。假如海华沙不能成功地战胜孟达明,后者就会反过来"杀死"他,并占据他的位置,结果就是海华沙被魔鬼所"支配"。[2]

524 这里值得注意的是,和我们期待的不同,穿越死亡达到新生的并不是海华沙本人,而是那位神。并不是人变成了神,反倒是在人内部的神经历了转化而显形为人。似乎这位神一直沉睡在"母亲"体内,即海华沙的无意识当中,后来被唤醒,并与人搏斗,这样他才不会压倒他的宿主,相反在体验过自身的死亡与重生之后,再次以新的玉米形式表现出来,造福人类。正因如此,他最开始是以敌意的攻击者形象现身的,英雄必须与之搏斗。这才符合所有无意识动力学的暴力本性。在这种形象中,神表现了他自己,同时也必须被制服。关于以上的搏斗,《圣经》中也有类似的叙述,就是雅各(Jacob)在雅博渡口(the ford Jabbok)与天使摔跤的故事。来自本能的攻击转化成了对神性的体验——只要这个人不屈服于本能,不盲目地听从

1 "你寻求最沉重的负担,然后发现你自己。"——尼采[见par.459,上文。]

2 基督成功地抵制了荒野之强大恶魔的诱惑。因此在基督看来,任何偏爱力量的人都被恶魔所掌控。心理学家们只能同意这一点。

它，而是奋起捍卫自己的人性，抗拒神力的动物性特质。“落在永生神的手里，真是可怕！”“无论什么人，靠近我就是靠近了火；无论什么人，远离我就是远离神的王国”，因为“我们的神乃是烈火”，弥赛亚乃是“犹大支派中的狮子”：

犹大是个狮子的幼崽；
儿啊，抓了食便离开。
你卧如公狮，
蹲如母狮，
谁敢惹你？

525　而魔鬼也“如同一头狂吼的怒狮，遍地寻食”。[1]上述众所周知的例子足以说明，即便在犹太—基督教信仰的教导中，这种观念也是为人熟知的。

526　在密特拉教神话中，密特拉神这位异教英雄必须和公牛搏斗一场；他把公牛搬到了洞里并在洞中把它杀死。公牛的死为世界带来了富饶，尤其是食物的丰盛。[2]山洞与坟墓具有同等的意义。这一观念在基督教神话中也有所表述，只是形式

1　I, Peter 5: 8.

2　在鲸—龙神话中这几乎是一个恒常不变的特点：起先英雄在怪兽的肚子中感到饥饿，于是他砍下内脏作为食物。事实上，他是在“滋养母亲”的内部。他的下一个行动是为了逃离怪物而生一堆火。在白令海峡的爱斯基摩人神话中，英雄在鲸鱼的肚子中发现了一个女人，她就是灵魂。Cf. Frobenius, *Zeitalter*.

上更美，也更人性化一些。耶稣基督在客西马尼园中的灵魂之战，即他为了完成自己的使命而与自身展开的搏斗；接下来便是"获得永生"，[1]当他把十字架——那是一个致命的母亲的象征——背在自己肩膀上的时候，他自己也走向了坟墓。三天之后，他将从墓中复活——所有这些意象都表达着同一个基本思想：耶稣基督在圣餐上被大家吃掉之后具有了神性。通过他的死把他自己转化为了面包和酒，这一切都成为神秘的食物供我们享用。[2]阿耆尼与苏摩酒之间的关系以及酒神狄俄尼索斯与葡萄酒[3]之间的关系在此不可忽视。另外一个类似的例子就是参孙斯杀狮子的故事。传说他打死狮子之后，返回再经过时，去看那头狮子，却发现一窝蜜蜂寄居于那头死狮的嘴

1　如我们从斯特拉博所得知，背着在狄俄尼索斯（酒神）和刻瑞斯（德墨忒耳）教派中起着重要的作用。

2　一段金字塔铭文在提及死去的法老到达天堂的时候，描述了他如何为了同化众神的神性而压倒他们，并成为众神之主。"他的仆人已经用绳索捆住众神，并绑走他们，他们捆住众神，割开他们的喉咙，挖出他们的内脏，把他们切成碎块，用沸水煮熟。而法老耗尽他们的力量并吃掉他们的灵魂。他吞食大神为早餐，中神为午餐，小神为晚餐……法老吞噬掉所有眼前之物。他耗尽所求之一切，然后他的魔力变得比任何其余魔力都强大。他成为比其他继承者都强大的力量之继承者，他成为天堂之主，他吃掉所有王冠与手镯，吃掉全部神明之智慧。"[Wiedemann, in *Der Alte Orient*, II (1900), p.50; i.e., no.2, p.18.]这种极度饥饿的状态，恰如其分地描述出，当父母占有主要喂养意义时，人们那种压抑的本能。

3　狄俄尼索斯—札格列欧斯的献祭和吃掉祭祀肉类的行动，带来了神的复活。这可以很明显地从欧里庇得斯的克里特岛片段中看到。引自迪特里希（*Mithrasliturgie*, p.105）：鉴于我已经介入到宙斯之秘密之中，且吃了札格列欧斯，游荡于暗夜的牧羊人的生肉，这些带我进入一段神圣的生命历程。通过食用其生肉，这一行动同化了神祇的存在。墨西哥仪式"食神"见我的"Transformation Symbolism in the Mass"，pars. 339ff。

里。他便取了蜂蜜回老丈人家用于婚宴。于是便有了一则谜语说:“吃的从吃者出来,甜的从强者出来。”[1]这些观念在伊琉西斯秘仪(Eleusinian mysteries)中似乎也占有一定地位。除了德墨忒耳和珀尔塞福涅之外,伊阿科斯(Iacchus)也是伊琉西斯秘仪所崇拜的主神之一。他是一个永远的孩童,诗人奥维德曾呼着他的名字吟诵:

> 因为你的青春不老,永远的孩童:在高耸入云的天空中,你是最可爱的一个;假若你不是头上长角站在我们面前,你的脸庞宛如处女。[2]

527 在伊琉西斯秘仪庆典浩浩荡荡的游行队伍中,走在前排的人举着伊阿科斯的肖像。很难确切地判断伊阿科斯到底是什么神,但他很可能是一个孩童或一个新出生的儿子,也许和伊特鲁里亚(Etruscan)的塔吉斯神一样,享有“新犁出的男孩”的绰号。因为传说中,他是在一个农夫犁过田后从一个垄沟中蹦出来的。这个形象极其鲜明地体现出我们的孟达明主题:众所周知,犁铧具有阳具的喻义,而田垄在印度人的观念中代表着女性。在心理学意义上,这个意象乃是交配的象征,

1 Judges 14: 14.这里的吃者、强者都是一种隐喻的说法,暗指仇敌想要吃人反倒成了人们口中的食物,强势的狮子嘴里却出了蜂蜜。——中译注

2 *Metamorphoses*, IV, 18—20, trans. by Miller, I, p.181.

而由此诞生之子便是田地产出的可食用的果实。词典编纂者们把他叫作“德墨忒耳的半神子”。他被视同于狄俄尼索斯，特别是色雷斯人（Thracian）崇拜的狄俄尼索斯—札格列欧斯（Dionysus-Zagreus）——据说这位酒神也经历了死而复生的典型命运。传说天后赫拉召唤提坦族巨人去毁灭札格列欧斯，后者为逃避巨人的追杀，先后幻化成多种形象，最后还是以公牛之身被巨人们抓住了。他们把他杀死之后，切成无数块，扔进大锅；但是，宙斯发现了巨人们的举动，掷出一道闪电击中他们，然后捧起札格列欧斯仍在跳动的心脏，吞进了腹内。就这样，死去的札格列欧斯得到了再生，复活后他变成了伊阿科斯。

528 在伊琉西斯秘仪庆典的游行队伍中，崇拜者们还抬着一只簸谷用的筐子，那是伊阿科斯的摇篮。据俄耳甫斯教神话[1]讲，伊阿科斯是由珀尔塞福涅在冥界中抚养长大的，他在冥界中沉睡三年后，在摇篮中醒来。每年的阿提卡历第三月即波得罗密翁月（month of Boedromion，公历9月5日—10月5日）的第20日被称为伊阿科斯日，以示对这位英雄的纪念。每到这日傍晚，崇拜者们会在海边举行盛大的火炬游行，重演德墨忒耳失女后四处寻觅、伤心欲绝的情形。美洲印第安传说中的海华沙承袭了这位不吃不喝、走遍大地寻找爱女的母亲形象。他问遍天下所有的造物生灵，但是得不到答案。正如德墨忒耳最先从

1 Orphic Hymn 46, trans. by Taylor, p.100. Cf. Roscher, *Lexikon*, s.v. “Iakchos” .

月亮女神赫卡忒那里获知女儿的消息一样，海华沙通过深沉的内省，通过让自己沉入夜的幽冥，直到玄牝之域，才找到了自己寻觅的对象——孟达明。[1]关于上述秘仪的内容，我们有着来自阿斯特里乌斯主教的见证:(伊琉西斯)秘仪中没有黑暗降临吗？没有祭司长和女祭司之间单独的盛大的圣餐吗？火把没有熄灭吗？大众没有看到这二人在黑暗中完成的仪典里他们的救赎吗？[2]显然，这里所指的是在地下进行的圣婚仪典。德墨忒耳的女祭司似乎代表着这位大地女神，也可能代表着被耕耘着的田垄。[3]降入地下乃是一种子宫象征，以洞穴崇拜的形式流行于世界很多地方。普鲁塔克就曾提到过，术士们“在不见日光之所在”向魔王阿利满献祭。在卢西安(Lucian)的记述中，法师弥特罗巴札奈斯(Mithrobarzanes)“在一个蒲苇丛生、不见太阳的荒僻之处”深入地腹之中。而据亚美尼亚史学家摩西(Moses of Chorene)所称，亚美尼亚人在一处山洞中祭拜他们的神“火姐”和“春哥”。尤里安(Julian)记载道，传说

1 类似的是伊邪纳岐的传说，他是日本的俄耳甫斯，追随亡妻来到地狱，祈求她与他一起返回人间。她愿意这么做，但恳求他不要看她。伊邪纳岐用他梳子上的尖头之一做了一道光，然后他立刻失去了妻子(Frobenius, *Zeitalter*, p.343)。其中“妻子”指的是“母亲”，“阿尼玛”，“无意识”，英雄以火来代替母亲，正如海华沙创造出玉米，奥丁神创造出如尼文，等等。

2 引自De Jong, *Das antike Mysterienwesen*, p.22。[阿斯忒里俄斯，阿马西亚主教，见他的*Homilia X in sanctos martyres*, P.G., vol.40, 323—324。——英编注]

3 德墨忒耳神话中，有一个爱子者伊阿西翁，他与德墨忒耳躺在一个三垄的玉米地里，被宙斯的闪电所击中。(Ovid, *Metamorphoses*, IX.)

阿提斯死后“降入洞中”，在那里，大母神席柏勒的这位儿子—情人死而复生。据说伯利恒（Bethlehem）城内耶稣基督降生的圣洞，古时候曾经是祭拜阿提斯的一处洞穴。

529 伊琉西斯秘仪中另一件与圣婚祭典有关的象征性物品就是神秘祭篮，篮中所盛之物，据亚历山大时期的克莱门特见证说，包括各式面点、盐供品和水果。但是，经克莱门特记载流传下来的新教徒的忏悔录中还提及了其他一些事情：

> 我已斋戒，饮过调好的酒，我已取出容器中之物，用过后又把它放回篮中；再从篮中取出一些，把它们放进容器中。[1]

530 关于容器里的内容，迪特里希已经在其著作中为我们阐明了。[2]按照他的理解，所谓“用过”的意思，他理解为新入教者必须表现的阳具性的活动。实际上，古代文物中表现的神秘祭篮形象，里面所盛的就是一个阳具像，周围摆放着水果。[3]在那只人称“洛瓦台利之瓮（Lovatelli urn）”的骨灰瓮表面，雕刻的据说就是伊琉西斯秘仪的场面，其中一幅描绘了一个新入教者正在抚弄盘绕着德墨忒耳的蛇。抚弄或亲吻这种“可畏的动

---

1 *Protrepticus*.［Cf. the Wilson trans., I, p.13.］

2 Dieterich, pp.123ff.

3 例如，坎帕纳浅浮雕，*Antichi monumenti*, Pl.IV, fig.5。［“Lovatelli urn” 被描述和描画，同样也是在这一作品中。——英编注］与此相似的是，维罗纳普里阿普斯有一个装满了阴茎的篮子。（Cf. pl.LXI*b*）

物”，此举仪式性地象征着对乱伦的征服。据亚历山大的克莱门特记载，神秘祭篮中放置了一条蛇。[1]这条蛇意味着力比多退行活动所带来的危险。罗德（Rohde）[2]曾经提到，在阿赫托弗里亚节（Arrhetophoria）庆典中，女人们将做成阳具形状和蛇形的面点投入聚会地（Thesmophorion）附近的一个坑中，以求神明保佑子嗣众多、收成丰厚。[3]在奇怪的名为“穿圈神”的入教仪式上，蛇也起着重要的作用。据克莱门特称，“穿圈神是萨巴神（Sabazius）教神秘仪式的象征性标志，即把一条蛇拖向入教者，在膝上绕几圈”。[4]从亚挪比乌（Arnobius）的书中我们也得知：“人们将一条金蛇绕住新入教者的膝盖，然后再从裤脚下面拽出来。”[5]在《俄耳甫斯教颂歌》第52篇中，人们将酒神巴库斯祷告为“躺于膝怀中的神”，暗指这位神进入了他的信徒体内，如同进入女性的生殖器中。[6]在伊琉西斯秘教仪式上，新入教

1 Wilson trans., I, p.17.

2 “ΣΚΙΡΑ”, p.124.

3 母亲是滋养的给予者。圣多米尼克在上帝之母的乳房中获得滋养，炼金术中的行家里手也是如此。南非的太阳女神是由培根油构成的。见我的病人的妄自尊大的想法：“我是由甜黄油所构成的日耳曼尼亚和赫尔维蒂。”（“Psychology of Dementia Praecox”, p.109.）

4 Protrepticus, II, 16. Cited in Dieterich, p.123.

5 *Adversus Gentes*, V, 21.［Cf. Bryce and Campbell trans., p.244.］

6 见尼采的意象：“穿透自己”，“自己封于自我之中”，等等。［pars. 446 and 459，上文。］纸莎草文中，一位祈祷者对赫尔墨斯说：“来到我的身边吧，赫尔墨斯，如同孩子回到母亲的子宫。” Kenyon, *Greek Papyri in the British Museum*, I, p.116; Pap.CXXII, 11, 2ff.; cited in Dieterich, p.97.

者大声颂扬："伟大的女神生育了一个神圣的男孩儿。(Brimo has borne Brimos!)"[1]"一个儿子为我们而诞生"，这个圣诞佳音在雅典人的传统仪典[2]中得到了进一步的阐明："在他们的庆典队伍前头，默默地高举着伟大而美妙、玄秘至极的象征——一株被割下来的谷穗。"[3]

531 与死而复生的主题相平行的，是丢失后再被找回的主题。这两种神秘仪式在地点上完全重合，也同样在春季举行，并进行了类似于圣婚的庆典活动。在庆典中，神像先是被掩藏起来，再重新被找到。我们发现了一个有违常规的传统，即摩西12岁时就离开了父亲的家，去做人民的导师；同样，耶稣基督也有过与父母失散的经历，当他们找到他时，他正在神殿中以其智慧教人——正如在伊斯兰教传说中，讲到摩西和约书亚在旷野中弄丢了鱼，他们后来没找到鱼，却找到了智慧的导师黑德尔。谷物之神也是如此，他丢失了，当人们都认为他已经死亡之际，他却突然从泥土中萌发，绽放着青春的光彩。

532 从这些记述中，我们能看出，伊琉西斯秘仪对于信徒们的

---

1 Brimo=德墨忒耳。据说朱庇特曾经以公牛的形式与其母亲发生关系。这使得女神怒不可遏，为了平息女神怒火，他假装阉割了自己。Roscher, *Lexikon*, IV, s.v. "Sabazios", 253, 5.

2 De Jong, *Das antike Mysterienwesen*, p.22.

3 古时的谷物之神是阿多尼斯，对于他的死亡和重生每年都会进行庆祝。他是其母亲的儿子—情人，因为谷物是大地之子和果实，Robertson（*Christianity and Mythology*, p.318）已经指出了这一点。

来世期待是一种莫大的安慰。有一篇墓志铭写道：

> 千真万确，值得称颂的众神们向我们宣告了一个最美丽的秘密：死亡的来临并不是一个诅咒，而是对人的祝福！

533 在那首献给德墨忒耳的荷马赞美诗中，对伊琉西斯秘仪也做了同样的评价：

> 他是多么幸福、快乐——在有幸见识这神秘仪典的世人中；那无缘入教的人啊，无福享受这份美好，死后注定要降入黑暗阴惨之地。[1]

534 我们在一首19世纪的赞美诗中也发现了同样的象征，诗的作者是塞缪尔·普莱思沃克（Samuel Preiswerk）：

> 主耶稣啊，世界是你的，
> 这个世界——我们所在的这个世界，
> 属于你。
> 它是你的，

1 Trans. by Evelyn-White, p.323.

因此永不消亡。

只是，在光未照到、大地尚未变得丰饶之前，

麦粒必定在大地腹中死去。

第一次从它的本性中释放出来，

主啊，我们的主，

你历尽忧伤，步入天堂，

为坚信你的人导引航向。

你平等待人，

与我们共享你的忧伤和王国，

带领我们越过那死亡之门，

把你的世界带向光明。[1]

535 弗米库斯是这样描述阿提斯秘仪的：

在某个特定的夜晚，神像被置于床上，仰面而卧，众人齐齐举哀，有节奏地哭悼。当这假扮的哀悼完满之后，一盏灯被带进会场。接着，祭司给每个哭泣者的喉咙行涂油礼；之后，祭司柔声地劝慰道："鼓起勇气吧，新入教者，因为神已得拯救，你们也将从悲伤中得到拯救。"[2]

---

1 [As trans. in the Hinkle edn. (1916), p.378.]

2 *De errore profanarum religionum*, XXII, I, p.57.

536 以上这些并行的情况向我们表明：人类的和个人的基督意象是何其之少，而宇宙的和神话的成分又是何其之多。英雄属非凡之人，其内心居住着一个神灵，正是这个神灵使其成为英雄。神话讲述中的英雄之所以总是如此富于典型性而非个人性，正是这个道理。正如早期基督教传播者直接告诉我们的那样，基督是一位神圣的救世主。世界各个地方神话中的救世主——英雄，尽管其具体形象千差万别，但又各有其独特的时代色彩。但总的说来，他们都是力比多进入母性无意识深处的结果。法纳斯（Farnese）浮雕中描绘的酒神献祭仪式，其中一幅表现的便是新入教者从头到脚被裹在斗篷里，被人牵引到塞勒诺斯（Silenus）面前，塞勒诺斯手持一只用布蒙着的摇篮。这里"蒙住头"意味着隐性，即死亡。[1]在东非的南迪（Nandi）部落中，新受过割礼的人（新入教者）必须在很长一段时间内头戴奇形怪状的锥形草帽，这帽子能把人的全身遮住，一直下垂及地。新受礼的人被挡得看不见了，这表示他已经隐形，变成魂灵。修女的面纱也具有同样的意义。新入教者如同谷种一样死去，又再次萌生，进入簸谷筐。普罗克洛斯（Proclus）曾记载说，新入教者被埋在土中，一直埋到脖颈。[2]从某种意义上讲，教堂就是英雄的墓穴。信徒降入墓中，为的是与英雄一道

1 Dieterich, p.167.

2 Dieterich, p.167.

复活。无疑，教堂还有一重更深层的意义，就是母亲的子宫。佛教密宗把寺庙内部理解为人体的内部，把寺庙的内部密室称作“播种之地或子宫”。我们可以从圣墓大教堂崇拜现象中清楚地看到这一点，意大利博洛尼亚（Bologna）的圣斯提芬诺圣墓大教堂就是一个极好的例子。教堂本身是一座极为古老的多边形建筑，它是在一座伊西斯神庙的遗址上改建而成的。在教堂内部，有一个人工开凿的墓，以“圣墓”而著称。信徒们进入时需经一个小门匍匐进入其中。置身于这样一个洞中，他们很难将自己与墓中死去的人区分开来，也就是说，他们会不由自主地与那位死而复活者产生认同。与之相类似的秘教纳新仪典还有马耳他的哈尔·萨夫列尼新石器时代的地下墓穴。佛罗伦萨考古博物馆中收藏的伊特鲁里亚人骨灰瓮，同时也是死亡女神玛图塔（Matuta）的一尊塑像：中空的陶土塑像内部就是用来盛装骨灰的地方。从相伴的图画中可以清楚地看出，玛图塔就是画中的那位母亲。她的椅子上雕有斯芬克斯装饰，这正是死亡之母的绝好象征（可与俄狄浦斯神话相比照）。

537 在海华沙接下来的行为事迹中，只有极少一部分能引起我们的兴趣。值得一提的是第8章中海华沙与大鲟米歇—拿马（Mishe-Nahma）之间的搏斗，这是一场典型的太阳英雄之战。米歇—拿马是一头生活在水底的庞然大物，当海华沙向它挑战时，它张开大口，把英雄海华沙连同他的小船一起吞进了腹中：

它怒气冲冲纵身一跃，
犹如闪电击中了阳光；
它张开了血盆大口，
将海华沙和他的独木舟一起吞下。

海华沙一个倒栽头，
堕入了那个黑暗的穴洞，
好像在黝黑的河上，
一根原木被激流疾冲。
他的四周一片漆黑，
他只能胡乱摸索，惊异而无助。
终于他摸到了一颗巨大的、跳动着的心脏，
扑通、扑通，在无边的黑暗中搏动。

他愤怒地挥舞拳头，
拼命敲打着拿马的那颗心，
他感觉到这威猛的鱼类之王，
每一根神经纤维都在颤动。

海华沙为了安全，
他把他的桦皮独木舟横在拿马的腹中，
以免在这一片混乱之中被甩出拿马的巨口，

那将粉身碎骨，一命呜呼。

538 这几乎是全世界各个地方神话中英雄的典型行为：英雄乘船远航，与海怪搏斗，被海怪吞吃，他奋力挣扎，以免被海怪嚼碎咬死（蹬踏主题），他进入海怪（巨鲸或龙等）腹内，找到它的重要器官，用刀子把它割掉或用其他方式摧毁它。通常情况下，造成怪物最后死亡的，是英雄在它腹内点火的举动。也就是说，他在死亡的子宫之内秘密地创造了生命——那初升的太阳。就这样，那条大鱼死掉了，并随波漂流到岸边，在那里，凭借一只鸟儿的帮助，英雄终于得以重见天日。[1]在此，

---

1 我列举拉塔的波利尼西亚神话为例（Frobenius, *Zeitalter*, pp.64—66）："船只乘着风畅快地在海上航行。某一天加纳奥亚大叫道：'啊，拉塔，一个可怕的敌人从海底钻出来了！'那是一只巨大的、开口的蛤蜊。它的一面壳在船前，另一面在船后，身体躺在中间。下一刻这个可怕的蛤蜊会咬合，吞进船只，船上所有人都会化作肉酱。但是加纳奥亚已为应对这种可能做好了准备。他紧紧地握住长矛，奋力将它刺进怪物的肚子里面，这样它迅速地沉入了海底，而不是咬合扇贝。逃过此劫后他们继续航行。然而很快又传来了加纳奥亚那警告的嗓音：'啊，拉塔，又一个可怕的敌人从海底钻出来啦！'这次是一只强大的章鱼，它那巨大的触角已经包住了船只，想要摧毁它。千钧一发之际加纳奥亚抓住他的长矛刺入了章鱼的脑袋。那些触角无力地沉入海底，死去的怪兽在海面上逐渐漂远。他们再一次踏上旅途，但是依然有更大的危险等着他们。又一天，勇敢的加纳奥亚大叫道：'啊，拉塔，这里有一条大鲸鱼！'鲸鱼巨大的嘴巴张开着，它的下颌已经在船体下面，上颌则在上面。下一刻鲸鱼就会吞掉他们。然后加纳奥亚，这位'怪兽猎杀者'，把长矛折成两段，然后就在鲸鱼正要咬碎他们的时候，把他们卡在敌人的咽喉里，这样它就无法咬合了。随后加纳奥亚跳进鲸鱼的胃中（英雄之吞噬），并凝视鲸鱼的胃，他看到了什么呢？那里坐着他的双亲，父亲泰里托克劳和母亲维阿罗亚，他们之前外出捕鱼的时候被来自深海的怪兽吞食了。预言成真了。这段航海旅程已经达到了他的目标。加纳奥亚的双亲见到爱子之时的欢喜自不必说，他们相信自己的解放近在咫尺。而加纳奥亚则志在复仇。他从鲸鱼的喉咙里取出一根长矛（另一根已（转下页）

鸟的象征意义很可能是代表经过复兴而再度升起的太阳，亦是代表重生的凤凰，同时它又属于那类"帮助性动物"，能在降生过程中为英雄提供超自然的协助：鸟儿作为飞翔的生灵，是精灵或天使的象征。在这些具有神话意味的诞生过程中，常有神使的出现，正如今日依然可见的教父教母所起的作用一样。由水中升起的鸟儿作为太阳的象征，从词源学角度考察，其含义保存在"歌唱的天鹅"的意象中。天鹅（Swan）这个词来源于词根sven，接近于sun（太阳）和sound（声音）。[1]此处的升起代表着重生，由母亲那里带来的生命，[2]以及对死亡的最终征服——在非洲黑人的神话传说中，死亡之所以降临到这个世界上，完全是因为一个老太婆的疏忽所致：当全体生灵的蜕皮季节再次来到时（在那个时候，人们还像蛇类一样，靠着蜕皮来完成自我复兴），这位心不在焉的糊涂老太婆没有穿上新皮，而是把蜕去的那层旧皮又套上了身，结果她就死掉了。

（接上页）经足够使鲸鱼不能合上嘴，从而给加纳奥亚和他的双亲留下通道），他将其一分为二，用作火炬。他叫父亲紧紧地握住下面的一支，他自己则将上面的那一支摩擦，直到火苗微现，他吹大火苗，急忙用它点燃鲸鱼肚子中的脂肪部分。怪兽因剧痛而翻滚，为求缓解而游向陆地（海之旅行）。怪兽一到达陆地，双亲和儿子就通过尸体张开的喉咙而登岸（英雄之逃脱）。"

1 ［Cf. par.235，上文。］

2 毛伊岛的毛利人神话（Frobenius, pp.66ff.）中，需被克服的怪兽是祖母Hine-nui-te-po。英雄毛伊对曾帮助过他的小鸟说道："吾之小友，我爬进那老妇喉咙的时候，你万不可发笑；但一旦我从她嘴里出来，请你以欢声笑语欢迎我。"随后毛伊在老妇睡着的时候，爬进她的嘴中。

539 英雄与海怪战斗的象征是一目了然的：它代表着自我意识从无意识的死亡钳制中解脱的努力。在怪物腹中点火的举动也同样寓意深远，因为这是一种驱邪魔法，目的就是驱散无意识的黑暗。英雄的得救同时也代表着日出，即意识的获胜（见图33）。

540 然而，令人遗憾的是，这种英雄壮举并没有持久的效力。英雄必须一而再，再而三地投入新的搏斗，在象征意义上永远为脱离母体而战。在希腊神话中，天后赫拉这个催逼严苛的母亲乃是海格力斯成就其全部英雄壮举的真正原因；同样，在这个印第安神话里，瑙柯米也从来不让海华沙有机会安生，而是不断在他前方的道路上设置难关，在那些危机四伏的历险活动中，英雄有可能获得胜利，但也有可能命丧黄泉。意识状态下的人总是远远落后于无意识的目标；除非他受到力比多的召唤去挑战新的危险，否则他便沉湎于怠惰的无所作为，或是在少壮华年时受制于对往昔的向往，造成生命力的麻痹瘫痪。然而，如果他振作起来，听那危险的召唤去从事被禁忌的、显然是不可能完成的任务的时候，那么他的结局无非有两种：一是遭受失败而死亡，二是成功而变成英雄。在这种情形之下，母亲就是那个鞭策着英雄去建功立业，同时又在他的必经之路上放置攻击他的毒蛇的魔灵。按照这一规律，在长诗的第9章中，瑙柯米召唤海华沙，手指向笼罩着紫色暮霭的西方天际对他说：

在那里，住着伟大的“珍珠—羽毛”，

就是那位魔法师麦基苏旺，

财富和珠宝都归他掌管，

还豢养着凶猛的巨蛇充当守卫，

幽漆的黑水是他的江防，

透过江防，你能看到他那些凶猛的巨蛇

在水里游戏，蜷曲翻腾。

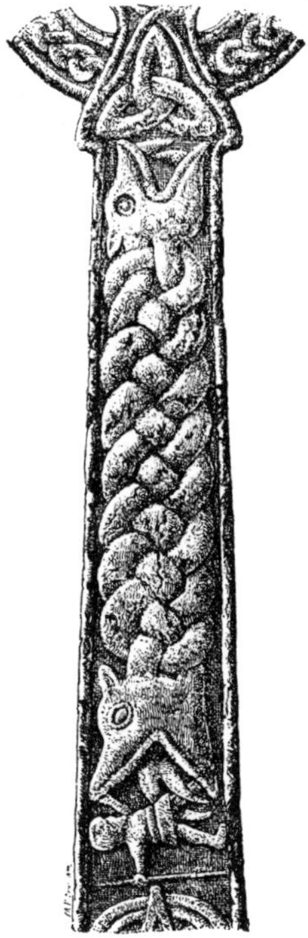

图33. 维大与芬里斯狼的战斗
十字浮雕，戈斯福斯墓地，坎伯兰郡

541 那栖于西方的危险就是死亡，没有人能逃过死的魔掌，即便是最强大的人也不例外。诗中告诉我们，瑙柯米的父亲就死在那个魔法师手下。现在，她派自己的孩子去为她父亲报仇。从这位魔法师的象征物中我们可以窥见他所代表的本质。蛇与水都是母亲的标志物。蛇保护性地盘踞在母性的岩石周围，生活在洞穴之中，缠绕在母亲之树的树干上，守卫着珍贵的窖藏，就是那隐秘的“宝藏”。那冥河似的黑水，就像伊斯兰传说中左勒盖尔奈英所到的黑泥渊一样，是太阳沉落寻求重生之处，是具有母性特质的死亡与夜之海。在前往那里的路途上，海华沙带上了米歇—拿马的有魔力的鱼油，帮助他的独木舟穿越死亡水域（因此说，这鱼油就和齐格弗里德手里的龙血一样，是一种永生的魔法药水）。就这样，海华沙乘船掠过幽冥的水面，完成了他的“夜海航行”：

整夜整夜，他航行在水上，
航行在那阻滞不动的水上，
发霉的味道扑鼻而来，
水中的芦苇根部全黑，
百合花的茎叶随波漂浮。
污浊、烦闷、死气沉沉、令人忧郁，
只有幽暗的月光照着，
还有鬼火、亡魂
在他们困顿的营房里点起的亮光。

542 这些描写清楚地表明，此处的水就是死亡之水。腐烂的水生植物指向前文已经讨论过的缠绕和吞噬的主题。佳噶提婆（Jagaddeva）[1]的解梦书中说：“凡梦到自己的身体被韧皮、匍匐植物、绳索，以及蛇皮、线、网等物缠住的人则必死无疑。”

543 毫无疑问，以上的描写喻指“恐怖母亲”的领域，在这首诗

1 Negelein, ed., *Der Traumschlüssel des Jaggadeva*, p.256.

中由那位魔法师即负面意义上的父性意向或者母亲心中的男性倾向所代表，正如促使海华沙去完成英雄大业的隐秘的精神领袖（spiritus rector）是由瑙柯米这位母亲形象，即英雄心中的女性倾向所代表一样。后者就是海华沙的阿尼玛，而前者则与“恐怖母亲”的阿尼姆斯相对应。

544　到达西方之后，英雄海华沙向那魔法师发出挑战。于是，一场可怕的鏖战开始了。魔法师麦基苏旺拥有刀枪不入的法力，因此海华沙拿他毫无办法。打到傍晚时分，负了伤的海华沙失望地权且歇息下来：

> 他在一棵松树下面休息，
> 枝杈间悬挂着长长的垂藓，
> 树干上遍裹着“死人的鹿皮鞋”，
> 还有那些黄色和白色的菌蕈。

545　按照诗中的描写，这棵为他提供庇护的树，树干上“遍裹”着菌蕈。凡是在树木崇拜盛行的地方，树的拟人化都是崇拜的重要因素，比如在印度，每个村庄都有自己的圣树，人们给这些树穿上人的衣服，对待它们完全和对待人一样。他们给树涂抹香水，喷撒香粉，用花环和织物来妆饰它们。而且，正如人要打耳洞作为抵御死神的辟邪招法一样，他们也给圣树打孔。“在印度的所有树木当中，对于印度教徒来说最神圣的就是贝叶树或知识之树(菩提树)。他们把这树称为'树木之王'。它是梵天、毗湿奴和湿婆的居所,敬拜这树就是敬拜上述的三位一体真神。几乎每个印度村庄都有这么一棵知识之树。"[1]

546 这棵为人熟知的"村圣菩提树"显然是一种母性象征,它体内住有三位真神。因此,当海华沙歇息在松树下,[2]他实际上是踏出了危险的一步,因为他正在一位穿着死亡衣衫的母亲那里寻求庇护。正像在与巨鲸—龙的战斗中一样,此时英雄依然需要鸟儿的帮助——鸟儿是一种"帮助性动物",代表着无意识的悸动或者直觉,就是那帮助人的母亲:

> 突然,在他头顶的树枝上,
> 啄木鸟"妈妈"对他唱道:
> "海华沙,你的箭要瞄得准,
> 瞄准麦基苏旺的头颅,
> 专射他头顶的发绺,
> 专射那乌黑长发的发根;
> 只有射在那里才能伤到他!"

547 我们看到"妈妈"急切地赶来帮助海华沙,必须承认,这实

1 引自 Negelein, p.256。

2 松树讲出了那个重要的词:"Minne-wawa!"

在是诗中很有趣的一笔。无巧不成书，在罗慕路斯和雷姆斯兄弟的传说中，也有一只帮助他们的啄木鸟“妈妈”，它用喙叼着食物喂进两兄弟的嘴里。[1]啄木鸟的特殊意义在于，它是一种在树上打洞的鸟。于是我们就能理解，为什么它在罗马神话中被奉为该国的古代君王，圣树的拥有者或统治者，并且是一家之长的原型。有一则古老的寓言，讲到国王皮古斯（Picus）的妻子喀耳刻把他变成了一只黑啄木鸟（Picus martius）。她杀死了他，并用魔法使他变形成为一只灵鸟。皮古斯也被视为树木之灵和梦魔，[2]兼有预言者的身份。[3]有时候，他也被视同与皮库姆纳斯（Picumnus），就是古罗马农业神皮鲁姆纳斯（Pilumnus）形影不离的兄弟，他们两个都被称为infantium dii，即“婴儿的保护神”。特别是皮鲁姆纳斯，据说他能保护新生儿免遭邪恶的树精西尔瓦努斯的侵扰。现在，这只爱帮助人的小鸟指点我们的英雄海华沙瞄准那魔法师的发根放箭：那是他全身上下唯一的薄弱点，位于头顶，也就是神话中“由头部分娩”之处，即使到了今天，产科学上依然把婴儿的囟门看得

1 灰姑娘的故事中，那只助人之鸟出现在长在她母亲坟墓上的那棵树上。

2 Roscher, *Lexikon*, s.v. “Picus”, III, 2, 2496, 30.

3 皮库斯的父亲被称作Sterculus或Sterculius，这个名字很明显来自stercus，“粪便”之意。据说他曾经发明了肥料。最初的塑造母亲的造物主以幼稚的方式做了同样的事情。这位至高无上的神下了一颗蛋，也就是他的母亲，然后把自己从中孵化出来。炼金术中，粪便象征着原初材料。

极为重要。海华沙瞄准那个地方一共射出三箭，[1]彻底了结了麦基苏旺的性命。接着，他取走了对手身上那条有隐身功能的魔力珠宝带，任那死去的魔法师僵卧在水里：

他把那具尸体留在岸边，
半截在水里，半截在陆上，
脚被埋在沙里，
脸在水中掩藏。

548 此处的情形又和杀死鱼王的时候一样，因为这位魔法师乃是死亡之水的化身，转而又代表着吞噬的母亲。海华沙完成了一项了不起的功业，即征服了乔装为负面的父亲形象的"恐怖母亲"和带来死亡的魔灵，在此之后，他才与明尼哈哈成婚。只有当他圆满完成了自己的英雄使命之后，才能转顾自己的人性一面——他的使命有二：首先是那恶灵的转化，由本性中一股不受控制的力量变成一股听从他自己支配的力量；其次，令自我意识最终从负面的父母形象所代表的无意识的致命威胁之下得到解脱。前一项任务代表意志力的创生，后一项任务代

1 史毕尔莱因的病人从上帝那里受到三处箭伤，分别在头部、胸部和眼睛上，"之后灵魂之复活到来了"。关于格萨尔王的西藏传说中，太阳神将其弓箭射入邪恶的老巫婆前额中，后者之后吃掉了太阳神，又将它吐出来。在西伯利亚的卡尔梅克人传说中，英雄将弓箭射入"公牛之眼"中，后者长在公牛额头上并能"发射光线"。

表意志力的自由运用。

549　值得一提的还有后面章节(第12章)里诗人插入的一则短小寓言:一位老人钻过一棵中空的树干,重又变成了年轻人。[1]第14章描写了海华沙发明文字的过程。在此我必须集中笔触,谈谈诗中对两个象形文字的描述:

吉谢—曼尼托,
生命的主宰,全能的大神,
他被画成一只蛋形,
上有突起的指向角,
投向四季的天风。
这个符号意味着,
伟大的神灵无处不在。

550　世界被包在一个蛋中(见图26),这蛋将世界四面围裹;它就是宇宙的诞育者,柏拉图的著作和《吠陀经》都用过这个象征符号。这个"母亲"无所不在,就像空气一样。而空气是属灵的,因此这位世界之母也是属灵的,她是世界之魂。同时,这个象形文字又是一个四位一体的符号,在心理学意义上,它

1　这与进入母亲、沉浸于其自身、通过某物爬行、无聊、挖耳朵、在指甲间驾驶、吞食毒蛇等同义。

总是指向着自性(self)。[1]因此，它所表现的既是最大最远的边际，又是最为贴近的内核；既是无穷大，又是无穷小；等同于印度教中阿特曼(自性)的概念，一方面是涵盖整个世界的“大我”，另一方面又是居于人类内心的“小我”，小到“不及拇指那么大”。诗中描绘的第二个象形文字是：

强大的吉谢—曼尼托，
那个恐怖的魔灵，
他被画成了一条蛇，
画成肯纳比克，那条庞然大蛇。

551 这里的魔灵是令人恐惧的、消极的，它犹如一个敌人，与趋向永恒的生命相对抗，它对每一件人类伟业横加阻挠，通过卑鄙的毒蛇之吻将孱弱和衰老注入人的体内。它是那个退行的精灵，它用母亲情结的纽带，用瓦解、消亡在无意识之境的可能性威胁着我们(见图35)。对于英雄而言，恐惧意味着挑战和使命，因为只有鼓足勇气才能挣脱恐惧。假若选择了对危险退避三舍，即是对生命的意义的某种亵渎，整个未来注定会变成一潭无望的死水，只剩下一片毫无生气的灰色，只有鬼火荧荧待灭。

1 Cf. “Psychology and Religion”, par.97.

552 第15章描写的是海华沙最好的朋友齐比亚波（Chibiabos）的悲剧，这位魅力无限的音乐家和歌手，生命之欢乐的化身，被魔灵们诱入险境，跌落冰河，被活活淹死了。海华沙痛悼亡友，经过漫长的一段时间，在魔法师的帮助下，终于召回了朋友的亡魂。可惜他作为亡魂终究无法回到人世，因而被封为冥界之主。此后发生了更多的战斗，随后，海华沙失去了另一位朋友——力量的化身夸辛（Kwasind）。接二连三的不幸事件，预示着故事的结局，与史诗《吉尔伽美什》中的厄巴尼之死异曲同工。在第20章中，饥荒降临，随后是明尼哈哈之死，就像前文中那两个来自鬼魂之国的沉默寡言的客人所预言的那样。在第21章中，海华沙准备开始他最后的西方之旅了：

哦，瑙柯米，我就要启程，
进行一次漫长的远行，
去到落日的门口，
去到那西北风基威丁——
归航之风的国境。
落日熔金，
在水面映出一条金灿灿的长路，
海华沙沿着这条金色河流，
向西、向西，不断航行，
驶入那殷红的落日，

驶入那紫色的云霭，
驶入那黄昏的幽冥。

海华沙就这样离去，
人人热爱的海华沙，
沐浴着落日的光辉，
披着黄昏的紫色云霓，
去到那归航风的领域，
西北风基威丁的领域，
去到那极乐的岛屿，
去到“波尼马”王国，
去到那未来的王国！

553　看那一轮旭日，挣脱了包裹着它的子宫——大海的，轩昂而壮丽地冉冉升起，它走过高天之顶，留下一路辉煌的轨迹，又重新落入母亲的深不可测的怀抱，落入那包容一切、令一切得以新生的夜的怀抱。这无疑是一个原初意象，而它之所以被用来象征人的命运，自有其深刻的道理：在生命的早晨，儿子挣脱了母亲的牵绊，离开温暖的家，通过奋斗升上他命运的顶点。他总以为最可怕的敌人在自己前方，岂不知那最可怕的敌人就藏在他的里面——那种致命的对深渊的渴望，浸没于自我源头的渴望，被吸回玄牝之域的渴望。他的生命是个与消亡不断抗争的过程，一个狂野而短暂地脱离了永在之夜的瞬间，短得如同白驹过隙一般。这死亡并非外在之敌，而是他自己内心的渴望，渴望着那全知全晓的非存在状态所特有的静谧深沉之安宁，渴望着置身于未来与过去之海，沉入那无所不见的酣眠。即便在他追求和谐与平衡的至高境界的努力中，在追求哲学之深奥、艺术之狂喜的同时，他仍在寻求死亡、静息、满足和休憩。假如他像皮瑞苏俄斯一样，在这安宁休憩之地逗留得太久，他将被此处的淡漠之气所侵，会因中了那蛇毒而永远麻痹。他若想活，就必须奋力拼搏，牺牲内心对过去的渴望，从而攀上自己人生的至高点。当他抵达那如日中天的巅峰状态之后，他还须放弃对于自身成就的眷恋，因为他不可在那里徘徊。正像那太阳，它要放弃鼎盛的炽力，沿着自身的轨道迅速前行，去摘取秋之硕果，亦即重生之种子。生命的自然过程要求青年放弃自己的孩童时代以及对生身父母的童稚依赖，以免他的身心始终受到无意识乱伦情结的束缚。自远古以来，这种退行倾向一直受到那种伟大的精神诊疗系统（亦即我们所说的宗教）的抵制。各种宗教殊途同归地寻求通过戒断人类心理上的孩童式睡眠来创建一种自律性的意识。太阳由地平线上喷薄而出，攀行至中天时达到全盛，放射出无比灿烂的光芒。[1]一旦达到这一目

1 正午时分太阳的位置象征着新手的启蒙，in Zosimos (Berthelot, *Alchimistes grecs*, III, v)。

标，它便开始逐渐沉落，走向夜的归宿。如果采用寓言式的表述，这个过程可被喻为生命之水的逐渐渗漏，人不得不越来越深地俯下身去，才能够到生命的泉源。当我们觉得自己身处世界之巅的时候，我们会发现这种下滑趋向让人越来越不舒服；我们拒绝日落的倾向，特别是当我们怀疑自己内心有某种乐于跟从这种倾向的东西时，因为我们看不到这倾向背后的任何益处，只有某种模糊的、令人恨恶的威胁藏在那里。因此，一旦感觉到自己在滑坡，我们就马上开始与这种倾向做斗争，竖起一道道关隘，来阻挡那如同不断上涨的黑暗潮水似的无意识，以及从属于它的退行的诱惑，而我们所凭依的这些关隘、阵地，又太容易披上神圣不可侵犯的理想、原则、信念等欺骗性伪装。假如我们希望自己保持在已经攀升到的高度，我们就必须时时刻刻地巩固和强化自身的意识及其执守的观念态度。但我们很快发现，与岁月的斗争尽管是精神可嘉并且显然无可避免，它所带来的却是灵魂的腐败和风干。我们的信念变成了老生常谈，如同手摇风琴吱吱嘎嘎奏出的旧曲；我们的理想变成了陈腐的习惯；激情也变得僵化，成了自动上演的程式。生命之水的泉源日渐枯竭了。我们自己可能还注意不到，但周围的每个人都注意到了，这又愈加令人痛苦。假如我们甘冒风险，多少来一点内省，或许还要努力尝试着对自己诚实，哪怕仅只一次，我们便有可能影影绰绰地瞥见那渊深之处积聚的所有那些愿望、渴求和恐惧——实在是一幅丑恶可怕的画面。人的理智意欲避开它，然而生命却要向下流入那深渊。命运本身似乎乐于保护我们，让我们免于下滑，因为我们每个人身上都有一种倾向，一种化为竖立的往昔纪念柱的倾向。尽管如此，心中的恶灵却把我们抛向那深渊，使我们背叛自己的理想和珍视的信念——背叛了我们心目中的那个自我。这是一场十足的灾难，因为它是不情愿的牺牲。假如这牺牲是出于心甘情愿，情况则与此有着极大的不同。那将不再是一场颠覆，不再是"价值的重估"的话及我们视为神圣的一切的毁灭，而是一种转化和持守。凡年轻的终将老去，凡是美的终将褪色，凡是热的终将冷却，所有亮光终将暗淡，而所有的真理最终也都会失去鲜活变为陈腐。因为所有这一切都是有形的，而凡举有形者都在时间的作用之下渐渐腐蚀；它们会渐渐老去、生病、崩蚀瓦解而化为尘土——除非它们常变常新。然而它们是可以变的，因为那生成了它们的看不见的火花有能力绵亘乃至于无穷。沉降的危险性无人可否认，然而这危险不是绝对不能冒的。没有人需要冒此风险，然而能够确定的是，有人会去冒这个风险。就让那些如日西沉的人一路睁大双眼走下去吧，因为这是一条连神都不免胆怯的道路。然而，每一次下降之后都伴随着升起；消失的形态又会被重新赋形，一个真理只有经历过痛苦的嬗变并以新的意象做了新的见证，从新人口中道出，如同新酒装进新瓶，才最终见其真确。

554 《海华沙之歌》所包含的资料非常适于激活潜藏于人类头

脑中的原型象征的浩瀚潜力，并激发意象的创造力。然而，其产物却总是蕴含着同一批旧有的人类问题，这些问题来自无意识的阴影世界，一再地借着新的象征的伪装浮上表面。

555 正因如此，Chi-wan-to-pel才会令米勒小姐联想到了另一位英雄，后者是以瓦格纳笔下的齐格弗里德形象出场的。Chi-wan-to-pel在他的独白中吁叹道："唉！没有一个能够理解我，没有一个像我，堪称我灵魂上的姐妹。"米勒小姐声称，以上段落中所表现的情感追求，完全类同于齐格弗里德对布伦希尔德（Brünhilde）的情感。她的这一类比，使我们有必要在这里对瓦格纳剧中齐格弗里德和布伦希尔德之间的关系略加考察。众所周知，这位女武神布伦希尔德对于齐格弗里德父母之间的兄妹乱伦关系是抱着赞同态度的。然而，尽管齐格琳德（Sieglinde）是英雄齐格弗里德的人类母亲，布伦希尔德却扮演着其象征意义上的母亲角色，即"精神母亲"（母亲意象）的角色，这并非一位迫害者，就像天后赫拉对待幼年的海格力斯那样，而是他的帮助者。由于她是齐格弗里德父母犯下乱伦之罪的同谋，她也因此而获罪，被大神沃旦下令放逐。齐格弗里德生身之母乃是其父的姊妹—妻子，这一点赋予了他何露斯的特征，象征着重生的太阳，年迈的太阳神的转生。这位年轻的太阳，半神半人的存在，是从神的人类伴侣体内娩出的，实际上人类母亲只是太阳这个宇宙符号的肉身载体而已。因此，那位精神母亲便伸出了她的保护之手：她让怀着身孕的齐格琳德逃往东方，[1]开始了一段夜海航行：

> 去吧，快快启程；
> 转头朝向东方。
> 女人，你那提供庇护的腹中
> 孕育着
> 世上最高贵的英雄！[2]

556 齐格蒙特（Siegmund）留给齐格弗里德一把短剑，这一情节再现了神话中关于肢解的主题：由残片重新拼复一个完整的生命。正如在铁匠手下重新锻铸为一体的断箭一样，遭肢解的尸身也被重新弥合完整。以上比喻在柏拉图的《蒂迈欧篇》里也有出现，其中说到，世界的各个部分是由钉子钉合在一起的。而《梨俱吠陀》则把世界的创造者祈祷主（Brahmanaspati）称为铁匠：

> 祈祷主如同一位铁匠，
> 把这世界铸为一体。[3]

---

1 见玛利亚飞往埃及、勒托的迫害等。

2 Die Walküre, li.1782—1783, 1792—1794.

3 Rig-Veda, X, 72，译自德文版，Deussen, *Allgemeine Geschichte der Philosophie*, I, p.145。

557　宝剑象征着太阳的神力。因此,《启示录》中叙述基督口吐宝剑,那宝剑就相当于生育之火、话语,或者具有赋生能力的"道"。在《梨俱吠陀》中,祈祷主就是祈祷之语,被赋予了一种先在的、创造性的意义:

> 祈祷者的歌声不断地传播,
> 在世界开始之先前变成了一头牝牛。
> 众神都是出于同一脉系的子女,
> 同住在这位大神的子宫中。[1]

558　逻各斯化身为牝牛,也就是说,她是一位子宫中孕育着诸神的母亲。从逻各斯到母亲的这种转化实际上并不惊奇,因为在《多马行传》里面就有把圣灵称为"母亲"的先例;此外,事实证明,英雄面临的最大危险来自母亲意象。同样的原因,英雄的诸多成就及其上升的能量源泉也是母亲。他的上升意味着光的重现,意味着意识由黑暗深处重生,即由退行到无意识中获得重生。

559　在这里,迫害主题与母亲无关,反倒是与沃旦相关联,正如希腊神话中莱诺斯(Linus)的传说一样,父亲是一个复仇的追求者。布伦希尔德与她的父亲大神沃旦之间的关系甚为奇特,

---

1 Rig-Veda, X, 31,译文同上,p.140。

她对沃旦说：

> 当你告诉我你的意愿，
> 你讲出了沃旦的意愿。
> 假如我不代表你的意志，
> 那么我又是谁？
>
> 沃旦回答：当我与你讲话时，
> 我只是在与自己协商……[1]

560 布伦希尔德是由沃旦身上分裂出来的，是他的存在的一部分，正如帕拉斯·雅典娜（Pallas Athene）一样，是她父亲宙斯发散出的一部分。布伦希尔德可以说是沃旦的使者或代言人，因此相当于耶和华的天使；相当于"阿乎拉的眼睛"；或是沃夫·马南，即波斯传说中神的"善思"，也相当于巴比伦的纳布神即书写与秩序之神；或是希腊神话中众神的使者赫耳墨斯，即被哲学家们等同于理性和逻各斯的那位神，在亚述，逻各斯的角色落在了火神吉比尔（Gibil）身上。尽管在希腊有帕拉斯·雅典娜的先例，但瓦格纳在他的作品中让一个女性使者来代表沃旦这位如此威武的大神，也是颇有些不同寻常的。一个

1 Die Walküre, li.900—903, 907—908.

非常相似的人物形象就是《多马行传》中的柯尔，关于她，多马唱道：

> 青春少女啊，光的女儿，
> 你容王的庄严的荣光于一体……
> 你头顶的冠冕上，王安坐在那里，
> 他用自己的神肴犒赏身边的侍者。
> 真理之光落在她的头上……
> 她的舌，宛如一道门帘，
> 为进入者掀起。
> 她的颈，高昂如楼梯，
> 由世界的最初缔造者亲手塑造了它。
> 她的两只手象征着祈福岁月的舞蹈，
> 她的手指象征城池的大门……[1]

561 按照《多马行传》中的说法，这位少女就是"智慧之母"。与此相反，在一篇《圣餐》的祷文中，"圣灵"却以女性形态受到崇拜：

> 来吧，知晓神选战士秘密的你；
> 来吧，参与贵族斗士所有战斗的你……

1 Trans. by Walker, p.392，修订版。

来吧，和平，
是你，展现了一切伟大事物之伟大；
来吧，是你，赤手击溃了一切隐秘之事，
并让外显的事情不被议论；
来吧，圣洁的鸽子，
是你诞下了双生的雏鸟；
来吧，神秘的母亲……[1]

562 上述的圣体仪式是在一个特殊的时刻举行的，即多马把一个侵扰她多年的“不贞魔鬼”解救为一个“美丽妇人”之后。这可能并非偶然，因为赞美诗的治疗意义正在于它将（人们无意识中）难以摆脱的性欲望转化为了人们对（心灵深处）女性化之灵（feminine spirit）的积极品质的认知。

563 与《多马行传》相关联的是，灵知派（Ophite）观点认为，“圣灵”乃是创造天地万物的第一个词，是“众生之母”；瓦伦提尼安（Valentinian）派则认为，神圣的“三位一体”中的第三位乃是“来自上述母亲的话语”。以上所有例子清楚地表明，瓦格纳笔下的布伦希尔德是无数被赋予了男神属性的阿尼玛形象之一，她也毫无例外地代表了男性心理内部的一种分离，即一个与主体分离出来，狂热地追求属于自己的存在状态的分

1 Trans. by Walker, p.416，修订版。

离体。这种自主倾向驱使阿尼玛首先觉知到男性意识层面的想法和决定，而后令他的意识经常处于各种显然由不得他自身把握的意外情况之中。大神沃旦所面临的正是这种局面。事实上，任何一位觉知不到自身内部奇妙的女性品质的英雄都免不了面临这种状况。

564 瓦格纳在描写沃旦为布伦希尔德而哀叹的一幕时，心里必定存着类似的想法。他写道：

> 无人知道，她是我内心最深处的思想；
> 无人知道，她是我意志的源头；
> 她自己就是孕育我愿望的子宫，
> 可是现在，她竟然与我失去了联结
> ——这条快乐的纽带！[1]

565 布伦希尔德的罪过在于她给予齐格蒙特的支持。而在这一层背后，还潜藏着一种乱伦，即被投射在那对兄妹——齐格蒙特和齐格琳德之间的乱伦。不过，在象征层面上，作为父亲的沃旦为了重获青春而进入了自己的女儿体内，这一古老的事实在此是以一种相当隐蔽的方式加以表现的。但在“反基督”（Entkrist）的神话传说中，这件事却是从魔鬼（反基督之父）的

1 Die Walküre, li.1867—1874.

口中公然宣扬出来的。沃旦对布伦希尔德的愤慨有着十足的理由，因为她扮演了伊西斯的角色，通过儿子的出生来剥夺其父的权威。沃旦击败了命运派来攻击他的第一位前锋齐格蒙特，并且折断了他的宝剑，然而齐格蒙特却借着他的下一代齐格弗里德重新站立起来。而命运总是利用这个女人，这个了解并揭露他隐秘思想的女人被当作了命运的一种工具；正因如此，大神沃旦——这位没办法认识到自己内心冲突本性的神——才会无法自制地狂怒不已。

566 齐格弗里德刚一出世，齐格琳德就适时地死了。抚养他长大的[1]并不是一个女人，而是一位名叫迷魅（Mime）的地精，他是个跛脚的矮人，属于一个已经发誓弃绝爱情的族类。[2]与此类似，埃及的冥界之神，奥西里斯的有欠完美的影子（奥西里斯在哈波奎特斯身上才完成了其悲哀的复生）抚养孩提的何露

1 格林姆提到了这一传说，其中齐格弗里德由一只母鹿所哺乳。

2 Cf. Grimm, *Teutonic Mythologie*, I, pp.379ff. 迷魅（Mime或Mimir）是一个拥有超人智慧的巨人，一个"古老的自然神灵"，挪威众神与之相关。后来的寓言将其塑造成一个森林之灵和娴熟的铁匠。就像沃旦向智慧女神寻求建议一样，奥丁神来到迷魅的神泉，泉水深处隐藏着智慧和狡诈。他在那里请求一杯水（永生之水），但是他刚刚获得圣水，就向泉水献祭了一只眼睛。迷魅的神泉很明显是一个母亲意象的暗示。迷魅和他的神泉是母亲和胎儿（矮人，隐秘的太阳，哈尔波克拉特斯）的一个缩合，但是与此同时，作为母亲，他也是智慧和艺术之源泉。正如喜神贝斯，这位矮人和老师，与埃及母神相关联；迷魅是与母性之泉联系在一起的。巴尔拉赫的戏剧《死去的一天》（1912）中，恶魔母亲有一个熟悉的房屋精灵，称作"Steissbart"（尾胡），它是像喜神贝斯一样的矮人形象。这些都是神话中的阿尼姆斯形象。关于阿尼姆斯可见"The Relations between the Ego and the Unconscious", pars. 328ff。

斯长大,好让他为父报仇。

567 沃旦用魔法荆条(出自《埃达》)令布伦希尔德[1]长睡于山顶,四面被熊熊燃烧的火墙围绕,这火墙既能阻挡任何试图进入的人,同时也象征着英雄对于被禁目标的炽烈向往。[2]不料,迷魅此时转而与齐格弗里德为敌,想让化身为龙的巨人法夫纳(Fafner)置齐格弗里德于死地。在这里,迷魅的驱动力的本质显露无遗:他是那位在儿子必经之路上放置毒蛇的"恐怖母亲"的男性代表。[3]对母亲意象的渴望驱使着齐格弗里德离开了迷魅:

> 快快离开这个小鬼!

---

1 这一入魔的睡眠也出现在荷马神圣婚礼的庆典中。

2 见齐格弗里德的文字(li.2641—2650):

穿越熊熊烈火
我飞奔向你
守护我身体的
并非盾牌
烈焰四散
穿过我的胸膛
我热血奔腾
赤焰般涌动在我的血管
熊熊烈火
在自我的体内点亮。

3 洞穴中的龙是可怕的母亲。德国神话中危险中的少女经常以需被亲吻的蛇或者龙的形式出现;而后它变身为美丽的女人。通常认为聪明的女人会长着鱼或者蛇的尾巴。公主被囚禁在黄金铸造的山上。丁克尔斯比尔附近的奥斯尔堡那里,有一条长着女人头的蛇,她的脖子上挂着一串钥匙。Grimm, III, p.969.

再也不要让我看到他。
我多想知道
母亲的面容！
可我的内心从未给我以回应！
她的眼睛一定很明亮，
一定闪着亮光？
就像母鹿那温柔的眼睛。[1]

568 齐格弗里德想要离开那“小鬼”，也就是他过去的母亲，现在他满怀渴望地去追寻另一位母亲。对他来说，大自然也含有某种隐秘的母性意义（母鹿）；并且，他也在大自然的声音中隐约听出了母亲的嗓音、母亲的话语：

甜蜜的小鸟儿！
我从未听到你的歌声；
你住在这森林里吗？
请让我追随你那婉转的啼鸣！
这妙音想必能让我了解
我那亲爱的母亲？[2]

---

1 *Siegfried*, li.1462—1470.

2 *Siegfried*, li.1482—1487.

569 他与小鸟的对话却引出了洞中的法夫纳。齐格弗里德对母亲意象的渴望无意中将他自己暴露于危险之下：回望他的童年和他的人类母亲是一种危险之举。顷刻之间，母亲化为一条夺命巨龙。他唤醒了无意识的邪恶层面，即它的吞噬本性。其具体的化身就是深居洞穴的恐怖森林怪物。法夫纳是财宝的守护者；在他洞中秘藏的宝物乃是生命和力量之源。母亲显然掌握着儿子的力比多（就是她如此戒备森严地看守的宝藏）。事实也正是如此，前提是儿子自己一直没意识到这一点。[1]用心理学术语来说，这意味着“难以获得的宝物”潜藏于母亲意象，也就是无意识之中。这一象征指向了神话中运用无数象征手段加以表达的生活秘密之一。当这种象征出现在一个人的梦境中时，若经仔细鉴察便可发现，它们所指向的总是整个人格的核心，饱含着意识与无意识的心理整体的核心。在此，我有必要向读者荐读我后期的一些著述，在那里我对自性的象征做了较为深入的探讨。[2]与法夫纳之战的收获，在齐格弗里德传说中得到了热情洋溢的表现。根据《埃达》中的表述，齐格弗里德吃掉了法夫纳的心脏[3]——生命之所在。他赢得了那顶魔法之帽，阿贝里希（Alberich）正是靠了这顶帽子才

1 这一问题在Berlach, *Der tote Tag*中得到了处理，它对于母亲情结做了卓越的描写。

2 *Psychological Types*; Jung and Wilhelm, *The Secret of the Golden Flower*; *Psychology and Alchemy*; *Aion*.

3 Cf. Schlauch, trans., *The Saga of the Volsungs*, p.101.

能化身为蛇——在此又隐隐涉及蜕去旧皮而重获青春的母题。另一种“幸运帽”是偶见于新生儿头顶的那层胎膜。除此之外，齐格弗里德还饮下龙血，从而获得了听懂鸟语的能力，因此享有一种与大自然的特殊关系，凭着这种觉知，他现在已经能够主导自然了。最后，同样重要的是，他赢得了那宗窖藏的珍宝。

570 Hort是一个中古高地德语词汇，意为“被收藏并看守的宝藏”；哥特语为huzd；古冰岛语为hodd；日耳曼语中的*hozda源于前日耳曼语的*kuzdho，意为kudtho——“隐藏的”。克卢格（Kluge）[1]将其与希腊词κεύθω，ἔκυθου联系起来，意思是“洞穴，女性生殖器”，它与日耳曼语中的词根*hud也有关联。普莱尔维茨（Prellwitz）[2]亦认为哥特语中的huzd，古英语中的hyde，英语中的hide及hoard等词均与κεύθω存在关联。斯托克斯（Stokes）认为英语中的hide，古英语中的hydan，德语中的Hütte，拉丁语中的cūdo（头盔），梵文中的kuhara（凹洞？）均与凯尔特语中的koudo（隐藏）及拉丁语中的occultatio有关。关于这一点，我们还应该提到帕萨尼亚斯的报告：

> 雅典有一处奉献给盖亚女神的圣所（所谓的temenos），被称为奥林匹亚（Olympia）。在那里，地面被破

1 *Etymologisches Wörterbuch der deutschen Sprache*, S.V. “Hort” .

2 *Etymologisches Wörterbuch der deutschen Sprache*.

开大约有一腕尺的宽度。他们声称，丢卡利翁时代那场大洪水退去时就是从这个地方流走的；他们每年都往这个裂隙中投入蜂蜜和着小麦粉制成的祭品。[1]

571 我们已经看到，在阿赫托弗里亚节庆典中，人们将制成蛇和阳具形状的糕饼投入一个坑洞。先前我们讨论的，是这种行为与大地受孕秘仪之间的关系。寓意深远的是，致人死命的洪水由这个洞隙流走，又流回到了母亲那里，因为它来自母亲，而死亡最初也是在母亲那里成为生命而进入世界的。这里的大洪水正是那赋予一切生机、孕育一切的生命之水，那“滋生一切的海洋”的对应物。[2]人们向母亲献上蜂蜜饼，求她开恩免人一死。在罗马，人们年年向“库尔提乌斯之池”（lacus Curtius）中投入钱币献祭。传说古时候大地在这里裂开一道无底深壑，经库尔提乌斯舍身跃入，裂缝才重新合拢。当大地开裂，罗马濒临危难之际，他就是那位深入地底去征服这危险的英雄。在俄罗普斯（Oropos）的安菲阿剌俄斯圣所（Amphiaraion），人们在神庙内经“孵化”得到医治后，便向圣泉内投入钱币供奉。帕萨尼亚斯记叙道：

1 *Description of Greece*, I, 18, 7.

2 Ibid., XIV, 246.

若有人经神的预言获得医治，通常要向泉水中投入一枚银币或金币；因为据说此泉是安菲阿剌俄斯以神祇身份升入人间之处。[1]

572 俄罗普斯的这眼泉水想必也是安菲阿剌俄斯的下降通道。古时候各个地方有很多通往冥界的入口。比如，在厄琉西斯（Eleusis）城附近有一个峡谷，冥王埃多纽斯（Aidoneus）就是从那里上来，劫走了少女柯尔，又从那儿回到冥界的。在那荒岩中有许多石罅，死者的魂灵可以从那儿升入阳间世界上来。在赫耳弥俄涅（Hermione）的大地女神克松尼娅（Chthonia）神庙后面，有一处冥王普鲁托（Pluto）的圣所，那里有一道裂罅，海格力斯会带着看守地狱的三头犬刻耳柏洛斯一起从那裂罅里上来，那儿还有一处"苦河"湖。[2]因此说，这道裂罅就是通往死神征服之域的入口。雅典战神山（Areopagus）上的裂罅据信是那些幽冥住客的座位。[3]一个古老的希腊习俗也透射出类似的观念：[4]当时的做法是，将少女们送进毒蛇盘踞的山洞以检验她们的贞操。如果他们遭了蛇咬，就说明她们不再贞洁。我们在公元5世纪末罗马的圣西尔维斯特（St. Sylvester）传奇中

1 *Description of Greece*, I, 34, 4.

2 Rohde, *Psyche*, p.162.

3 Rohde, *Psyche*, p.162.

4 Maehly, *Die Schlange im Mythus und Kaltus*, p.13.

也发现了同样的主题：

> 在矗立着朱庇特神殿(the Capitol)的塔尔培亚山(Tarpeian Hill)中，曾生存着一条巨龙。每个月都有魔法师率领那些生活不检点的少女们去祭拜它。他们沿着山洞的365级台阶走下幽深的洞底，像是通往冥界一般。他们携带着各种祭品和意在洗涤罪孽的供品，去饲喂这条巨龙。接下来就会看到，巨龙猛然起身。它尽管不出洞，但它的呼吸毒化了空气，致人死亡，孩子们的死更是引起人们极大的悲伤。因此，当圣西尔维斯特为捍卫基督教义与异教徒论战时，异教徒们便向他提出挑战说：西尔维斯特，你何不下到那巨龙的洞窟去，凭着你那上帝的名义降伏了它呢？哪怕叫它只安生一年也好，也能少害些人命啊。[1]

573 后来，圣彼得(St. Peter)便给西尔维斯特托梦，指点他如何用一根铁链锁住这道冥界之门，就像《启示录》描述的异象中那样：

> 我又看见一位天使从天降下，手里拿着无底坑的钥匙

1 Duchesne, *Liber Pontificalis*, I, p.cxi; cited in Cumont, *Textes*, I, p.351.

和一条大链子。

他捉住了那龙，即古蛇，或叫魔鬼，或叫撒旦。他捆绑了它，并把它扔在无底坑里，令它待在那里一千年。他将无底坑关闭，并用印封上。[1]

574 一篇写于公元5世纪初的论文中也提到了一则极其相似的传说，该文题为《应许》(*De promissionibus*)，作者不详：

在罗马城附近的一座洞窟里，有一条可怕的巨龙。这是一架机械装置，龙口中有宝剑飞舞，[2]两只龙眼是由闪闪发光的红宝石做的。[3]每年人们都选派少女，按宗教仪式洁身后用鲜花装饰好身体，献给巨龙做人祭。当她们携带供品走下石阶时，会在无意中触动那恶龙的启动机关，龙口中的宝剑当即弹出，将她们刺穿，无辜的鲜血洒在地上。有一位以德行高尚闻名于罗马贵族、摄政官斯提利科(Stilicho)的修士，他以下面的方法摧毁了那条恶龙：他用

1 Revelation 20: 1—2.

2 Cf. Revelation 20: 3. 在塔斯马尼亚岛的牡蛎湾部落神话中，我们发现了同一主题：武装的龙以剑刺穿女人："一条章鱼躺在岩石洞中——那是一只巨大的章鱼！章鱼极其巨大，且他有一支长长的矛。他从洞中看到了女人；他看见她们潜入水中，他用长矛刺穿她们，杀死她们然后带走了她们的尸体。一段时间以来，人们再也没有看到过她们。"怪兽之后被两位英雄杀死了。他们生起了火，并使女人们死而复生。Frobenius, *Zeitalter*, p.77.

3 基督之眼像一缕"火之光芒"。Rev. 1: 14.

一根竿杖和自己的手小心探索每一级台阶，摸清了那可怕的机关所在。随后，他迈过那级有机关的台阶，下到洞底，砸毁了那条巨龙，把它劈成碎块。借此告诉当地人，他们所敬拜的不是真正的神，而是一件人造物。[1]

575 英雄和与他搏斗的龙之间存在着许多共同之处——或者毋宁说，他承袭了那怪兽的一些兽性、刀枪不入的神力、蛇眼等。人与龙可能是一对兄弟，甚至连基督都把自己认同与那条以毒攻毒、在旷野战胜了火蛇的铜蛇（参见《约翰福音》第3章第14节;《民数记》自第21章第6节起）。作为一条蛇，他要被“举起”在十字架上；也就是说，作为一个纯然充满人的思想和欲望的人，一个始终盯着过去、力求退行到童年和母亲怀抱的人，他必须死在母亲树上。此准则只是对钉十字架这个象征的心理学解释，并无其他；鉴于这一象征历经千百年来作用不衰，因此它所蕴含的观念必定符合人类心灵的本质。否则，它恐怕早已泯灭无痕了。在此需要指出的是，和本书中其他地方对宗教意象的心理学讨论一样，我只讨论对象的心理学意义，而不考虑其中牵涉的神学观念。我情愿直截了当地对此加以声明，因为我知道，我所运用的比较研究方法常把一些从其他角度来看完全无法比较的对象拿来进行并列考察。我也清楚

---

1 Cited in Cumont, *Textes*, I, p.351.

地知道，这比较容易令心理学的初入门者感到受了冒犯。而另一方面，任何一个与无意识现象打过交道的人都知道，我们的无意识“心灵”是以多么惊人的非理性、多么骇人听闻的不圆通和冷酷无情来拒斥我们的逻辑概念和道德价值观的。无意识似乎并不与意识遵循同样的规律——事实上，如果它和意识遵循了同样的规律，就无法达成它的补偿功能了。

576 基督作为一个英雄，一个半神半人的形象，在心理学意义上代表着自性；也就是说，他代表着这一至为重要的、至为核心的原型的投射。自性原型的功能性意义在于，它是内心世界即集体无意识的统治者。[1]作为整体的象征，自性是个对立统一体（coincidentia oppositorum），因此它同时包含着光明与黑暗。就基督形象来说，原型中对立统一的两级分别是“光明的”上帝之子和魔鬼。那原初的对立统一至今尚可在最初的撒旦与耶和华的统一体中分辨出来。基督与反基督之龙在其各自的历史发展和宇宙意义方面是相当接近的。[2]在反基督者神话掩盖下的龙的传说是英雄生命[3]的一个重要部分，因此是不朽的。现世神话中没有哪一双对立物能像基督—反基督这一对形象这样清晰地紧密相连。[在这里我要向读者推荐梅列

1 Cf. “The Psychology of Eastern Meditation” , pars. 943ff.

2 Cf. Bousset, *The Antichrist Legend*.

3 基督有多么频繁地作为原型英雄，可从耶路撒冷的西里尔的演绎中得出结果，在后者看来，基督正是恶魔的诱饵。吞食掉这一诱饵之后，恶魔才发觉它难以消化，不得不吐出他来，正如鲸鱼吐出约拿一样。

日科夫斯基（Merezhkovsky）的小说《列奥那多·达·芬奇》，书中对这个问题的叙述十分令人赞赏。］说那条龙不过是一件“人造物”，这是一种只图方便的理性主义观念，仅凭一句话就轻巧地将神秘的神灵们置之脑后。精神分裂症患者时常使用这种方法来达到驱邪的目的。“全是假的，”他们说，“一切都是人为编造出来的。”下面举出的这位精神分裂症患者的梦境就是个典型的例子：他坐在一间只有一个小窗口的黑屋子里，透过窗子他能看见天空。太阳和月亮出现在天上，但它们是用油纸做成的。太阳和月亮，作为父母原型的神界对应物，蕴蓄着强大的心理能量，必须像驱邪一样被加以削弱，因为该患者已经过分受到无意识力量的控制了。

577 下行的365级台阶喻指太阳的行程，它导向的是死亡与重生之洞。这洞穴实际上与地下的死亡母亲相关联，这一点我们可以从安条克（Antioch）的历史学家马拉拉斯（Malalas）的一则笔记中看出，[1]其中说道：戴克里先（Diocletian）皇帝曾在该城向赫卡忒女神敬献了一座带有365级台阶的地下密室。萨莫色雷斯岛上似乎也有敬奉给这位女神的秘密洞穴。直到公元4世纪末期，敬拜赫卡忒女神的秘教始终流行于罗马境内。因此，上述的两则传说指的很有可能就是对她的崇拜。赫卡忒是一位真正的幽灵女神，她执掌着夜与鬼魅，宛若噩梦一般；

1 Cited in Cumont, *Textes*, I, p.352.

她有时被描绘为骑马的形象。赫西俄德的诗作把她视为骑马者的保护神。她派出那恐怖的夜之鬼怪恩浦萨(Empusa)——按照阿里斯托芬(Aristophanes)的形容，这怪物全身裹在一个胀得满满的血囊之中。据利巴尼奥斯(Libanius)记述，4世纪的雅典政治家埃斯契尼斯(Aischines)之母亦被人称作恩浦萨，因为她常"从黑暗的地方冲出，扑向妇女和孩子们"。恩蒲萨的双脚生得异乎寻常：她的一只脚是铜的，另一只脚是由驴粪做成的。在土耳其的特拉雷斯(Tralles)，赫卡忒的形象与普里阿波斯结伴出现，另外还有一位赫卡忒—阿芙洛蒂西亚斯。她的标志物是钥匙、鞭子、匕首和火炬。作为死亡的母亲，她的标志物是狗。我们在前文中已经对这种动物的寓意做过一番

图34. 赫卡忒女神
诺斯替教宝石

讨论。作为冥界的看门人，生有三身的犬女神，她的形象多少与地狱之犬刻耳柏洛斯有些相似。因此，传说中海格力斯将刻耳柏洛斯带上地面，实际上就等于把被打败的死亡之母带到了阳间。

作为“精神之母”，她带给人间的是疯狂和癫痫。这个观念是完全合理的，因为大多数形式的精神病都是由于情感郁积到一定程度，引起无意识的泛滥，淹没了人头脑中的意识而来。在赫卡忒崇拜秘仪中，需要折断一根被称为“白叶”（white-leaved）的魔杖。这根魔杖保护着处女们的贞洁，任何人若触碰到它，就会变成疯子。在这里，我们又辨识出了圣树的主题，即不可触摸的母亲。除非是疯子才会做这种尝试。作为梦魔或吸血鬼，赫卡忒又以恩浦萨的形象出现，或是吃人的拉弥亚，抑或换上一种较为美丽的伪装，扮作“科林斯（Corinth）的新娘”出现。她是一切巫术和巫婆的母亲，是美狄亚的保护女神，因为恐怖母亲的能量实际上源于无意识，是不可抗拒的。她在希腊诸多的信仰（syncretism）中起着十分重要的作用，其形象混同于阿耳忒弥斯，后者亦被称为“远击神”（far-hitting）或“随意击打女神”（she who hit at will），这个名字再次显示出她的超凡能力。阿耳忒弥斯是带着猎犬的狩猎女神，而赫卡忒亦是趁黑夜巡行捕猎的狂野猎手。在希腊文中，她的名字与阿波罗一样广为人知：ἕκατος，ἑκάεργος。作为冥界母亲的恐怖女神布里莫（Brimo），赫卡忒与她的认同是一件可以理解的事，她与泊尔塞福涅以及原初的万物之母瑞亚的认同也同样可以理解。她的母性含义还可用来解释她与生育女神伊莉西娅（Eilithyia）之间的混同。赫卡忒是一位司掌生育的女神，她主管牲畜的繁育以及女神的婚姻。在俄耳甫斯教的宇宙起源传说里，如果说她还称不上是世界之魂的话，至少她也是以阿弗洛忒特和盖亚的身份位居世界的中心。在一块宝石的装饰图案上，就雕刻着她头顶十字架的形象（见图34）。古时用来惩治罪犯的刑具颈手枷也被叫作 ἑκάτη；此外，人们把三岔路口、道路的分岔处和十字路口都归于她的名下，就像对待罗马神话中的特里维亚（Trivia）一样。凡在道路分岔或交会的地方，人们便为她献上犬祭，死刑犯的尸体也被抛在这些地方：祭品常常放置在道路间的交会点上。道路交叉并进入另一条道的地方，是对立与统一的象征，这里通常有"母亲"、客体及其所有整合的象征。道路分岔的地方，意即分开、分离、分裂之处，我们可以感受到"分离"、裂开的寓意[1]——它是母性的象征，也是母亲对我们而言的实质所在，也就是分离和告别。相应地，在这个地点进行献祭，意义在于在这种分离和告别中抚慰母亲。盖亚女神的裂隙和井口便很容易被理解为生命之门和死

1 ［德语中，这些词语彼此之间及其与"母亲"一词的关系在词源学上非常明显：Scheidung指分离意义上的临界点；Abschied指告别意义上的临界点；Scheide指的是分离线，正如Wasserscheide"分水岭"，Scheide也意指"阴道"。——英译注］

亡之门。[1]“那是人类从来不敢涉足的地方”，[2]人们只是在这里献上他的钱币或自制的糕饼而非他的身体，其用意就如同海格力斯用蜂蜜饼来安抚刻耳柏洛斯一样。这样，德尔斐（Delphi）的卡斯特里亚灵泉（Castalian spring）所在的那道裂隙便是地下巨蟒皮同的盘踞之所，这条大蛇后来死在太阳神——英雄阿波罗手下。传说当阿波罗还在其母亲黑暗女神勒托腹内的时候，皮同就曾经受天后赫拉的指使追杀过他们；逃亡的勒托经历了“夜海之旅”，在提洛岛这座浮岛上才找到了庇护，安然地生下她的孩子。后来杀死巨蟒皮同的正是这个孩子。在希拉波利斯（Hierapolis，即伊得萨），有座神庙就建在一道地缝之

---

1 见梅尔克写给玛利亚的赞美诗中的象征（12世纪）：

圣哉，玛利亚
紧闭之门
因上帝之命而开启——
密封之泉
紧锁之花园
天堂之门。（见《所罗门颂歌》4：12）

在这首艳诗中有同样的象征：

少女，让我进入汝身
进入汝之玫瑰花园
那里红色花蕾生长
那精美柔嫩之花蕾
近旁有一株树
随风摇摆，沙沙作响
而那深冷之井
静藏其下。

2 *Faust*，见上文，p.272。

上，那里是洪水退去的地方；耶路撒冷圣殿的基石也搭建在深渊之上。[1]依照此例，基督教的教堂往往建筑在山洞、岩穴、井口之上。我们在密特拉教秘洞及其他一些洞穴崇拜遗址，[2]包括基督教的地下墓穴中，发现了同样的主题。这些深入地下的处所，并不是因为传说中的迫害而建，其意义在于对死者的敬拜。[3]就连将死者埋葬于圣地之举（“亡者之园”，修道院、教堂地下墓室等）亦是在表达一种指望其回归母亲而获得再生的期待。古时候，代表着吞噬的母亲的洞中之龙必得用人祭才能被安抚，后来才换成普通的祭品。雅典人有给私人陪葬蜂蜜饼的习俗，目的是打发地狱恶犬，即看守冥界之门的长着三颗脑袋的怪兽。似乎也有用钱币替代祭品的先例，比如：冥河上的摆渡者卡戎便收受死者的钱币，因此他才被罗德叫作“刻耳柏洛斯第二”，他和那位长着胡狼头的埃及神祇阿努比斯很相似。[4]这里的地狱之犬相当于冥界之蛇。在希腊悲剧当中，复仇三女神厄里尼厄斯（Erinyes）既是蛇又是狗；怪物堤丰和厄喀德那生下了九头蛇西多拉（Hydra）、巨龙赫斯波里得斯（Hesperides）和蛇发女妖戈耳工三姐妹；这对夫妇还生下了地狱守门犬刻耳柏洛斯、双头蛇尾犬奥鲁特洛斯（Orthros）和

1 Herzog, “*Aus dem Asklepieion von Kos*” , pp.219ff.

2 密特拉神之圣所都是一个地下洞穴，且这洞穴经常只是一个仿制品。基督教的地下墓室和地下教堂很可能有相似的意义。

3 Cf. Schultze, *Die Katakomben*, pp.9ff.

4 Rohde, *Psyche*, p.247. 更多佐证见 Herzog, p.224。

以许多恶狗为腰环的女海妖斯库拉(Scylla)。[1]蛇与狗是财宝的看守者。凡是地下神灵,十有八九是盘踞岩洞的大蛇,以人们供奉的糕饼为食。到了后期,医神庙(Asclepieia)里已很难觅到圣蛇的踪影,因此它们或许只是一种比喻性的存在。[2]那里已经什么都没有了,只剩下一个洞,传说是圣蛇住过的地方。人们在洞口摆上自制的糕饼,并向洞中投入钱币。科斯岛(Cos)神庙中的圣洞有一个长方形的坑口,上面覆盖着一块石板,上有方形孔洞。这种设置正符合藏宝库的需要:蛇穴已经变成"捐款箱"上的投币孔,那山洞就是一个"囤钱窖"。上述发展已在托勒密(Ptolemais)的医神爱斯库拉皮厄斯和健康女神海及娅庙的考古发掘结果中得到了充分证实:

> 我们发现了一条用花岗岩雕制的蛇,蛇颈高弓、蛇身盘绕。在盘绕的蛇身当中有一道窄缝,缝口处被磨得很光滑,大小刚好可容一枚直径4厘米左右的钱币从此处投入。整个器物两边留有持握的孔,方便将其抬起,下半部分是与坑口相合的盖子。[3]

578 此处的这条蛇卧于钱箱之上,其身份是宝库的守护者。对

1 更多佐证同上,p.225。

2 然而,圣蛇被用来展览和其他目的。

3 Herzog, p.212.

死亡母亲子宫的恐惧已经摇身变为生命宝藏的守卫者。蛇实质上是死亡的象征符号，从死者的亡魂以蛇形显现的事实便可以看出这一点，这些亡魂像冥界的神灵一样，居住于死亡母亲的王国里。[1]

579 从这一象征的发展演变中，我们看到地面的裂隙起初在最原始的意义层面上被人们解读为“母亲”，后来逐渐演变成了藏宝库的象征。这样，正好与克卢格所揭示的德语词Hort（“窖藏”）的词源衍变相呼应。希腊文Κεύθος（源于κεύθω）意为处于地下最深处的大地的子宫（阴间，冥界）。由此，他联想到另一个与之相关的词κύσθος，也具有与“穴洞”或“子宫”类似的意义，而这一关联是普莱尔维茨未曾提及的。另一方面，菲克[2]将德语词Hort、哥特语中的huzd与亚美尼亚语中的kust（拉丁语中的venter，意为“腹部”）、斯拉夫语中的cista、吠陀梵语中的kostha（“腹部”之意）等词联系起来，认为它们都源于印欧语词根*koustho-s，意为“内脏、腹部、房间、储藏室”。[3]普莱尔维茨认为希腊语中的κύσθος、κύστις和κύστη这三个词（均为“囊、袋”之意）与梵文中的kustha-s（“腰部的凹处”）存在关联，又与κυτίς（“匣子”）一词相关，全都源于κῦειν（怀孕的）这个词。同样来源于这个词的还

1 Rohde, *Psyche*, p.163.

2 *Vergleichendes Wörterbuch der indogermanischen Grundsprache*, I, p.28.

3 也见拉丁语，cuturnium，指盛祭祀之酒的容器。

有κύαρ（“空的容器、皮肤”）；κύαθος（“洞穴”）；κύλα（“杯子”）；κῦμα（“眼睛下方的凹处”）；IEur（“膨胀、波涛、巨浪”）等。基本[1]的印欧语词根是*kevo，意为“膨胀、壮大”；由此而来的词包括上面提到的κυεῖν，κύαρ和拉丁语词cavus（“空洞、拱起的、山洞、孔洞”）、cavea，（“凹处、被围物、笼子、场景、舞台、集会”）、caulae（“凹处、孔洞、畜圈”）；[2]印欧语中的kuéyô（“我膨胀”）及其分词*kueyonts，（“膨胀的”）、*en-kueyonts（“妊娠的，怀孕的”）；希腊语中的inciens怀孕的和拉丁语词inciens（“怀孕的”）等等；可比对梵语中的vi-śvàyan（“膨胀的”）。[3]

580 英雄从黑暗洞穴中取回的宝藏就是生命：那正是他自己，一个刚刚从无意识的黑暗的母性般的洞穴中获得新生的自己。在那里，他曾受困于力比多的内倾或退行而难以自拔。正因如此，印度教中给世界带来火种的英雄才被称为摩多利首，意思是“在母腹中膨胀的人”。依附于母亲的英雄正是龙，而当

1 Fick, I, p.424.

2 见奥吉斯国王的清洁牛棚。牛棚，就像洞穴一样，是产生之地；即基督在洞穴和牛棚之中出生了。（See Robertson, *Christ and Krishna*.）牛棚中的诞生也可在巴苏陀人神话中发现。（Frobenius, *Zeitalter*.）它属于动物寓言的范围；所以不育的莎拉如何怀孕的故事在阿比斯神牛的埃及寓言中已有预言。希罗多德说：“这个阿比斯（或者厄帕福斯）是之后永不会生育之母牛的小牛。在埃及人的信仰中，一道光芒降临在天堂中的母牛身上，使它怀上了阿比斯。”（III, 28; trans. by Selincourt, p.186.）。阿比斯就是太阳，他的鉴别标志是前额的白斑点，背上的老鹰图案和舌头上的甲虫。

3 某些权威将κῦρος，“无上权威”，κῦριος，“上帝”，与古波斯语的“英雄”、梵语的“强壮的，英雄”联系起来。但是这一联系被认为值得怀疑或者不可能。

他从母体中再生降世之时，他就成了征服巨龙的英雄。这种看似矛盾的本性乃是英雄和蛇所共有的。按照斐洛（Philo）的说法，蛇是一切生灵中最有灵性的动物：它性情如火，动作迅疾可畏。寿命极长，还能用皮肤蜕变的方式置衰老于身后。[1]事实上，蛇是一种冷血性的生灵，无所意识也无所相关。它本身有毒性，同时又能克毒，所以它均等地代表着善灵与恶灵（艾格沙狄蒙）、基督和魔鬼。在诺斯替教中，蛇被视作脑干与脊索的象征，这倒恰恰符合于它典型的反射心灵的功能。它是无意识的绝佳象征，完美地表达了脊索在突发而难以预知的情况出现时的表现，它对于我们躲避生活中诸多的痛苦或危险起着重要的作用。作为一种极为古老的原型心理结构（psychologem），英雄代表着积极的、正性的、为人赞赏的无意识活动；而龙则代表着消极的、负性的、人所不喜欢的无意识活动——不是生育，而是吞噬；不是建设性的有益行为，而是充满贪欲的滞留和毁坏。

581 任何一种心理极端现象都暗含着其自身的反面，或与自身的反面有着某种密切而本质性的关联。[2]实际上，正是由这种紧张状态中它才获得了其独特的推动力。物极必反，任何一种受人推崇的习惯做法，到了必要的时候都能转为它

1 Maehly, *Die Schlange im Mythus und Kultus*, p.7.

2 中国经典哲学中的阴阳学说是对应这部分的好例子。

的反面；而且，情况越是极端，向对立面的转化就越是容易。最优秀的东西也最容易遭受邪恶的败坏，因为它已经竭尽了全力来压制邪恶。这种对立转化的奇特关系也可以在古怪的语言现象中窥见一斑，比如，英语中good（好）的比较级和最高级变化形式分别为better和best。better（较好的）这个词是由古代语言中的bass（好的）一词演变而来的，但bass在英语中的相关词却是bad（坏的），按此说来，good的比较级形式better反倒成了badder（较坏的）！这种在语言中随处可见的情形，也同样出现在神话中：一种神话版本中的神，到了另一种神话版本中往往会变成魔鬼。[1]在宗教史上，又曾有多少神圣的仪典、秘仪和祭礼堕落成了邪恶放荡的活动！[2]无怪乎19世纪初的一个渎神者曾经针对圣餐礼说过下面一段话：

> 魔鬼的圣餐礼就在妓院里举行。在那里人们饮的是魔鬼的杯，吃的是魔鬼的膳食；在那里人们吮着蛇的头，吃着罪恶的面包，饮着奸淫的酒。

---

1 ［词源学上“魔鬼（devil）”和“神性（divinity）”都与梵语的deva“恶魔（demon）”相关。——中译注］

2 见梅列什科夫斯基的《彼得和艾利克斯》中某些俄罗斯教派所惯用的纵欲内容。对亚洲之女爱神的狂欢崇拜，依然存在，每夜的宗教狂欢以一种集体乱伦的纵欲行为为结束。（Spiegel, *Erānische Altertumskunde*, II, p.64.）更多例子见Stoll, *Das Geschlechtsleben in der Völkerpsychologie*。

图35. 遭遇龙的袭击
1511年,威尼斯,建筑十书,维特鲁威

582 这个名叫安东·温特纳海尔(Anton Unternahrer)的人把自己臆想成某种男性生殖之神。他是这样描述自己的:

> 黑发、迷人而英俊的你,优美的话语从你嘴里滔滔不绝地流出,令每个人都乐于倾听;正是这样,你才深得少女们的爱慕。[1]

1 来自Unternährer, *Geheimes Reskript*。我必须感谢普菲斯特,他让我注意到这一内容。

583 他继续写道：

你们这些愚民、瞎了眼的人啊，要知道上帝按他自己的形象造男造女，并赐福给他们，还对他们说："要让大地富饶，要繁育后代，要治理土地。"所以说，他已把那至高的荣耀赐予了这些众生，还把赤裸的他们安置在伊甸园中……

现在，把无花果树的叶子和遮身蔽体的衣物扯去吧，因为你们已经归顺于主。因为主是神灵，哪里有神灵，哪里就有自由，[1]就有神的光辉映照在你们无遮无盖的面容上。当你站在神的面前并忠诚于神时，犹如神当初造你一样，赤裸并毫无羞愧。因为能够面对神，是值得珍视的，那是神对你的赞美和喜欢。

有谁能永远不停地赞美这不朽之神的子女？她们将奉神之命无尽地繁育！

在耶路撒冷，众女膝间，乃是我主之门，义者要从那里进入神殿，甚至直抵圣坛。在不朽之神的众子膝间，乃是水管的上一部分，它犹如一个管道，这管道就像是丈量神殿和圣坛的神尺。在这水管下方耸立着圣石，那是我主的

1 尼采："我也给你们这条格言：寻求驱逐自身恶魔之人不在少数，然而他们都蠢笨如猪。"（*Zarathustra*）

标志和见证，[1]正是他将亚伯拉罕的种子取出并拿到自己手中。

神用了这种子，根据自己的模样，在母亲的子宫中亲自塑成了一个男人。此后，母亲的房室为不朽之神的众女永远敞开，神通过她们亲自将孩子送来。神就是这样由石头创造出了孩子，因为种子来自石头。

584 宗教秘仪能够轻易变成某种纵欲狂欢，历史上这方面的例证数不胜数。究其原因，正是因为这些宗教仪式起初完全是作为纵欲狂欢的对立面而存在的。具有典型性的是，赋予其丰饶和灵性的特质，而蛇在这一过程中始终保持着它的阳具象征含义。在灵知派秘教的节庆仪式中往往使用活蛇，信徒们甚至有亲吻这些活蛇的举动（可参考伊琉西斯秘仪中人们亲吻德墨忒耳之蛇的行为）。这种亲吻在某些现代基督教派的乱性聚会中所起的作用也并非无足轻重。

585 我的一位病人曾经梦见一条蛇从一个洞口蹿出，在他的生殖器部位咬了一口。这个梦恰好发生在这位病人确信精神分析的真实性，开始从母亲情结的纠缠之下解脱自己的时候。他感到自己的治疗正在取得进展，更能控制自己了。但在他感到

1 Testis（睾丸）一词最初拥有“睾丸”和“证词”之双重意义。[参考《圣经》中的习俗“将手放在大腿上发誓”；Genesis 24：2f. 和47：29f。——英编注]

前进的动力的同时，他也感到了一股力量在向后拉他，那力量来自母亲情结，要把他拉回到母亲的怀抱。被蛇咬到生殖器的情节令我们联想到阿提斯为安抚他母亲的嫉妒而自阉的故事。另一位病人在神经症复发时做了这样一个梦：她梦见自己身体里满满地被一条硕大的蛇缠绕，只剩下蛇尾从她胳膊上露出来。她竭力地去捉那蛇尾，却被它滑脱了。还有一位病人抱怨说，有条蛇卡在她的喉咙里。[1]尼采在他关于牧羊人与蛇的“异象”里也用过这一象征：

> 真的，那时候我所见的一切，以前从未看见过。我看见一个年轻的牧者，喘着气，面部痉挛着，强扯着扭动着身体，一条粗黑的蛇悬在他的嘴外。
>
> 我曾经看到过如此嫌恶及惊人的恐怖吗——就在一个人的面孔上？[2]他也许睡熟了，于是这蛇爬入了他的喉内，还被他紧咬着？
>
> 我用手去拽了下蛇，枉然！我的手不能把它从牧者之喉拽出。于是我大声地喊叫起来：“咬吧！咬掉他的头！咬吧！”——我的恐惧，愤恨，厌恶与怜悯全部聚集在喊声中，我的一切善良与厌恶全都凝聚在那一声喊叫声中。

---

1 见尼采的诗：“为什么你们诱惑自己/进入那狡猾之蛇的天堂？”［Cf. par.459，上文。］

2 尼采自身似乎有时显示出对令人讨厌的动物的偏好。Cf. Bernoulli, *Franz Overbeck und Friedrich Nietzsche*, I, p.166.

我四周的勇敢者啊，还有那些猜谜的爱好者，为我解开这个梦之谜吧，为我解说一下这孤独者之幻象！

这是一个幻象，或者一种预知：我在这比喻里看见的是什么呢？谁是那即将要来的人呢？

那蛇悬口外的牧者又是谁呢？那忍受着最黑暗最痛苦的人又是谁呢？[1]

但是，牧者果然照我的呼喊所忠告地咬了；他用全力咬了！他把蛇头吐出很远，而自己跳起来。

他不再是一个牧者，也不再是一个人——他变形了，四周一片光亮照耀着他——他笑着！大地上任何人都不曾像他那样笑过。

啊，我的兄弟，我听到一个不似人声的笑声——突然发现是一种干渴，一种无法满足的欲望——吞噬着我。

我渴望那个笑者吞噬我：噢，我怎能忍受这样活着？我又怎能忍受去死呢？[2]

586　借助上文中阐述的内容，我们可以对尼采在此描述的经验做出如下的解读：蛇代表着无意识心理，就像萨巴奇奥斯神

1　见尼采之梦，引自p.34，n.1，上文。

2　*Thus Spake Zarathustra*（*Werke*, VI, pp.233f.）. 这一意象是关于狄奥多里克大帝传说的联想：他被弓箭射伤了额头，因为一块碎片一直留在那里，他因此被称作“永恒者”。相似地，赫朗格尼尔的石头有一半嵌入了托尔的头盖骨。Grimm, I, pp.371—372.

话中那位爬入司仪神父口中的蛇神一样，爬入作为ἔνθεος（灵魂的牧者或传道者）的尼采本人之口，首先是要阻止他说得太多，第二个目的是要使他“充满热心”，“让神的光沐浴自己”。蛇咬人已经够快了，但恐惧却来得更快、更猛：是恐惧的力量让他一下咬掉蛇头，把它吐了出来。你若是想让蛇咬伤你的脚后跟，只需照着那蛇头踩一脚便是。牧羊人灭掉了那条蛇，随即歇斯底里地狂笑起来，因为他已经挫败了来自无意识的补偿。现在他可以自作主张了，其结果也是众所周知的：任何人只要读过尼采在《查拉图斯特拉如是说》中论到笑与大笑的那一篇，自然心中有数。可惜的是，此后发生的一切，又仿佛整个德国都太过于聆听尼采这个老夫子的教导了。

587 假如人的意识害怕无意识的补偿倾向，就像心理退行状态下的一般情形那样，无意识就会化为蛇形暗中潜入。但人若能在原则上接受无意识补偿，那么心理退行便不复存在，人可以通过内省直接与无意识对话。然而，必须承认的是，呈现在尼采面前的问题是个无解的问题，因为在当时的情形下，没有人能指望那牧羊人吞下那条蛇。在此，我们面对着一个致命的情况，尽管这绝非少见：无意识补偿以一种令人无法接受的形式出现，只能靠患者自己以某种同样令人难以接受的方式来战胜它。此种病例一般出现在无意识被拒斥过久的情形下，从而在人的本能和意识之间强行打入了一个楔子。

588 通过内省，正如历史上数不清的见证者所言，人的内心将变得丰饶，得到启示、觉醒和再生。在印度哲学中，这种创造性的精神活动甚至有着某种宇宙起源学上的意义。《梨俱吠陀》（X，121）中说，世间万物秘而不宣的创造者是生主（Prajapati），“创造之主”。他的创世活动在各个版本的《梵书》中被描述为：

> 生主动念道：我将繁衍自己，我要成为众多。遂自孵（tapas），由自孵而创造诸世。[1]

589 按照杜伊森（Deussen）的说法，[2]tapas一词应直译为“他用自己的热量加热自己”，[3]意思是“他自己孵着自己”，孵化者和被孵者不是分开的，而是被视同于一体。作为金卵，生主就是那个自生自得的蛋，是他从中孵出自己的宇宙之蛋。他潜进了他自己，成为孕育他自己的子宫，令他自己怀上了自己，好孵出一个大千世界来。如此，生主通过内省将自身变为某种新的东西，变为大千世界。特别令人感兴趣的是各种差异巨大的观念逐渐接近的过程。杜伊森在书中说道：

> 在印度那么一个炎热的国度里，tapas（自我加热）成

1 Rig-Veda, X, 121，译自Deussen, *Geschichte*, I, p.181。

2 Ibid., pp.181f.

3 *Sa tapo atapyata*.

了受苦、受折磨的象征，因此，tapo atapyata便逐渐获得了“苦行”的含义，并相应地与“创世活动是创世者的一种自我克制”的观念联系起来。[1]

590 苦行、[2]自我克制、内省，这三个观念之间存在着密切的关联。沉浸于自我（内省）即沉入无意识深处，同时也是苦行。从《梵书》的哲学角度来讲，其结果就是世界的创造；而从神秘主义角度来讲，其结果就是自我觉醒和个人的精神重生——重新诞生于一个精神上的新世界。印度哲学还假定创造力就是这样从内省中萌生出来的。《梨俱吠陀》（X，129）中写道：

之后，救世主，破壳而生，
由于自身那炽热的欲望之火而自行诞生。
因他，初始的爱欲萌生，[3]
这是认知的第一颗种子。
智者索于内心，经过深思熟虑，
使有之根脉从无中被发现。[4]

---

1 *Geschichte*, I, p.182.

2 在关于创造性热量之斯多葛学派内容中，我们已经将之看作是力比多（p.67，n.51，上文），就像密特拉神通过一块石头穿过力比多的唯一热量而诞生一样。

3 Kama=Eros=力比多。

4 译自Deussen, I, p.123。

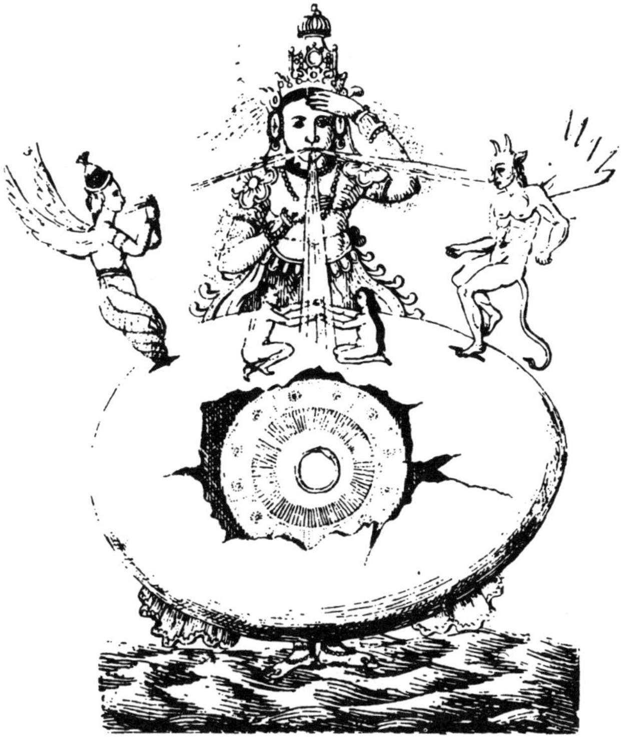

图36. 生主与世界之蛋
印度

591 此种哲学观点将世界视为力比多的发散。同理，当精神失常的施雷伯通过自身的内省臆想出世界末日之时，他所做的便是将力比多从周围世界抽出，从而令世界失去真实性。[1]叔本华也选择了一条完全不同的路径，试图通过否定（等同于圣洁

1 *Memoirs of My Nervous Illness*.

与苦行主义）来抵消那神圣的原初意志（Primal Will）所犯下的根本错误——创造这个世界。歌德也曾经说过："自然的核心难道不是在人的心理吗？"

592 这位将更新世界、征服死亡的大任担在自己肩上的英雄，正是创世力量的人格化身，这力量在内省中自我孵化，像蛇一般盘绕在自己的蛋上，用它的毒牙对生命造成威胁，令活着的生灵进入死亡，又从黑暗中重生。在尼采的著作中也能发现同样的观念：

> 你盘踞于自己的不幸之上已有多久？
> 要当心，免得由那长久的苦痛中
> 孵出一枚卵给我，
> 一枚怪蛇之卵。[1]

593 英雄本身就是那条蛇，是献祭者同时也是祭品。正因为这一点，基督才把他自己恰当地比喻为有疗治之效的摩西的铜蛇。也正因为这一点，基督教灵知派的救世主才会以蛇的形象出现。它既是善灵艾格沙狄蒙（Agathodaimon），又是恶灵卡柯狄蒙（Cacodaimon）。在德国的神话中，传说一些英雄是生

1 "Glory and Eternity" ("Ruhm und Ewigkeit" , in *Werke*, VIII, I, p.425).

有蛇眼的。[1]

594 在希腊神话中半人半蛇的刻克洛普斯（Cecrops）身上，我们可以清晰地看出英雄与蛇最初是一回事的痕迹。在远古时代，他很可能就是雅典城的蛇神。作为一个被埋葬的神祇，他和厄瑞克透斯（Erechtheus）一样，是一个属于冥界的蛇神。献给处女神雅典娜的帕台农神庙（Parthenon）就屹立在他的地下居所之上。神的剥皮这一主题与英雄身上的蛇类属性密切相关，我们在前文中讨论阿兹特克活人祭的剥皮仪式时，已经接触过这个主题了。据说摩尼教（Manichaeism）的创始人摩尼就曾被杀死、剥皮、填絮并悬挂在半空。[2]神被悬挂的意象具有无可置疑的象征意义，因为悬挂乃是未得满足的渴望或迫切的期盼（“挂念，悬心”）的象征。基督、奥丁、阿提斯及其他一些神被悬挂于树上。在犹太马加比王朝的暴君亚历山大·雅纽斯（Alexander Jannaeus）统治期间（公元前106—前79年）曾有一位“潘迪拉的耶稣”（Jesus ben Pandira）遭受这种刑罚，在逾越节前夕被挂在树上处死。据认为，这位耶稣就是犹太教艾赛尼派（Essene）的创始人，[3]他与后来兴起的基督教信仰之间存在着某些联系。还有一位“史他达的耶稣”（Jesus ben Stada）

1 Grimm, IV, p.1395.西格德被称作“Ormr î Auga”（毒蛇之眼）。

2 《迦拉太书》3：27中包含着这一原初思想的暗示：“因为许多如你这般的人进入基督，而使得基督登场了。”这里所用的这个词，ἐνδύειν（induere），它的本意是“穿上，装扮某人，逐渐而巧妙地进入”。

3 Cf. Robertson, *Christianity and Mythology*, p.395.

也是被吊死的，人们曾把他认作较早的那位耶稣，后来又认为此人生活在公元2世纪。上述的两位耶稣在被吊死之前，都曾被人用石头击打，这种刑罚和绞刑一样，都是相对来说不那么“血腥”的。如果我们把这一事实与乌干达的一个奇特仪式联系起来考察，或许能看出此中可能蕴含的深意：

> 当一位乌干达国王想要长生不老时，他就去往布西罗（Busiro）县境内的一个地方，在那里，各部落的酋长们为他摆设宴席。在宴席上，马姆巴（Mamba）部落的成员[1]受到特别的礼遇。欢庆活动中，该部落的众人暗暗地从同伴中选出一个，把他抓住，用拳头打死。在这个过程中，行刑者不可使用棍棒或其他武器。受害者死后，他的尸体被剥皮，又用他的皮制成一条特殊的鞭子……据信，经过这场奇异祭品的布西罗之宴以后，乌干达国王便可获得永生，只是从那天开始，他就被绝对禁止见到他的母亲。[2]

595 希腊神话中半人半兽的森林之神马西亚斯似乎是库柏勒那位儿子—情人阿提斯的替代者，他也遭受了被剥皮的命运。[3]按照斯基泰人（Scythian）的风俗，每当国王死去，属于王

1 曼巴蛇是非洲眼镜蛇。

2 Frazer, *The Golden Bough*, Part IV, p.405.

3 Ibid., p.242.

图37. 神秘符号，救世之蛇
古宝石

的奴隶和马匹就被杀掉，然后剥皮、填充，再立起来。[1]在弗里吉亚，父亲—神的代表被杀死并剥皮。此类活动在雅典也进行着，不过被宰杀、剥皮、填充的对象是一头公牛，随后，人们把填充的公牛拴在犁杖上，以这种方式来庆祝大地繁育力的觉醒。[2]

596 神—英雄的象征是主春季的象征（白羊座、金牛座），冬季时这两个星座在天穹的位置降到最低点，此后越过该点开始上升，升到夏至点后再度沉落，仿佛这位英雄已屈服于自身无意识中的死亡渴望。然而他内心的自我是分裂的，他的沉落和渐

1 Frazer, *The Golden Bough*, Part IV, p.246.

2 Ibid., p.249. 关于剥皮主题，见我的"Transformation Symbolism in the Mass", par.348。

行渐远的末日似乎都是出于那邪恶母亲的恶意策划，是她把毒蛇偷放在他的必经之路上，以便除掉他。不过，神话中却给出了令人安慰的许诺，说从生到死的转化中并无矛盾[1]与不和谐之处："公牛生龙，而龙生公牛。"[2]

597 尼采的诗作中也说出了同样的神秘事实：

> 我坐在这里，
> 或者，毋宁说我是被吞进了
> 这最小的绿洲之腹。
> 它打着呵欠，
> 张开它那可爱的双唇……
> 为这头鲸而喝彩吧，
> 如果他做这一切
> 是为了访客的益处！
>
> 为他的肚腹而喝彩，

---

1 另一个尝试解决之道似乎是狄俄斯库里（兄弟）主题：两个彼此相似的兄弟，一个是凡人，另一个是神。这一主题在印度神话中是双马童，此处二者尚未分化。在 Shvetashvatara Upanishad（4，6）中，它清晰地表现为栖息在同一棵树上的情侣鸟，即个体灵魂和非个体灵魂。在密特拉教祭仪中，密特拉是其父索尔的儿子，而且他们二者都是"伟大的太阳神密特拉"。（Cf. Dieterich, p.68.）也就是说，男人不会在死亡时变为其永恒部分，而是在生活中普通或不朽，即自我和自性。

2 Firmicus Maternus, *De errore profanarum religionum*, XXVI, 1, p.67.

如果他是
如此可爱的绿洲之腹！

沙漠在曼延；祸哉，隐藏于沙漠中的人！
石头击打着石头，沙漠在吞噬和扼杀。
死亡这头怪兽，晒黑的粗皮发出亮光，
目光灼灼，大吃大嚼……他的生命就在于咀嚼……
贪欲焚心的人啊，不要忘记：
你就是石头，你就是沙漠，你就是这死亡的头！[1]

598 齐格弗里德杀死巨龙，见到父亲之后，发现父亲正陷于阴郁的烦闷当中——因为地母俄尔达(Erda)在他的道路中放置了古蛇，使他变得衰弱。他对俄尔达说：

无人不知你啊，
你将忧虑的尖刺
插进了沃旦那颗无畏的心。
这颗心，畏惧着
耻辱地日渐衰败与毁灭，
被对你的了解活活填满；

1 *Werke*, VIII, p.413.

一阵阵恐惧的波浪
充满了他的胸膛！
你不是这世上最有智慧的女人吗？
那么请告诉我：
一个神该如何克服他的忧虑？

俄尔达回答道：

你的名字
和你讲的可不一样！

599 这位母亲用毒刺剥夺了儿子生命的欢乐，又夺走了藏于他秘而不宣的名字中的力量。正像伊西斯逼问大神拉的秘密名字一样，俄尔达也说道："你的名字，和你讲的可不一样！"然而，这位漫游者却找到了克服母亲致命魔力的方法：

神祇的衰颓，
已不再令我丧胆，
因为他们的宿命
乃是出于我的意志！

我把自己的遗产，

留给最可爱的瓦尔逊族；
留给那永葆青春、
欢乐的神的脉裔！[1]

600 在这番智慧的言语中，其实就蕴藏着拯救的思想：在我们的路上放置毒蛇的并不是母亲，而是生活本身，因为它要按照自身的意志去走完太阳的运行轨迹——清晨时分喷薄而出，到正午爬到中天，越过天顶之后，便开始滑落，到傍晚急急坠向西方的天边，它并不硬拗着自己逆自然规律而行，而是顺之应之，甘心乐意地走向沉落的终点。[2]

601 尼采笔下的《查拉图斯特如是说》：

---

1 Wagner, Siegfried, li.2088—2101, 2117—2119, 2126—2127, 2248—2249.

2 一个令人震惊的事实是，杀狮英雄参孙和海格力斯是赤手空拳搏斗的。狮子是仲夏酷热的象征。Steinthal（“Die Sage von Simson”，p.133）做了如下推理：“然而，太阳神与夏日酷热搏斗，他其实是在和自己搏斗，假如他杀死了酷热，他也就杀死了自己……”腓尼基人、亚述人和吕底亚人相信，他们的太阳神是在自杀，因为只有这样他们才能理解太阳光热变弱的现象。然而，当夏日立于当空，以其灼热光线炙烤万物之时，他们这么想：“太阳神在燃烧自身，但是他并没有死，他只是在复原自身……海格力斯也燃烧自身，但他殃及奥林匹斯山。这正是异教神的矛盾之处：作为一种自然力量，他们对人既有益也有害。所以为了能够做好事以拯救人类，他们必须与其自身作斗争。如果这一自然力量的两面分别能够拟人化为独立的神明，或者二者都能被设想为单独的圣人，其有益和有害的一面都可以有各自的象征的话，这一矛盾可以得到缓和。这象征变得越来越自主，直至最后成了神明自身；然而究其本源，神明与其自身对抗并摧毁其自身，而现在是象征与象征对抗，神明与神明对抗，或者神明与象征对抗。”英雄手无寸铁正是由于他在与其自身搏斗。

我赞美我的死亡，那随着我的意愿到来的自由的死。

我什么时候要它来呢？

凡是拥有自己的目标又有继承者的人，在对他的目标和继承者又有利之际，会适时地召唤死亡。[1]

602 尼采的命运之爱多少有些过分，他就像个痛苦的超人，试图永远超出命运一步。齐格弗里德则更为审慎，他战胜父亲沃旦之后，准备再接再厉，去战胜布伦希尔德。他最先看见的是她的马；随后他以为自己看见了一个熟睡的身穿盔甲的男人。他割开那人的盔甲，出现在他眼前的却是一个女人，这时他被恐惧攫住了：

我的心虚弱无力！
该向谁求救呢？
母亲！母亲！
不要忘记我
难道这就是恐惧？
噢，我的母亲！
你那无畏的孩子啊！
一个女子躺在这里安睡，

1 "Voluntary Death", in *Zarathustra*. [Cf. trans. by Common, p.125.]

你已教会他什么是恐惧！

醒来，醒来！
圣洁无匹的少女！
让我吸吮生命的琼浆，
在你最最甜美的唇上，
纵然一吻而死，亦是无妨！

603 在紧随其后的二重唱里，他召唤母亲：

赞美你啊，母亲，
生我养我的人。

604 布伦希尔德的声明则有着尤为重要的意义：

你竟然不知道？
噢！世界的欢乐，
我曾经多么爱你！
你是我的快乐，
你是我的牵挂！
在它还不属于你之前，
我就庇护着你幼稚的生命；

在你降生之前，
我就用温柔灌溉着你。[1]

605 布伦希尔德与沃旦，是一种女儿—阿尼玛的关系，而这里则清晰地揭示，她是齐格弗里德象征意义上或精神上的母亲，从而证实母亲是男人的第一个阿尼玛载体的心理学规律。齐格弗里德问道：

难道，死亡未曾夺走我的母亲？
我所爱的人——她只是沉睡了吗？

606 母亲意象，起初等同于阿尼玛，它代表着英雄自身的女性一面。布伦希尔德在下面的话里原原本本地告诉他：

我便是你的自我，
沉浸在你爱的极乐天堂！

607 她是集母亲—姊妹—妻子于一身的阿尼玛。而且，作为先存的原型，在他出世以前她就一直爱着他：

1 Siegfried, li.2478—2482, 2496—2500, 2511—2516, 2542—2543, 2552—2559. 将亡人的骨灰盒埋入地底并以盾牌掩盖是伊特鲁里亚风俗。

噢，齐格弗里德，齐格弗里德！
你浑身散发着荣胜之光！
我一直都深爱着你。
由于唯有我能测知
沃旦的隐秘思想，
我从不敢
将它说出，
也不敢思量，
只能是默默地感受它。
为此，我历经斗争，
挣扎和反抗。
为此，我违背了
孕育着谜底的神祇——
难道你就猜不透吗？
——那想法不是别的，正是我对你的爱！

608 阿尼玛形象还带着母亲意象的另外一些侧面，包括水和浸没：

这一片壮观的水域，
在我面前汹涌。
撞击着我的感官。

我只看见
它那令人欢畅的活泼的巨浪。
我渴望着
把我这颗为你燃烧着的心,
投入水中去获得慰藉;
恰如我自己
很想投入这波浪之底;
啊,愿让那巨浪
用极乐将我淹溺!

609 水代表着母性的源深之处和重生之地;简而言之,就是兼具正负两方面意义的无意识。然而,这新生的奥秘却有着令人敬畏有加的性质;它是一个致命的拥抱。在天上负责骑马接引亡灵的布伦希尔德,在她下面这段话里提到了英雄的那位可怕母亲,就是教会他们恐惧的那一位:

你怕了吗,齐格弗里德?
难道你不害怕
那个狂野、愤怒的女人?

610 阿普列乌斯《金驴记》爱情场面中"爽到死"(Occide moriturus)的呼喊在布伦希尔德的话里也有共鸣:

让我们欢笑，笑到迷失，

一直笑到死神的地狱！

611 还有下面这声呼喊——

熠熠闪光的爱情，

欢笑着死亡！[1]

我们从中同样发现了爱情—死亡这一对重要的比照。这种狂热和野性的极致正是严厉的欲望之母的本性，并且决定着英雄的命运。必得有幸运之神不请自来地、意外地站在他这一边，他才不至于在完成自己首项使命的过程中死于过分膨胀的自信。然而他的母亲——阿尼玛却是盲目的，或迟或早，他都要被他的命运所压倒——在大多数的情况下都逃脱不开这样的下场。齐格弗里德接下来的命运与每一个原型英雄的命运并无二致：他被独眼哈根（Hagen），就是那“黑暗者”，用长矛刺中了薄弱之处。这是独眼的沃旦借着哈根之手杀死了自己的儿子。英雄是理想的男性代表：他离开了母亲，生命的源泉，受无意识的欲望驱使要再次找到她，回到她的子宫里。在

1 Siegfried, li.2561—2562, 2565—2566, 2571—2590, 2738—2750, 2797—2799, 2818—2819, 2862—2863.

他升腾之路上的每一个艰难险阻，都隐约带着那可怖母亲的特点，她用隐秘的疑虑和内倾意愿的毒汁暗暗削弱着他的力量；而他的每次胜利都等于赢回了那位微笑、慈爱、赋予生命的母亲。这一形象，被视为一个音乐性的人物，一种韵律和谐的情感，因而极其简单，含义也非常明显。然而，对于学者来说，它却成了一个几乎无法逾越的难关，特别是在它的逻辑阐释方面。其原因在于，英雄神话任何部分的含义都不是单一的；在必要时，所有的形象都可以相互转换。唯一能够确定并且可靠的是神话本身的存在，并且真真确确地显示着它与其他神话的类同之处。神话的解读是一项复杂棘手的工作，人们用怀疑的眼光来看待它也并非全无道理。迄今为止，神话解读者总感觉自己处在某种不值得羡慕的境地，因为他手中能供他辨别方向的只有某些太过令人生疑的东西，比如一些天文学和气象数据。相比较而言，现代心理学所享有的条件显然要优越得多，因为它已经进入心理现象的研究领域，这些现象本身便是一切神话的母体——我指的是梦境、幻觉、想象和妄想中的意念。在这片领域当中，心理学家们不仅找到了无数与神话母体一致的对应点，还得到了一个无比珍贵的机会，来观察上述内容是如何浮现在人的心理层面上的，并分析它们是如何作用于活的生物体的。事实上，在人的梦境中，我们也同样能发现意义的多重性和显然是没有局限的形象互换能力。另一方面，我们现在已经开始能够在研究中确定某些法则，至少可以说是一些规律，从而令梦的解释成为一种更有把握的工作。譬如，我们知道梦一般是对意识状态的补偿或补足。[1]对梦的解析至为重要的这一原则，也同样适用于神话。再者，在对无意识作品的研究中，学者们也发现了巧合于神话母体

图38. 世界的平面图
波杜里尼手抄本

1 虽然一般来说，无意识是对意识的补充，但这种补充并非可被清晰预测的机械性质，而是有目的和有智能地行动的，因此最好将其视作补偿。

的原型结构的可辨踪迹，其中有一些原型堪称优势遗传物(dominants)，如阿尼玛、阿尼姆斯、智慧老人、女巫、阴影、大地母亲等一些原型；还有组织性的优势遗传物，自性、轮转、四位一体，即自性或意识的四种功能或方面。显而易见，对于上述各种原型的了解使得我们对神话的解读变得相对容易了，同时也使这项工作找到了它本当归属的领域，即心理学研究领域。

612 如此说来，英雄神话便是一出只能通过投射来观赏的无意识戏剧，就像柏拉图的洞穴寓言所讲的那样。英雄本身的形象要显得比凡人高大许多。从一开始，他就凭着自身神一般的特质而有别于凡夫俗子。既然他是心理学意义上的自性原型，他的神性特质只能进一步证实了自性的超自然性，他或者是神，或者与神性有缘。在这个基本神话主题当中或许潜藏着三位一体论的理论根基。自性究竟应被视为与天父“同质”呢，还是只不过性质相类似？从心理学角度看，对这个问题的不同回答，造成的影响可谓天悬地殊。神学上对三位一体论的确立，在心理学上的意义非同小可，因为它断定基督就神性而言与父神同质。然而，从心理学和比较宗教学角度看，基督是自性的典型体现。就心理学而言，自性乃是一个神的意象(imago Dei)，不能从经验主义出发将两者分别开来。因此，这两个观念在性质上是同一的。英雄是神化身为人这出戏中的主角；他恰恰与我说的“超自然人格”(mana personality)相符。[1]后者对人的意识具有如此巨大的诱惑力，令人的自我情不自禁地要屈服于这种诱惑而对英雄产生认同，随之而来的是自身的心理膨胀及其全部恶果。正是出于上述原因，某些神职人员对“内心的基督”这种提法表示反对，也是可以理解的，至少，这种反对的声音可算是对抗威胁着奉行基督教的欧洲人的心理膨胀危险的一剂预防针。尽管在印度的宗教和哲学观念中，同质说大体占据了主导地位，[2]但是心理膨胀的危险却较欧洲要小，因为印度人心目中的神在人性方面也与神（Brahman，婆罗门）是同质的，即所谓“梵我如一”，而这在基督徒心目中

图39. 十二宫的四角：日月在中心
科特普徽章

1 See “The Relations between the Ego and the Unconscious” , Ch. IV.

2 个人和超个人灵魂的同一性。

是绝对不可能的。后者的内倾功夫远远不足，无法认识到梵我如一的观念会给他对神的现有认识带来怎样的改变。希望读者能原谅我这番看似离题万里的思索。我写下这些的用意，只想把英雄原型的超自然性放在正确的视角下来考察。[1]

1 Cf. *Psychological Types* (1923 edn., pp.245ff.)，和*Aion*中关于自性象征一章。

八

献　祭[1]

613　现在，让我们再次回到米勒的幻想，看看该剧的最后一幕。Chi-wan-to-pel满怀痛苦地喊道：

> “茫茫世间，难道就没有一个知心人吗！从开始到现在，我找遍了一百个角落，经历过一百次月圆月缺，莫非，我永远都找不到一个能读懂我灵魂的人吗？——能，靠着万能的主，我能！——不过，在她纯洁的灵魂诞生之前还需经历上万个月圆月缺。她的父母，将由另外一个世界降临到这个世界。她出生时皮肤白皙，一头金发。忧伤将

1 ［见瑞士版，Ch.VII，“Das Opfer”（“献祭者”），包含了构成当前版本中第七和第八部分的所有内容。此处的内容有一个中断，但是没有标题。当前的编排基于原始瑞士版本和英译版。——英译注］

伴随着她；她也将和我一样永远寻觅，却发现终将找不到一个懂她的人。她身后追求者无数，很多人向她求婚，却没人能懂如何理解她。诱惑会时时袭击她的灵魂，不过她将不会屈服……在她的梦中，我将朝她走去，并且她将会懂我。我的身体依旧洁净无瑕。我已又经历了一万个月缺月圆，来到她的时代。而她，却整整迟到了一万个月缺月圆。不过，她将会理解！只有经历过一万个月缺月圆，才能诞生一个像她这样洁净的灵魂！”

（一段空白）树丛中的地上突然蹿出一条绿色的毒蛇，冲到他跟前，在他胳膊上咬了一口。随后，又咬了他的马。马儿立刻倒地而死。Chiwan-to-pel对马儿说道：“永别了，我忠实的兄弟！你安歇吧！我向来爱你，你也曾出色地为我效力。永别了，我很快就来陪你！”他转头对蛇说道：“谢谢你，我的小姐妹，有你帮忙，我才结束了这漫长的流浪生活！”接着，他发出一声痛苦的叫声，大声祈求上天：“全能的主啊，快带我走！我一生都在寻求你，遵守你的诫命。啊，求你别让我的躯体腐朽，别让我的躯体成为兀鹫啄食的腐肉！”这时，远方突然出现了一座冒着烟的火山，伴随着地震的隆隆声，紧接着便是山崩地裂。Chiwan-to-pel的身体被裂开的大地吞没，他口中极度痛苦地喊道：“啊，她会懂得！ Ja-ni-wa-ma，Ja-ni-wa-ma，唯有你才懂得我！”

614 Chi-wan-to-pel的预言与朗费罗笔下的海华沙的预言遥相呼应，在那部史诗中，当这个英雄一生的使命即将走向终点之际，诗人忍不住内心的多愁善感，假借基督教和基督教伦理的至高无上的幌子硬是把白人的救世主生扯了进来（这令人不由得悲哀地联想到西班牙人在墨西哥和秘鲁完成的救赎工作，以及发生在北美的印第安战争）。为了这个预言，我们作者的人格再次被带入一种与主人公亲密的关系中，就像Chi-wan-to-pel真正渴望的对象一样。假如她与他生活在同一时代，剧中主人公无疑会娶她为妻，只恨她生得太晚——整整迟到了一万个月圆月缺。如此宽阔的一道时间鸿沟，亦指向两人之间另一种意义上的鸿沟：那就是横亘在米勒小姐的自我与Chi-wan-to-pel这个形象之间的鸿沟。他完完全全地站在了“另外一边”。她对他的寻觅永无结果，就像他对她的寻觅一样劳而无获。换句话说，意识和无意识之间永无可能相遇或统一，补偿的意识态度和创造完整必不可少。他与她的相逢至多也只能发生在这样的梦中，也只有在这种情况下，他们的心灵才能相互理解、相爱相拥。然而，这种爱将永远不会变成意识层面的事实。在此方面，情形对于米勒小姐而言并不乐观，因为在任何真实的恋爱关系中，基本上都是以女孩儿找到她生命中的英雄，而英雄找到他的灵魂而构成。这并非指发生在梦中，而是在可感知的现实中。

615 接下来的一段话说道：“我的身体依旧洁净无瑕。”这骄傲的宣言，按常理来讲应当是出自女性之口，因为男人一般不倾向于拿这种事来自夸，然而主人公却声言自己未受玷污，这便再次证实了一切都只不过是梦中情境。如果我们回过头想想前一章里他在生活中尝试半途夭折，其中的意义就明显无疑。他这样告诉我们："时时有诱惑袭击她的灵魂，不过她将不会屈服。" 以上陈述表明了作者那副"碰我的人没有得逞"的态度，就像她的"幽灵恋人"口口声声所说的那样。[1]总之，阿尼姆斯这个英雄形象的觉醒通常会在人的意识层面上造成一些类似的结果，这就像是一种新的本能被激发出来，心灵被一种迄今为止还未曾知晓的渴望攫住了：尘世之爱在天堂之爱的反衬下变得黯然失色，从而使人的心灵和理智都偏离了"自然"的发展方向。这里的"自然"一词，采用的乃是启蒙时代赋予它的含义。当然，在现实中这种弃绝凡尘的"精神"上的激情，只不过和昆虫的交配飞行一样地出于自然。对于"天上的新郎"或索菲亚的爱绝不仅仅是一种局限于基督教信徒圈子里的现象。实际上，固守心灵的现实乃是"另外一种"同样自然的本能。这并非像某些理论所说的，是什么权宜充数的虚构，而是实实在在的事实和形象，它能使一个人充满激情，如醉如痴，其勾魂摄魄的能力比这世上的人可一点不差。"你仅仅知道一种

1 Cf. Harding, *The Way of All Women*.

冲动。”[1]这是浮士德对他的学生瓦格纳(Wagner)说的。但米勒小姐似乎是为了寻求另一种冲动而不顾将置身于危险的境地。她的这种做法并没有帮助她逃脱由于片面性而带来的危险,不过是改变了形式而已。凡是眷恋尘世生活及其荣华而忘记了那个“黑暗王国”,或将尘世与黑暗王国相混淆的人(这是最常发生的情况),就等于把灵魂交给了敌人;而凡是逃避尘世生活,堕入“永恒拥抱”的人,就等于把自己的生命交给了敌人。这正是英雄Chi-wan-to-pel身上所发生的,而这位英雄乃是米勒小姐内心出世性的人格化身:他与一条绿蛇发生了冲突。[2]绿色是植物守护神的颜色(“绿色是生命的长青之树”),而蛇则代表着本能世界,特别是那些在心理学意义上最难触及的、对生命至关重要的过程。蛇梦常常暗示着意识态度与本能之间存在着抵触,蛇就是此种矛盾充满威胁一面的化身。因此,这条绿色毒蛇的出现就意味着:“当心!前面有危险!”

616 我们由故事的其余部分得知,Chi-wan-to-pel确实是被非常彻底地消灭掉了:他先是遭到致命的蛇咬,接下来,那条蛇又咬死了他的马,即他的动物性生命能量的代表。最后,他又被爆发的火山所吞噬。问题以这种方式得到解决,表示无意识在努力地做补偿工作,试图帮助意识摆脱危险困境。目前

1 [Cf. MacNeice trans., p.40.]

2 见雅费关于E. T. A.霍夫曼《金碗》的研究。

为止，这种处境的危险性还只是出现在暗示中。不过，假如这种处境要求用如此激烈的方式来消灭这位英雄，而不顾他肩负着通常的神化功能，我们便有充足的理由得出结论：作者的人格正遭受最高程度的威胁，这种威胁来自无意识的入侵（被委婉地视为一种“创造性幻想”）。只要能把这位迷人的Chi-wan-to-pel从她脑海中抹杀，那么我们至少还有一点希望。或许她的精神恋人之死将另一条路堵住以后，能使她的兴趣重新回到常青的尘世生活中来。如果后者不能理解并试图统合这些泛滥到自身领域中的无意识内容，来自无意识的入侵对意识来说就是极具危险性的。人们当然不觉得米勒小姐就是那个“知心人”，尽管Chi-wan-to-pel自白中那个“将会懂我的人”显然是指她。既然她毫不明白正在发生着什么，她的处境便更是面临危机。因为在这种情况下，她的意识很可能被来势汹汹的无意识击溃，造成致命的后果，正如不久之后所发生的那样。[1]

617 当这样的“入侵”发生时，我们通常面临的是：人的无意识“压倒”或者“接管”了意识。意识将因受困而功能失灵，导致无意识不失时机地“接管”了由意识驱动向前的功能（及时发生转化的过程）从而打破了（力比多）固着不动的局面。于是，无意识中的原型象征就如潮水般地涌入意识领域——而这

1 见我在此作品第二版（1925）中的前言。

些涌入的原型象征内容正是本应由意识体验到的内容，假如意识体验到它们，“固着”就可以避免发生。剧中人着重强调自己的身体未受玷污，又祈求不要让它在坟墓中腐朽。我们从中不难感受到作者意愿中那种停滞不前的倾向。她想要叫停那岁月年华的滚滚向前的时光之轮——想一直流连于童年世界和永远的青春而不愿死去，不愿被埋在泥土中腐烂。然而，尽管我们可以让自己沉浸在那久久珍存的青春时代的情感之中，沉浸在那执意不肯散去的梦幻般的回忆之境，借以忘记时光之轮的滚滚前行，却无奈于那新生的白发、松弛的皮肤和脸上的皱纹之无情的提醒。无论我们是否把自己暴露在生活的毁灭能量之下，岁月都会像蛇一样暗暗地潜入我们的生命，用它的毒汁令我们的躯体日渐衰弱。逃避生活并不能帮助我们躲过衰老和死亡之规律。那些试图躲开生命之必需的神经症患者终将一无所获，只会令自己背上沉重的负担，提前尝到衰老和死亡将近的味道，而他的生活又是如此空虚、毫无意义，这种滋味便愈发显得残酷了。人的力比多若失去了努力进取的可能，无法在生活中出于自愿地面对一切危险和最终的衰亡，那么它就会沿着另一个方向退行，沉入自身的深处，直抵那象征着一切生命的不朽的古老暗指，那古老的重生的渴望。

618 荷尔德林的诗作和生活都是沿着这条路前行的。在这里，我们还是借着他自己的诗倾听诗人自抒胸怀吧：

致玫瑰

在母亲永恒的子宫里，
绿地上的最甜美的女王啊，
鲜活和超越性的大自然，
一直孕育着我和你。

小小玫瑰啊，这可怕的暴风雨，
打落了我们的花瓣，损毁着我们的容颜，
而不老的种子却渴望着
绽放出新的花蕊，生命的奇迹。[1]

619 关于这首诗中的意象，或许可以做如下的评述：玫瑰乃是被爱者的象征。[2]因此，当诗人梦到自己与玫瑰同在大自然的子宫之中，这在心理上意味着他还在母亲的体内。在这里他找到了永恒的动力与苏醒，那是一个潜在的生命，一切都将摆在它的面前，一切尚未实现的可能性都将包含在它的体内，无须他劳心费力去为其赋形。普鲁塔克的记述中，则描绘了奥西里

---

1 *Gedichte*, p.53.［见辛克尔（1916）翻译版。］

2 事实上，它是处女玛利亚（神秘玫瑰）的被爱者和名称之精华。参见Jung and Wilhelm, *The Secret of the Golden Flower* (1931 edn., p.98)和*Psychology and Alchemy*, pars. 99和pars. 139中的曼荼罗象征，以及Hartlaub, *Giorgiones Geheimnis*。

斯与伊西斯这对兄妹在母亲子宫内的交合，这则天真无邪的神话享有着一种令人生羡的特权。他在《许贝利翁的命运之歌》（*Hyperion's Song of Fate*）中写道：

命运无常，像一个熟睡的婴儿，
发出沉重的鼾声。
圣洁地被羞怯的蓓蕾
悉心地守护着。
她们的精神之花永远绽放；
宁静的眼神，
透视出永恒、平静的安详。[1]

620　这一段引文说明了他心目中理想天堂的意义。对这种最重要的、最伟大的幸福，荷尔德林一生中无时无刻不在惦念，它始终萦绕在他的心怀，令他疏离了现实生活。我们在弗劳比纽斯[2]记载的“大蛇”这篇非洲神话中，也发现了母亲子宫中的双生子这一主题，其中讲道：一条小蛇钻进树洞之中，长成了一条大蛇（“蛇的进一步延伸”），吞吃了所有的人（吞噬的母亲=死亡），直到最后，只剩下了一个怀孕的妇人。她挖了一

1　*Gedichte*, p.315.［基于辛克尔译文版（1916版）。］

2　Zeitalter, p.68.

个坑，用石头盖住坑口，在那里生下了一双儿女。后来，这双儿女最终完成了他们的“屠龙”使命。下面这则西非传说中也出现了孪生兄妹在母亲体内交合的情节：“起初，天空之神奥巴塔拉（Obatala）和他的妻子大地女神奥都都娅（Odudua）紧贴着待在一个葫芦里。”[1]“圣洁地被羞怯的蓓蕾悉心地守护着”的意象在普鲁塔克的著作中也有表现，其中说太阳清晨时分从一朵花蕾中诞生。印度教中的梵天也生自一朵花苞。此外，在阿萨姆传说中，最初的一对人类男女是从一朵花苞中诞生的。

人[2]

当古老的群山
刚刚由水面露出，哦，大地！
第一片绿色岛屿，
年轻的幼芽，大地的呼吸，芬芳馥郁，
五月的气息自海上吹来，
还有日神那欢乐的眼睛。
俯视他初生的树木鲜花，
笑看他年幼的孩儿，你们的后代：

1 Zeitalter, p.269.

2 本段翻译引自https://www.douban.com/group/topic/2990930/，译者为lynda。——中译注

将在一个温暖的夜晚，
带着你们期许已久的目光，
降生在最美丽的岛上，
那将是世界上最漂亮的孩子。

这孩子躺在果实累累的葡萄藤下，抬眼仰望
深知他的父亲赫利俄斯，
在一边品尝着甜美的果浆，他选择了
这神圣的藤蔓做他的乳娘。
不久他便长大成人，
因为他的与众不同，
百兽见他都惧——只因他是人。
他不像你——大地，
也不像他的父亲，因为在他身上
父亲无畏的崇高的灵魂已经
与你的欢乐和悲哀永远结合在一起。
他更愿像那永恒的大自然，
成为众神之母及可畏的母亲。

正因如此，大地啊，人的傲慢
驱使他离开你的胸脯，你送给他所有的
温柔礼物都是枉然，那颗骄傲的心啊，

跃动得太高太高!
告别生身之岛的芳草地
人要远航,奔向那无花无草的海洋,
尽管自己的园圃中,金黄的硕果
粲如满天繁星,可他还要
到山中挖洞,在矿坑里苦受,
远离父亲的神圣光辉。
他也背弃了日神——他的父亲,
那位不喜苦工,嘲笑忧虑的神。

啊! 林中鸟儿的呼吸才叫自在,尽管
人的胸膛更剧烈而骄傲地起伏,
他的傲慢却化成了恐惧,而那娇嫩的
宁静之花亦不能开得久长。[1]

621 这首诗中包含着诗人与大自然之间不复和谐的最初暗示;他开始感到自己疏离了现实。请注意,诗中的孩子选择"葡萄藤做他的乳娘"。这一狄俄尼索斯式的暗喻令我们联想起《创世记》(第49章第11节)中雅各对犹大的祝福:"犹大把驹拴在葡萄树上,把他的驴驹拴在美好的葡萄树上。"

---

1 *Gedichte*, p.115.

622 在一块诺斯替教的宝石上，刻有一头正在给驴驹喂奶的母驴，上方是巨蟹座的符号及“D.N.—IHV.XPS”的铭文，即我们的主耶稣基督，又加上了“神的儿子”的字样。[1]正如殉道者查士丁（Justin Martyr）激昂地指出的，基督教传说与狄俄尼索斯传说之间存在着确凿无误的关联（比如，关于葡萄酒的奇迹）。在狄俄尼索斯的传说中，驴子作为西勒诺斯的坐骑发挥着很重要的作用。驴子与号称“第二个太阳”的土星之间存在着关联，土星又是以色列之星，因此在某种程度上与耶和华相当。罗马帕拉丁山（Palatine）的一面墙上粗粗刻画着一幅驴头人身的十字架受难像，便暗指着人们曾在耶路撒冷神殿中敬拜驴头的传说。在当时，从局外人的角度看，基督徒和犹太人之间的差别并不是十分明显。

623 荷尔德林主要关注的是人的狄俄尼索斯式的本性：葡萄藤是他的乳娘，而他心中的抱负则是“像那永恒的大自然，成为众神之母，可畏的母亲”。“可畏的母亲”就是那位严厉的欲望之母，无羁而不驯的大自然，代表她乃是希腊众神当中最为吊诡的那一位，狄俄尼索斯，这位酒神恰恰又是尼采心目中的神，尽管从尼采最初的经历来看，他心目中的神应当是那位不祥的猎手沃旦才对。关于这一点，瓦格纳的叙述更加详细。

624 “傲慢”驱使人离开了母亲，离开了大地，也使其疏离了“父

1 Robertson, *Christianity and Mythology*, p.369.

亲神圣的光辉”，直到他的藐视转化为恐惧。作为大自然之子，他与母亲陷入不和之中，确切地说是因为他试图效仿“众神之母”。引领他的不是理性，只有狄俄尼索斯式的狂野无羁的力比多。

致大自然

当我逗留在你的面纱四周，
像朵朵垂挂在枝头的花蕾一样嬉戏，[1]
每一次迷失，我依然能够感受到你的心
和着我颤抖悸动的心儿一起跳动。
当我满怀真诚和痛苦的怀念，
触摸你那舒展的、热情洋溢的画面时，
我才找到了一个地方可以让我所有的泪水流淌，
我才找到了一个世界可以将我的爱释放！

在所有人前，我把我的心朝向太阳，
仿佛他听到了我的每一声哭泣，
太阳把那些群星称作小兄弟，[2]

---

1 “在我讨论完荷尔德林最后一首诗之后，我们将会明白，自然被理解为母亲。这里诗歌将母亲意象化为一棵树，孩子像蓓蕾一样挂在树梢上。”

2 联系到他将星辰称为他的“兄弟”，我想提醒读者我在第一部分中所说的关于星辰的神秘认同：“我是一颗星，伴你徜徉”，等等。从母亲的分离和分化，即“个性化”，导致了主体与客体的对抗。而客体正是意识之基础。在此之前，人与母亲同一；也就是说，他与世界作为一个整体相融合。他尚不知太阳是他的兄长；只有在分离之（转下页）

把春天称作神的乐章；
阵阵微风拂过小树或丛林，
风中都蕴含着你的魂灵——我甜美的爱人。
那种美令我心如潮涌
——黄金般的日子啊，无一丝瑕疵。

山谷间，泉水清冽，[1]
年幼的灌木，枝嫩叶绿，
茵茵芳草簇拥在岩石四周，
高树繁枝间可望到点点星空。
在这里我怡然躺卧，
吸吮着朵朵鲜花的芳香，
着迷、陶醉、欢乐，
天阴了，云低了，
金色的雨点在我四周洒落。[2]

（接上页）后，他才开始意识到他与星辰的密切关系。这在精神失常的病人中经常出现。举例来说，在一例罹患精神分裂症的年轻苦工病人案例中，他的第一个症状就是他感觉他与太阳和星辰有种特别的关系。这些星辰对其充满意义，且太阳给予他诸多想法。人们发现，在这种疾病中这种明显的对自然的小说式的情感十分普遍。另一位病人变得能够理解鸟的语言，它给她带来她爱人的信息。（Cf. Siegfried.）

1 泉水、喷泉等是整体性的意象。

2 这一意象表达了神圣或孩子气的祝福的状态，正如Hölderlin, “Hyperion’s Song of Fate”（trans. by Hamburger, p.113）：

“汝行走于光芒之上
脚踏柔软之地 （转下页）

像一条疲倦的、蜿蜒的河流
常常渴望归入宁静的大海。
大地啊,在你富有的爱中,
我却时常哭泣——为我自己不时的迷失。
于是我便同所有欢乐的生灵,
一起逃离时代的囚禁,
有如一个朝圣者结束旅途回归家门,
逃进令人着迷的永恒的臂弯。

充满祝福的童年犹如金色梦境,
为我遮蔽着生活的惨淡凄凉,
凡是心灵的善的种子,都在你手中绽放花香,
我无法企及的一切,你全部赐予!
大自然啊,在你的美丽和光的照耀中,
所有的辛劳与强迫都会释放,[1]
丰收之爱臻获王者之境界,

(接上页)哦,被祝福的小鬼!
神明之和煦微风
轻柔地抚摸汝。"

1 这一段尤其重要:儿童时期所得的一切都是被人给予的,个体无法再达到这一状态,因为它只能通过"努力和强制"来获得——甚至爱也需要努力。儿时泉水如冒泡般泉涌;但是之后需大量努力,它才会保持流动,因为我们越大,它越倾向于回流至其源泉。

其富足犹如阿卡狄亚之收成。

庇护过我的绿色世界——抚育我长大的一切，
已死去、破裂和消亡，
而这片胸膛，曾经是天堂的栖所，
如今却像收割后的麦田干涸荒凉。
春天的歌谣依然曼妙，
给我痛楚的心儿带来些许熟悉的安慰。
可是啊，我生命的早晨已经结束，
春天已从我心中悄然退隐。

我们曾经珍爱之事物，至今只留下阴影，
爱已随年华而褪色，无法挽留；
青春的金色之梦已趋破灭，
友好的自然也已消殒。
我的心，可怜的心啊，那些逝去的日子从未指明——
家在何处，背井离乡有多远？
今天的你啊，哎，永远不再惧怕了解它，
假如一个家园之梦不再令人感到慰藉。[1]

1 *Gedichte*, p.57.［辛克尔译文版本（1916），略有修订。］

翻案诗

大地啊,是什么把我包围在你的忧郁和友好的绿色中?
你如此飘摇作势,到底想要带给我什么?
所有的树梢都在沙沙作响,
仁慈者啊,为何要唤醒我的灵魂? 为什么
你要激起我沉睡的过去?
饶恕我吧,让它们安息,请不要嘲笑我,
把我仅有的快乐化为灰烬。继续吧,
命运无常的神灵,让您的青春
在渐渐老去的长者身上绽放花蕾。
如果你们愿意屈尊俯凡,
你年轻的女儿将为你绽放花朵,
你年轻的英雄将甘美绝伦,
清晨将在欢愉的面颊四周嬉戏,
无忧无虑的歌声将令人陶醉……

啊,当天堂的欢乐依然在我双眼中闪烁的时候
曾经的清泉之歌,
如此容易在我心中响起……[1]

---

1 *Gedichte*, p.156.

625 青春的逝去甚至带走了大自然那流光溢彩的魅力，未来也显得空洞无望。然而，真正令大自然暗淡无光、生活欢乐尽失的原因，是由于人们习惯于回顾过去那些已经逝去的外部事件，而不是朝向内心世界，朝向心灵内部深层的抑郁状态。这种回顾将导致心理上的退行，也是在退行之路上迈出的第一步。退行还是一种在过去的范围内不自觉的内倾，是一种客体的内存，而且是一种心理内容，一种内在的精神因素。它是由时下的抑郁引起的过去痕迹的恢复或激活。因此，假如抑郁完全有效的话，抑郁就应该被视为一种无意识的补偿，这些补偿的内容必须被意识到。要做到这一点，只有一种途径：顺着这种抑郁倾向和它一起退行，整合那些激活的记忆使之进入意识心灵——这也是抑郁的首要目的。

恩培多克勒

你追寻生命，一束神圣的烈火
自大地深处为你喷涌，闪亮而炫目，
那一刻，你带着那份战栗的渴望，
置身于埃特那的熊熊烈焰。

因此，通过一个女王的肆意奇想，
珍珠会在酒中融化——切莫听从她！

多傻的诗人啊，竟把你的珍宝，
投入那明亮冒泡的酒杯！

但你在我心中依然神圣，大地之神力
可能将你带走，这是何等无畏地陨灭！
我情愿追随英雄与你一起进入大地深处，
——如果，不是由于爱的牵绊。[1]

626 这首诗揭示了诗人内心深处对回到母性深处再生的秘密渴望（见图40）。他情愿像珍珠在酒中融化一样，把自己献祭在这圣杯中——获得重生的火山口。他渴望追随恩培多克勒，即被贺拉斯评论说："恩培多克勒希望人们把他看作不朽的神，很冷静地跳进了喷出火焰的埃特那火山口。"[2]

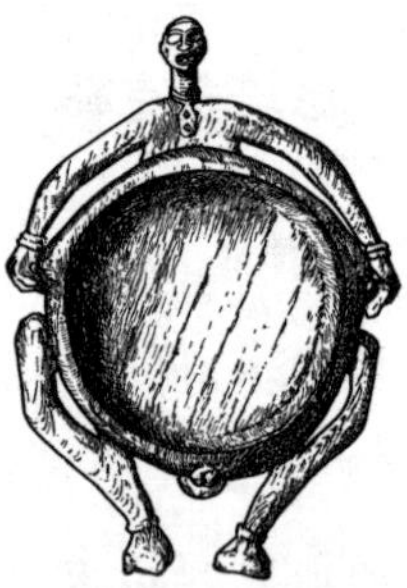

图40. 世界之母的子宫
刚果，木质的碗

1 *Gedichte*, p.142.［Cf. Leishman trans., p.55.］

2 *Ars poetica*, trans. by Fairclough, pp.488—489.

627　他想要追随这位英雄，那是飘浮在他前方的一个理想形象，他想共享他的命运。然而，还有爱牵绊着他，把他拉回到白昼的光明当中。他的力比多尚有一个让他觉得生活还值得一过的目标。假如连这个目标也被放弃的话，那么他的力比多就要沉落到大地之母那里去寻求重生了。

悼

我每天走着不同的路，时而
走进绿色的树林，时而在泉边沐浴，
或者去到开满蔷薇花的岩石间，
从山顶上眺望原野。

噢，可爱的你，日光下到处找不到你，
我往日的话语已随风而逝，
那曾经的海誓山盟……

唉！你已远去，圣洁的脸庞！
你的生命旋律已经绝响，我再也
无法听到。那曾经迷人的歌声
如今又在哪里？

天神的宁静安抚着我的心

多么久远！哦，多么久远！青春
正在变得衰老，甚至当时对我
微笑过的大地也已变得面目全非。

别了！与灵魂分离的日子。
做回你自己吧，我的眼睛为你
流泪，又愈加炯炯地向着
你所停留的彼岸眺望。[1]

628 这分明暗示着一种告别的姿态，是对自己的青春时代的恋慕和依依惜别之情，那个“轻松自在”的时代，令人不由得快乐地沉湎其中。但诗的末段却是灾难的预兆：那是对彼岸，对那遥远的日出或日落之地的眺望。爱已不再紧紧地牵扯着他了，他与世界之间的维系已断，至此，他大声呼喊着向母亲求助：

阿喀琉斯

高贵的圣子！因痛失所爱，
你站在嶙峋崖岸，向那波涛汹涌的洪水大声呼喊，
呼声直达神圣的海底，海底也回应着你的悲哀。
在那波涛之下，在一个幽深的港湾，

1 *Gedichte*, p.157.

住着美丽的忒提斯，你的保护者，宁芙仙女，海中女神。

她是这圣子的母亲，大力的女神。

她用她的乳汁哺育了这个男孩儿，

她用神圣的洗礼和充满力量的波涛之歌

又使他成为英雄，

母亲，忧伤地听着孩子的呼喊，

来自幽暗的海岸的蔷薇，犹如一片云彩，

在温存的拥抱和对爱子之痛楚的爱抚中显得十分安静。

他倾听着——当她爱抚着他并承诺帮助他的时候，

圣子啊！我若能像你，信任地

把隐秘忧伤向天上的神灵倾吐！

可我不可能像你，我必须承担羞辱，仿佛

我已不再属于她，尽管她依然念我，甚至为我泪水涟涟。

仁慈的神啊，你从不会鄙视人们的祈祷，倾听一下我的呼声吧！

圣灵之光，我还没有全神贯注地、热烈地爱你，

因为我就住在大地和你的清泉及林地，

父神——这颗心已感受到你在我周围，炽热而纯洁，

仁慈的神啊，请疗愈我的悲伤吧，别让我的灵魂过早

沉寂，

使我能够继续活着并感谢——至高无上的天神，
我要献上欢乐的歌来致谢，直到最后一个飞逝之日，
感谢你往日的礼物，和那逝去的青春之欢乐，
带我离开这里的孤寂吧，让我和你在一起。[1]

629 上述诗歌描绘了诗人逐步退出并疏离了生活，日渐深入地沉溺于回忆的深渊，其生动形象远远超出了普通文字所能表达的极限。在这些表达怀旧渴望的诗作之后，诗人的笔锋急转，一幅带有浓重启示录风格的帕特莫斯岛（Patmos）异象图陡然显现在我们眼前，有如来自另一世界的神秘访客，这异象被来自心灵之渊的迷雾重重围裹，又有滋生于玄牝之域的疯狂的乱云在它周围不断地拢聚。种种神话意念再度出现，是对死亡和复活的象征性模仿。

630 在这里，我仅举出《帕特莫斯岛》一诗中的几处重要片段为例：

神近在咫尺，
却很难领悟。
不过，危险所在，

1 *Gedichte*, p.244.

亦是拯救重生之处。[1]

631 从以上诗句可以看出，诗人的力比多此时已经沉陷于充满巨大危险的深处（《浮士德》:“玄牝”）。那儿离上帝很近，人们会在那里发现重生的母性容器，再生的种子之地。因为，尽管青春已逝，但生活仍在继续；实际上，若是回首，已然凋谢的往日并没有绊住你的脚步，你还尽可以把生活过得热情洋溢，轰轰烈烈。回首往事并没有什么不对，只要这种回望不是停留于表象，并令你徒然哀叹不可挽回的青春；相反，这回望应该引你思索往昔的魅力究竟源自何处。笼罩在童年记忆周围的金色光晕并不完全来自客观真实，而是多种富于魔力的意象的混合物，它们更多地由人的直觉而不是真正的意识所感知。《圣经》中约拿被巨鲸吞食的寓言，正是这种情形的完美体现。当人完全沉湎于童年的记忆，他就从他生存的世界中消失了。他发现自己显然陷于绝对的黑暗之中，但是接下来却有未来世界的异象意外地显现在他眼前。他所见到的“奥秘”，代表着潜藏在他心灵中的原始意象，这是每个人与生俱来的一种储备，是直觉特有的先天形态的总和。我已经把这种“潜在”的心理命名为集体无意识。假如这一层面被退行的力比多激

1 *Gedichte*, pp.335ff.［一直到par.642的“帕特莫斯岛”, cf. Hamburger trans., pp.217ff。］

活，就有可能实现生命的重生，同样也有可能造成生命的毁灭。退行发展至最终的逻辑结果，就意味着回到过去与自然的本能世界相连接，其形式方面和观念方面都是原初物质（prima materia）的一种类型。如果这种原初物质能被人的意识心灵同化，将会引起一种再激活和内容的再组合。但如果意识最终无法同化自无意识涌入的内容，那么就会出现一种危险的情况，这些来自无意识的新内容就会保持其原始、混浊、不合时宜的形式，从而扰乱意识的统一性。因此，医学界把由此而来的精神紊乱称为“精神分裂症”并非无缘无故，其原因在于，造成这疯狂的根源就在于精神分裂。

632 荷尔德林在其诗中描述了进入那个原初意象之境的体验：

> 雄鹰栖于黑暗，
> 阿尔卑斯的众子，
> 无畏地凌越，
> 云栈轻横。

633 在以上几句开篇之后，这首阴郁而奇异的诗作就这样以恢宏的气势铺展开来。身为太阳之鸟的雄鹰栖身于黑暗——象征力比多隐藏了自身，而在头顶高处，这些山间居者在凌越穿行，诗人在此所指的可能是神灵们（“你们在天光中漫步”），象征着太阳横越天穹之旅，如同雄鹰飞越深渊。

自从四周群山高耸时，
那些在爱中最亲近的
却凋谢在遥远的山巅，
请赐我们圣洁之水，
请赐我们神灵之翼，
带着这颗不变的心飞去来兮。

634 此节中出现的第一个意象是肃穆的群山和时间，或许是漫步在群山顶上由太阳唤起的遐想；接下来的第二个意象栩栩如生地描绘出爱侣间犹远犹近的共时感，又似乎是在隐喻冥界的生命[1]——在那里，人与他生前所有的亲人再度重逢，却享受不到相聚的快乐，因为一切都是幻影，没有真实感，没有生命力。降入冥界的魂灵饮下“圣洁之水”，就是那带来新生的青春之水，[2]就会肋下生双翼，升腾翱翔，再次进入生命，就像生翼的日轮，以天鹅之态自水面飞升。

1 见奥德修斯的地狱之旅，文中他见到了他母亲：“当我母亲说话的时候，于我内心之混乱中萌生一个欲望，我想要拥抱她的灵魂，虽然她已离世。如此想要拉她入我怀，我伸开双臂。如影如梦一般，她从我的怀抱中滑出，留我承受更苦痛的折磨。”（Odyssey, XI, 204—208, by Rieu, p.181.）

2 与圣餐之意义相关的，史毕尔莱因的病人提到“水与幼稚相混合”，“精水”，“血与酒”。他说道：“落入水中的灵魂被上帝拯救，他们落在更深的地面。灵魂被太阳神所拯救。”也见炼金术中永恒之水不可思议的特性。（*Psychology and Alchemy*, pars. 94 and 336f.）

如是我言，一灵旋至，
超乎想象的迅疾，
一个精灵携我飞离家中
飞向我从未念及之地。

渐近黄昏，朦胧的树林渐黑，
当我飞过的时候，
万分渴念家乡的小溪
还有谁？能比我更了解这片土地。

635 诗的开篇阴郁而神秘莫测，仿佛预兆着即将发生的一切。随后，诗人开始了他的东方之旅，飞向那日出之地，飞向永恒与重生的奥秘。关于这神秘之地，尼采亦有梦曰：

> 我怎能不渴望永恒，渴望着数千戒指中的婚戒——回报的戒指！但我从未觅到我愿与她诞育子孙的女人，除非她是我爱的那一位。因为，我爱你啊——永恒。[1]

636 荷尔德林在诗中用更加绚烂的意象表现了同样的热望，其主要特点是我们所熟悉的：

---

1 *Thus Spake Zarathustra*: "The Seven Seals", trans. by Common, p.272，修订版。

但倏尔之间，[1]
在清新的晨光里
那神秘的
跟随太阳的脚步
从朦胧金晖中
骤然跃出——

亚细亚灿然绽放
在我眼前，
千峰竞秀，馥郁弥漫，
眩惑中，我把故知寻觅，
因这宽阔街衢，在我是全然陌生。
帕克陀斯河金波万点，
自忒墨鲁斯山奔流而出，
托罗斯山与嵋索斯基山巍然伫立。
鲜花满园，如宁静火焰，
而高处阳光映亮着
银雪之花皑皑怒放。
在那高不可攀的墙上，生长着

1 本段译文引自https://www.douban.com/group/topic/4431497/，译者为lynda。——中译注

古老的常青藤，[1]
那是永恒生命的见证。
雪松和月桂
以生命之柱撑起
庄严的
神手建造了辽阔的殿宇。

637 这是一个启示录风格的幻象：坐落于永恒青春之域的母亲城，被花团锦簇、生机勃勃、永不凋零的春天的青葱世界所环抱。[2]在这里，诗人把自己视同于圣约翰，居住在帕特莫斯岛上，与"至高神的儿子"交契，并且面对面地和他相见：

1 苏摩酒，波斯人的豪摩，可能由麻黄所制作。Spiegel, *Erānische Altertumskunde*, I, p.433.

2 像Hauptmann, *Hannele*中的圣城（trans. by Meltzer, pp.91—92）：

正义之域充满光明和欢乐，
上帝之永恒和平统治此处，毫无杂质，
其间大厦由大理石筑建，地板由黄金铺就，
卷卷酒流绯红古老，贯穿其间，
百合和玫瑰，盛放于街道，
在其塔尖，喜钟长鸣。
五月之苔藓，为其城堡裹上盛装，
城堡之下，光明之域，
双手相携而漫步，于飞行中欣喜。
于光之深处，有红流起波澜，
天鹅鳞次栉比而潜泳其中，其羽沐浴其中，
于澄澈、幽深之红河中，它们洗涤自身，
而此红河，乃其主，其拯救者之血所流。

在葡萄树之奥秘中，
他们一同座席，在那筵宴时分，
伟大的灵魂，怀着平静的预感
道出死亡和最后的爱……

主为爱而死，此中深意
言辞未能穷尽。朋友们看到
他胜利地凝视前方，
无上喜乐，在最后的时刻……

为此，神给他们派下圣灵。
屋宇为之凛然震动，
神的暴风雨，
牵引远方的雷声
隆隆滚过预感之头顶，
阴沉酝酝，
死之英雄已召聚一堂，
因为此刻，在离去之际，
他再一次向他们显现。
如今白昼熄灭，王者
在神圣的受难中
亲手折断光芒直射的权杖，

因为它必再次降临

于适当的时辰……

638 这一段中潜在的意象是耶稣基督自我牺牲的受难与复活，在此被视同于太阳的自我献祭，指太阳抱着某种复活的期盼，自愿折断了自己的光之权杖。关于光之权杖的实质，以下一些要点或许值得注意：史毕尔莱因的病人说过，“神用他的光芒刺穿了大地”。在她眼中，大地等同于一个妇人，她还神话式地把阳光看成了某种固态之物：“耶稣基督用阳光敲打我的窗户，借此告诉我他的爱。”我在其他精神病人那里也遇到过这种把阳光视为固体的情形。北欧神话中雷神托尔的那把劈裂大地并深深插入地下的锤子，可以说大致相当于开纽斯的脚。而锤子插入大地之后，又可与埋藏的宝藏相提并论，因为一旦守满一定的时间，它又会回到地面，即从大地中获得重生。《圣经》里说，神叫参孙掷下驴腮骨的地方裂开，涌出一泓泉水来。[1]泉水还可能从蹄迹、脚印和马蹄之下涌出。仙棒和魔杖等物一般也归于这个意义类群之下。[2]因此，在此语境下，我们再次遇到了与过去已知的作为力比多象征物的一些关联。这样，权杖的折断就意味着对先前行使的权力的牺牲，即舍弃先前沿着特

1 Judges 15: 17f.

2 Prellwitz, *Wörterbuch der griechischen Sprache*.

定方向有序组织的力比多。

639 在诗中，荷尔德林的笔调从亚洲跳到帕特莫斯岛，又转向基督教神话，从表面上看似乎是各种观念间的草率联系，实际上则是一个意蕴极为重要的连贯性思路：那就是，英雄为获得不朽而自我牺牲，进入死亡和彼岸。此时，太阳已经沉落，生命似乎已经熄灭，人类心怀隐秘的期盼等待一切生命的苏醒：

从现在开始，喜乐常驻
爱之夜晚，坚定常存
聪慧之眼。那是
智慧的深渊。

640 智慧驻于深渊之处——那是来自母性的智慧；一个人如能与她融为一体，就意味着被神赋予了一种透视深度事物的能力，一种感受原始意象的能力和透视潜藏于一切生命之下的原始能量的能力，接受它的滋养、呵护并渐富创造力。在精神疾患带来的狂喜之中，荷尔德林感受到了所见之妙华庄严，却不像浮士德那样，心心念念要把他在渊深之境发现的一切带回日光之下：

如果丢落些许子粒，[1]

1 本段引自http://www.douban.com/group/topic/4431497/，译者为lynda。——中译注

言语中的生命之音
渐至沉寂，
亦算不得坏事。
因神之所为与我们一样，
至高神也不愿
一切作为同时完成。
如同铁在炉中冶炼，
埃特那火山熊熊
燃着松脂，
我亦胸怀珍宝，
用来构筑一个形象，得见
那位灵，[1]一如往昔风采神韵。

641 诗人的伏尔甘之炉中所盛的，实际上就是“一如往昔风采神韵”的那位“灵”，亦即作为原型意象源泉的原初形式的总体。在这个集体无意识的世界里，屡屡表现为一种原型，它被赋予了至高无上的意义，并以神性英雄的形象被传达出来，在西方文化里，这位神性英雄对应的就是基督。

1 写这本书的时候，我采用了荷尔德林的老版本。现代版本用“Christ（基督）”来表示“Geist（精神）”。我保留了老版本的用词，因为先于我看到现代版本之前，在此诗的内在层面，我已明白它意指基督。

他唤醒死者，
那些尚未被粗劣捆缚的
死去的人……

假如天神
如我坚信的那样爱我
……

静静地，他的[1]符号
显于风雷的苍穹。下有一人
终生伫立——因为基督依然活着。

642 然而，正如吉尔伽美什刚刚由西方带回不死仙草，这珍宝旋即被蛇——魔鬼夺去一样，荷尔德林的诗也在痛苦的悲悼中渐渐止息。这说明，他此番降入阴影，便是与这个世界的永诀，随后并没有复活的回归：

……一股暴力卑劣地
夺走我们的心，
因为上世诸灵，各个要求祭品。

---

1 即父亲的。

643 诗人已经承认，人必须在“上世诸灵”从我们手中夺走心的祭品（心去了，整个的人也随之而去）之前，放弃那种只想使蛰伏的童年至乐和轻松自在复活的内倾欲望。然而对诗人来说，这种认识来得已然太迟了。

644 因此，我认为米勒小姐的无意识给予她的一个明智建议就是：让她的英雄死去。既然她没有意愿也没有力量从无意识的混沌海洋里找出另外一位英雄，借此纠正剧中英雄的厌世感（若能如此，那才是真正的英雄之举呢）就不如让他死去。因为他其实不过是她的退行意愿和婴儿式幻想的人格化身而已。这种献祭只能通过全心投入生活才能达成。被束缚于家庭亲缘关系中的力比多必须从这个狭小的圈子中被抽出来，释放到更广阔的范围里去。因为成年人的心理健康要求他自己也成为一个新系统的中心。而他在童年时代不过是某旋转系统中一颗围绕中心不停旋转的小小粒子。显而易见，成年人这一步中包括性问题的解决，或者至少包含着该方面的考虑。因为除非做到这一点，否则，无所事事的力比多将势必依旧执着于以父母为对象的无意识乱伦关系，亦将严重妨碍他的个人自由。切勿忘记基督曾经的训诲，就是要无比坚决地把一个人和他的家庭分开，在他和尼哥底慕的对话中，我们也看到，他是多么格外着力地赋予退行象征含义。以上两种思维取向皆出于同一个目的，就是要把人由他的家庭牵系中解脱出来，从他的软弱和不受约束的童年情感中解脱出来。因为，如果他任由自己的力比多陷于童年环境中不能自拔，而不给它自由，使之追求更高的目标，他就会把自己置于无意识强迫症的魔咒控制之下。无论他走到哪里，无意识都会通过对他自身情结的投射为他再度营造一个童年环境，这个环境同样以依附和缺乏自由为特征，和他以前生活在父母身边时一模一样，而这种做法恰恰违背了他的至关重要的利益。他的命运不再掌握在他自己手里，他的机遇和命运是由天上的星星那里降下的。斯多噶派把这种状态称为“海玛门尼”(Heimarmene)(灾星之犯)，每一个“未被救赎”的灵魂都在它的控制之下。在此情形之下，当力比多始终滞留于其最原始的形式，它就会令一个人停留在相应较低的层次上，无力掌控自己的生命，只能听凭外界的影响。近古时代的心理状态就是如此，而那些力图把人性由海玛门尼的束缚中解脱出来的人，就是那个时代的救世主和医师。[1]

645 乍看上去，米勒小姐的幻想似乎是把牺牲问题当成纯粹的个人问题来对待，但如果我们仔细研究问题的解决方式，就将发现这必定是一个人类的普遍问题。因为其中使用的各种象征(咬死马儿的蛇，自愿献身的英雄)都是无意识中生发的神

1 这是所有神秘宗教的真实目的。他们创造死亡和重生的象征。正如弗雷泽在 *Golden Bough*(Part III: “The Dying God”, pp.214ff.)中指出的，每个原始人在其启蒙神话中都有一样的死亡和重生象征，如同阿普列乌斯在伊希斯神话(*The Golden Ass*, XI, 23, trans. by Graves, p.286)中所记载的关于卢修斯的内容：“我到达了死亡的每一扇门，并且一只脚都踏入了普洛塞尔皮娜的领地，然而我被允许返回，全神贯注于所有的因素。”启蒙仪式“接近于自愿死亡”，卢修斯由此而“重生”(p.284)。

话形象。

646 如果说世界并其中万物都是思想的产物，就此意义上讲，力求回到过去的力比多的自我牺牲必然带来创世的结果。因为，在一个回望者的眼中，整个世界，甚至繁星点点的苍穹，都成了俯身向他、从四面拥抱着他的母亲；人一方面弃绝这个形象，与此同时又渴望着它，我们现在所知的这个世界的图景便由此生成。正是这一简单的思想构成了宇宙为重生而毁灭的意义；提亚玛特被杀的传说便是一个极好的例子（见图41）——提亚玛特是古巴比伦神话中的龙形母神，天空和大地就是用她的尸体所造。[1]然而，对这种观念最完全的表述恐怕要到最古老的印度哲学中，到吠陀圣歌中寻找。《梨俱吠陀》中这样问道：

> 木为何物？树为何物？
> 苍天大地，由何造成？

图41. 马杜克与提亚玛特的战斗
亚述柱形印章

1 炼金术中，哲人石的缩影来自龙的献祭。（*Psychology and Alchemy*, par.404.）

让先哲们询问他们的心灵内部吧。

647 造物主(Vishvakarman)从不知名的树中创造了世界,他是这样做的:

慧心祭者,伏惟献祭,
吾等之父,入此万物,
谨以祷告,祈求福佑,
自隐来踪,进入下界。
此界何物,供他驻足?
此界奉谁,赖以支柱?

648 接下来,《梨俱吠陀》为上述问题提供了答案:普鲁沙[作为最初原始的存在(Man,Anthropos)]他

包摄大地,上下四维,
巍然屹立,十指以外
(指天堂最高处)。[1]

1 Rig-Veda, X, 90.这段文章和pars. 650, 651, 656的内容,译自W. Norman Brown, *Journal of the American Oriental Society*, LI (1931)。

649 显然，普鲁沙与柏拉图所说的“世界魂”相类，它从外部围裹着大地：

> 彼一出生，超越世界，
> 前后各方，莫不如是。

650 作为包蕴一切的世界魂，原人（普鲁沙）具有母性特质，因为他代表着心灵原始的“混沌状态”；他既是包含者，又是被蕴含之物：既是母亲，又是尚未娩出的胎儿，是一种未分化的无意识存在。鉴于这样一种状态势必有其终结之时，而且，它同时又是退行渴望的对象，故而它必须被牺牲掉，只有这样，经过识别之物（意识内容）才能得以生成：

> 时惟泰初，原人诞生，净水喷茅，以彼成祀，众神主祭，诸圣智者，毕聚于焉。

651 这一段的内容尤其值得关注。如果有谁试图将这一基本神话母题（mythologem）勉强纳入逻辑学的“普洛克路斯忒斯之床”，无疑是削足适履的残酷之举。而身为凡人的“智者”又怎能跻身于神祇之列，以共同以及原初存在作为献祭，也是一个完全不可思议的概念，更不符合泰初之时（以原人为牺牲的献祭之前），除了原人的存在万物皆为虚空的事实！然而，假如这位初始的存在意味着原初的心理状态，那么一切就变得清楚了：

> 祭礼既成，掇彼凝脂，众鸟百兽，咸由此来。
> 祭礼既成，歌诗遂现，韵律文体，由彼生成……
> 彼之头脑，生成月亮，彼之眼睛，显出太阳，
> 口中吐出，天神与火，气息呼出，伐尤（Vayu）风神。
> 脐生空界，头现天界，足生地界，耳生方位，
> 如是构成，此一世界。

652 显然，以上所述之宇宙生成并非物质意义上的，而是心理意义上的。世界生成于人发现它之时。但人只有牺牲了自己包蕴于原初母亲（无意识原初状态）的混沌状态之后，才能发现这个世界。驱使他走向这一发现的因素，依弗洛伊德的观点来看就是所谓"乱伦阻障"。乱伦禁忌阻塞了以母亲为对象的幼稚渴望，迫使力比多朝着生命的生物学目标流淌。受到乱伦禁忌阻挡的力比多寻求一个性客体来替代其不得接近的母亲。这里提到的"乱伦禁忌"、"母亲"等词语均属隐喻的说法，我们也必须从此种意义上理解弗洛伊德的那句看似诡论的名言："首先，除了性客体之外我们一无所知。"[1] 弗洛伊德的这

1 "The Dynamics of the Transference", p.319.

句宣言无非是以性来打比方，这和人们把插头插座、螺丝螺母分为阴阳的道理是一样的。它的全部作用就在于，通过解读成人的部分真实，进而推断出与此全然不同的童年状态。如果我们仅从字面意义上理解弗洛伊德的观点，那么这种观点就是不正确的，因为，我们照样可以说，在更早的某个人生阶段里我们是处于除了为自己哺乳的乳房之外一无所知的状态。婴儿在吸吮中获得愉悦确系事实，却无以证明这就是一种性的愉悦，因为愉悦的来源可能有很多种。想来毛虫也能在进食中获得同样的愉悦，尽管毛虫并不具备任何性功能，而进食本能与性本能是极为不同的两回事，这与后来的性爱阶段如何发展利用这些早期即有的举动并无多大关系。譬如接吻，从其渊源上讲，这个动作更多地来自早期的摄食活动而非性活动。此外，所谓的“乱伦阻障”仅仅是一个疑点越来越大的假说（尽管它在描述特定的神经症状况方面十分令人称道），因为它是一种文化的产物，文化并非人的发明，而是在与社会“通婚级别”的发展密切相关的复杂的生理需要基础上生长起来的。“乱伦阻障”的主要目的并非防止乱伦，而是要通过实行“交表婚”来应对族内婚带来的社会危险。一个典型例子是迎娶舅父的女儿，实际上，在这个婚姻关系中起着支配作用的力比多欲能，正是有可能指向母亲和姐妹的同一股力比多欲能。因此，这并不是一个避免乱伦的问题（顺便说一句，群体性乱交极易在初民群落里发生，乱伦行为发生的机会是很多的），而是出于把家庭组织扩展到整个部落范围的社会需要。[1]

653 如此说来，迫使人类走出原初混沌心理状态的，不可能是乱伦禁忌。恰恰相反，起到这种作用的乃是人类特有的进化本能，这种本能把人与其他所有动物鲜明地区别开来，又将无数禁忌强加到人类头上，其中就包括乱伦禁忌。为抗拒这种“外来的促动力”，我们内在的动物本性穷尽了自身一切本能的保守性和厌新性（对新事物的排斥）——在那些尚未开化、意识薄弱的初民身上，这两种特质是非常明显的。我们对发展的疯狂热衷，意味着在心理补偿方面不可避免地带有病态。

654 弗洛伊德的乱伦理论描述了伴随力比多退行而产生的某些幻想，特别是歇斯底里症患者所特有的个体无意识幻想。在一定程度上，它们是婴儿式的、与性有关的幻想，极清晰地反映出歇斯底里态度的缺陷所在及其如此不协调的原因所在。阴影因它们而得以显露。显然，这种补偿将使用一种戏剧化的、夸张的语言表达。而由此生发而来的理论则与这种令患者变得神经质的歇斯底里态度相得益彰。因此，不该像弗洛伊德那样太过刻板地理解这种表达方式。它就和表面上看是由歇斯底里而来的性心理创伤那样不足以令人信服。而在米勒小姐幻想的最后一幕中，出现了回归母体的情节，这一事实越发令

1 见我的“Psychology of the Transference”, pars. 433ff. 和 Layard, “The Incest Taboo and the Virgin Archetype”, pp.254ff。

神经症的性心理理论显出了狼狈之相。在神经症患者的幻想当中，回归母体的过程通常不是经由自然的产道，而是通过口腔，即被母亲吞食的方式完成的。由此生发了一套越发婴儿式的理论，也就是奥托·兰克（Otto Rank）曾经阐述过的那套理论。所有这些象征都只不过是权宜的说法，真正的实质在于，力比多的退行回溯到了较性层面更早也更深的营养功能层面上，并在那里披上了一层婴儿期经验的外衣。换言之，在向更深层次的回溯过程中，退行的性隐喻转化成了来自营养和消化功能的隐喻，而这些隐喻只能被理解为一种表达方式，别无其他。在这个层面上，以乱伦倾向而引人注目的所谓俄狄浦斯情结摇身一变，化成了“约拿与鲸”情结，后者又具有无数的变体，比如吃小孩的女巫、狼、吃人妖怪、龙，等等。对乱伦的恐惧化成了害怕被母亲吞噬的恐惧。退行的力比多显然在一步步向婴儿阶段之初的性前期回溯过程中褪尽了自身的性色彩，甚至在那里也未稍作停留，而是继续退行，一直退到子宫内，回到出生前的状态，并且完全脱离了个人心理层面，以喷发之态进入集体心理层面，就是约拿在鲸腹中见到“秘教”之处。如此，力比多达到了一种初始期特有的不完善状态，在这种状态下，它很容易被卡住、困住，就像忒修斯和庇里托俄斯在冥界之旅所遭遇的那样。然而，它也能从母性的怀抱中奋力挣脱出来，带着新的生命潜力重新浮上表面。

655 在所有这些乱伦和子宫幻想的背后，实际上发生的是：力比多沉潜到无意识之中，从而唤醒了个人领域中的婴儿期反应、情感、印象和态度，但同时又激活了集体意象（原型），后者具有的补偿和治疗意义，乃是神话历来拥有的属性。弗洛伊德所打造的神经症理论（它与神经症患者的特征相符到了令人钦佩的地步），其理论建构过分倚赖于那些令神经症患者深受折磨的神经质想法。由此产生了一种伪称（这是一种完全彻底地投合于神经症患者想法的主张），说神经症的动力潜藏于遥远的过去。然而实际上，神经症每天都要经过重新打造，这是患者错误的心态在起作用：一方面是他病态的思想和感觉；另一方面，他还不断地用自己的神经症理论来为以上思想感觉自圆其说。

656 闲话少说，书归正传。我们来断续研究我们的吠陀圣歌。《梨俱吠陀》第10卷第90曲以下面这一节重要的诗句而告终，而这几句诗对于基督教神秘主义来说也同样极具重要性：

> 众神共祀，以此祭品，奉与牺牲；此一祭礼，最初圣餐。大哉神力，发乎牺牲，扶摇直上，达之天穹，众神诸圣，与彼同在。[1]

657 牺牲带来充沛神力，直与众神的力量相当。正如世界的创造来自牺牲，来自弃绝个人与童年时代相连的纽带，按照《奥

1 Trans. by W. Norman Brown.

义书》的教诲，通过同样的方式也能创造人的新境界，一个可以称为不朽的境界。这种超越了凡人境界的新境界，也是经由牺牲而获得的，那便是具有宇宙意义的马祭。我们从《广林奥义书》中了解到被献祭之马的意义：

唵！

1. 诚然，这献祭之马，其头为黎明，目为太阳，呼吸为风，它张开的嘴是宇宙之火。这献祭之马，它的躯干是年，背是天堂，肚是天空，下腹是土地。它的肋腹是地极，肋骨是中央之极，它的四肢是四季，关节是月和半月，脚是黑夜与白天，骨是星，肉是云。它胃里的食物是沙，血管是河，肝和肺是山，毛是树木百草。它的前半身是日出，后半身是日落。当它露出牙齿，便是闪电；当它抖动身体，便是雷鸣；当它溺尿，天就下雨。它的声音形成言语。

2. 诚然，白昼是特为献祭之马铸就的祭盘，摆放于其身前，朝向东方的世界之海。黑夜是特为献祭之马铸就的祭盘，摆放于其身后，朝向西方的世界之海。

诚然，昼与夜为两只祭器，从两边将献祭之马围绕。

它是神的坐骑，干达婆的神骏，魔鬼的驱驰，人类的驾乘。海是它的近亲，大洋是它的摇篮。[1]

---

1 Trans. by Hume, *The Thirteen Principal Upanishads*, pp.73—74，修订版。

658 正如杜伊森所指出的，献祭之马象征着对世界的放弃。当这匹马被献为牺牲之时，世界也被牺牲而毁灭——这一思路也曾见于叔本华的哲学思想中。这匹马处于昼与夜两只祭盘之间，从一边驰向另一边，恰如太阳从清晨驰向傍晚。（参见图3）既然马是人类的驾乘，服务于人类，就连能量单位也以“马力”为名，可以说，马象征着一股供人支配的力量。因此，它代表着转入这个世界的力比多。先前我们看到，为了创造世界，“母亲—力比多”必须被牺牲；在这里，世界的毁灭也来自同一股力比多的再一次牺牲——就是起初属于母亲，又转入世界之中的那一股力比多。以马作为这股力比多的象征符号，应该说十分恰当，因为我们知道，马与母亲这两个意象之间存在着众多关联。[1]献祭之马的牺牲只能带来又一个内倾的时期，和创世之前的内倾期相类似。昼与夜这两只祭盘，分别代表着给予生命和吞噬生命的母亲，献祭之马位于这两只祭盘之间，暗示着生命被包孕于卵子之中的概念；故而，上述两只祭盘必然要“将献祭之马围绕”。我们在《广林奥义书》第3章第3节（“马祭的献祭者去了哪里”）中看到，事实确乎如此：

“君王们后来怎么样了？我问你，耶若婆劫，君王们后

---

1 《班达希经》(XV，37)中说，公牛萨索克会在世界末日被献祭。萨索克帮助散布人类种族：他将十五个种族中的九个负在背上，带到地球最远处。如我们之前所见，迦约玛特的原始公牛因其生育能力而具有母亲的意义。

来都怎么样了？”

耶若婆劫答道：“……毫无疑问，他们去了马祭的献祭者们前往之处。”

“那么，请告诉我，马祭的献祭者们去了哪里？”

“我们居住的世界，其宽度相当于太阳神车运行三十二天的路程。大地有世界的两倍宽广，从四面八方包围着它。海洋有大地的两倍宽广，从四面包围着大地。彼处[1]有一罅隙，窄薄有如剃刀的锋刃，又如飞蚊之翅。因陀罗以鹰隼之形将君王驮载，交托与风，风携着他们，载往马祭的献祭者们所在之处……”

“故而，风是至为个人（vyashti）又至为普遍（samashti）之物。悟得此道者可免轮回之劫。”[2]

659 正如上文中所言，马祭的献祭者们要去往世界之蛋两层蛋壳之间，在那条至窄的罅隙处，他们被融合同时又被分开。化身为鹰的因陀罗曾偷饮了苏摩酒（难以获得的宝物），他就像普绪科蓬波斯（Psychopomp）一样，载着死者的亡灵飞上天空，交付于风，那生之元气，同时包蕴着个人及宇宙的生命气

1 杜伊森说（*Sechzig Upanishads*, III, p.434）：“那里，海天交界之处的地平线，世界之蛋的两片贝壳之间，是一条狭窄的裂缝，人们可通过它而到达天空背面，在那里，人与婆罗门结成联盟。”

2 Trans. by Hume, p.111，修订版。

息（Prana），[1]从而使亡灵免于轮回之劫。这一思路归结了历史上无数神话传说的意蕴，同时又可作为一个出色的例证，说明印度哲学发展的深度：从某种意义上讲，这种哲学无非是经过提炼升华的神话而已。[2]在米勒小姐幻想的戏剧中，最先死去的是主人公的马，他的动物兄弟（与此遥相呼应的是，《吉尔伽美什史诗》中主人公的朋友加兄弟，有着半兽之体的恩奇都也同样早死）。这匹马的充满牺牲意味的死亡令人不禁想到神话中的牲祭主题。牲祭的意义已经不再只是献上贡品那么简单，它有了更高层次的宗教内涵，与英雄或神祇之间产生了内在的联系。被屠宰作为牺牲的动物代表着神祇本身：譬如公牛代表着狄俄尼索斯—札格列欧斯和密特拉神，羔羊代表着基督，等等。[3]因此，牲祭就意味着牺牲人身上的动物本能，即本能的力比多。这一点在阿提斯崇拜的神话传说中体现得最为明显。阿提斯是众神之母阿格底斯提斯—库柏勒（Agdistis-Cybele）的儿子—情人。阿提斯被其母狂热的爱逼得要发疯，于是在一棵松树下自阉。在阿提斯崇拜中，松树占有非常重要的地位（见图42）：每年人们都用花环将一棵松树装饰起来，一具阿提

1　婆罗门的象征（杜伊森）。

2　如果神话象征对于西贝尔（“Über die Symbolbildung”, III, pp.664ff.）来说是在神话层面上的一个认知过程，那么我的意见与他完全一致。

3　下列有趣的苏美尔—亚述片段（Gressmann, *Altorientalische Texte*, I, p.101）来自亚述巴尼拔图书馆：“他向聪明人说道：羔羊是人的替代品。他给羔羊以他之圣名，他给羊头以人之头。”

斯的模拟像也被挂在树上，再被解救下来。随后，库柏勒将那棵松树带回她的洞府，对着它悲伤哭泣。这里，松树显然代表着那位儿子（在阿提斯传说的另外一个版本中，他真的变成了松树）被母亲带回了她的“洞府”，也就是母亲的子宫。同时，这棵树也具有某种母性含义，因为儿子或其模拟像挂在树上，恰恰是母子合一的象征。日常语汇里也应用了同样的意象：如果一个人过分听从或依赖于其母，就说他“挂在母亲身上”。此外，松树倒下的意象对应于阉割的意象，令人直接联想到后者。如此，树又更多地蕴含着阳具象征的含义。然而，鉴于树主要象征的是母亲，它的倒下便意味着以母亲作为牺牲。如此复杂的意义重叠，只有当我们找到一个共通因素时才能将其梳理清晰。这个共通的因素就是力比多：儿子阿提斯是每个处于类似状况下的人心理上共有的恋母欲望的化身。而大母神库柏勒则代表着母亲心中对儿子的（乱伦的）爱。松树一方面象征着母亲，另一方面象征着儿子的阳具，而阳具又代表着儿子的力比多。松树的倒下，即象征中的阉割，意味着牺牲这一寻求自相矛盾且不可能之物的力比多。因此，神话故事里便通过特有的人物安排及其各自的特质，描绘出了力比多退行的典型命运，这种退行主要发生在无意识层面上。与此同时，这些“剧中人”也出现在意识层面，像在梦中一样，但实质上，这些只是力比多的流动及其趋向而已。所有这些人物背后的驱动之源都是力比多，出于其自身的统一性，它所创造的产物彼此亦密切关联，以致某种特质或行为可能轻易地从一个人物身上传到另一个人物身上——这个事实对于直觉式的理解来说并不构成任何困难，却令逻辑阐释极大地复杂化了。

图42. 阿提斯的神树
库柏勒祭坛的浮雕

660 上面这则神话故事中牺牲冲动来自严厉的欲望之母，后者竟然用爱把儿子逼上了疯狂和自残之路。作为一种原始存在，母亲是无意识的代表：也就是说，神话告诉我们，牺牲冲动来自无意识。对此，我们应该从这个角度来理解：退行是一种敌对生活的趋势，它会剥夺人格的本能基础，从而引起一种补偿反应，具体形式就是对与之冲突的倾向进行粗暴的压制和扫荡。这是一个自然的、无意识的过程，是多种本能倾向之间的冲突，人意识中的自我对此通常是被动体验，因此它一般察觉不出这些力比多的运作，也不能自觉地参与其中。

661 顺便说一句，奥维德在他的著作中也提到过松树，说此树“甚得众神之母的欢心，因为库柏勒的阿提斯曾在这里抛开了人的形貌，身体僵直，化成了树干”。[1]

662 变形为松树又发展成了埋藏在母亲体内，正如死去的奥西里斯躺在雪松之棺中。在那幅科布伦茨（Coblenz）浅浮雕中，[2]描绘了阿提斯从一棵树中长出的情景。曼哈特将其解读为内在的植物元神，但这也可能仅仅是表现一个由树中诞生的场面，就像密特拉神那样。正如弗米库斯·马特努斯所指出的，树和模拟像在伊西斯和奥西里斯崇拜中起着十分重要的作用，在柯尔—珀尔塞福涅（Kore-Persephone）崇拜中也是如此。[3]酒神狄俄尼索斯的别名为丹德里特斯，在希腊中东部的皮奥夏地区，他曾被称为“树中的他”。[4]在与狄俄尼索斯神话相关的彭

---

1 *Metamorphoses*, X, 104.［Cf. Miller trans., II, pp.70—71.］

2 Roscher, *Lexikon*, s.v. “Attis”, I, 722, 10.

3 Firmicus Maternus, *De errore profanarum religionum*, XXVII, p.69：“每年会有一棵松树被砍伐，而一个年轻人的雕像会置于树中间。”

4 Preller, *Griechische Mythologie*, I, p.555. Cited in Robertson, *Christianity and Mythology*, p.407.

透斯（Pentheus）的传说中，[1]故事情节和阿提斯之死及随后的哀悼惊人的相似：彭透斯出于好奇，爬上一棵松树，想偷窥酒神的女祭司们举行的神秘仪式，却不料被他的母亲一眼发现；女祭司们砍倒了那棵树，又在疯狂中将彭透斯当作一头野兽撕成了碎片，[2]在此过程中，他的亲生母亲带头扑上来攻击他。[3]这里我们看到树的阳具象征意义（砍倒=阉割），它的母性属性（树"承载"着彭透斯），以及它与儿子的等同性（砍树=杀害彭透斯）——在以上传说中，所有这些象征含义齐齐现身；同时，我们在此也找到了悲恸圣母的对应及补足形象，即恐怖母亲。纪念阿提斯的节日通常以悲伤哀悼拉开序幕，随后才是迎接春天的狂欢（复活节前的星期五及复活节）。阿提斯—库柏勒秘教的祭司都是阉人，称为Galloi。[4]大祭司（archigallos）被呼为阿提斯（Atys）。[5]祭司们并不是每年举行阉割礼，而是将手臂划破，直到流血为止（手臂作为阳具的象征性替代物；扭动手臂[6]）。密特拉教中也存在类似的以本能为祭的牺牲象征，其神秘的主体部分存在于捕捉和制伏公牛的过程中。与此类似的

1 另一位英雄有狡猾的特性，其父是蝰蛇厄喀翁。

2 酒神崇拜中典型的献祭死亡。

3 Roscher, *Lexikon*, S.V. "Dionysus" , I, 1054, 56ff.

4 对于节日游行来说，它们是女人的衣服。

5 在比提尼亚，阿提斯被称为πάπας（爸爸，教皇）和库柏勒，（Mā）。近东和中东的库柏勒信徒崇拜鱼，吃鱼对母神信徒来说是种禁忌。另外值得了解的是，阿塔伽提斯的儿子认同于阿施塔特、库柏勒等。Roscher, s.v. "Ichthys" .

6 Cf. Frobenius, *Zeitalter, passim*.

形象是原人迦约马特(Gayomart)。他是和原牛一起被至高神创造出来的,二者在一种至福境界中共同生活了6 000年。然而,当世界进入天秤纪元(黄道第七宫)时,他们却面临着一场恶的爆发。在星相学中,爱神维纳斯是天秤座的守护神,因此恶律被纳入爱神维纳斯(这位女神代表着母亲的爱欲侧面)的统驭之下。我们已经了解到,母亲的这个侧面从心理角度讲具有极端的危险性,历来都给儿子带来灭顶之灾的威胁。在以上宿命的支配下,原人迦约马特和他的原牛30年后便死去了(查拉图斯特拉的经历的磨难也持续了30年)。原牛死去之后,从它的尸首生出了55种谷物和12种药用植物。它的精种进入月轮之中得以净化,而迦约马特的精神则进入了日轮。这似乎暗示着原牛具有隐晦的女性意义。原牛的灵魂Gosh或Drvashpa被当作女性神灵来崇拜。起初,她出于怯懦而拒绝成为牛女神,后来为了安抚她,才向她宣布了查拉图斯特拉将要到来的消息。这就如同《宇宙古史》(*Purana*)中大地得到奎师那要来的许诺一样。[1]和波斯夜话中的爱之女神阿德比苏拉一样,Gosh也乘着一辆车子。因此,从外表看来,这位公牛的阿尼玛全然是一副女性模样。在星相学上,爱神维纳斯又是金牛座的守护神。迦约马特的神话是以改良的版本复述了原始神话中男神和女神自我复制的"封闭式循环"。

1 Spiegel, *Erānische Altertumskunde*, II, p.76.

663 与供献祭的公牛一样，火在中国哲学中也具有女神属性——关于火祭，我们已在前面讨论过了。《庄子》(成书于公元前350年左右)中记载："灶有髻。"对此，后世的一位注者[1]解释道："髻，灶神，着赤衣，状如美女。"《礼记》中也提到"燔柴于奥"，"奥者，老妇之祭也"。上面所说的灶神和"奥"，都是往世下厨者的灵魂，因此被称作"老妇"。这位自前佛教时期的传统中发展而来的厨房之神后来以男性神的形象获得了一家之主的地位，并且是各个家庭与上天之间联系的纽带。就这样，原本为女性的火神最终变成了某种兼有逻各斯与中间人意义的形象。

664 由原牛的精种，萌生了现代牛和其他272种有用的动物的祖先。[2]据祆教经典《智慧之灵》记载，[3]迦约马特打败了邪恶欲望的魔鬼德夫·阿聚尔(Dev Azur)。另一个邪魔阿豸则抵抗住了查拉图斯特拉的正面作用，在大地上存留得最久。但终于在复活之日被击败(如同《启示录》中魔鬼撒旦最终的失败一样)。另一个版本则说，魔王安格拉曼尤与古蛇被留到最后，是要等待阿胡拉—玛兹怛本人亲手将它们消灭。[4]科恩(Kern)提出，查拉图斯特拉这个名字的意思可能是"金星"，或许等同于

---

1 Nagel, "Der chinesische Küchengott (Tsau-kyun)" , pp.23ff.

2 Spiegel, I, p.510.

3 Spiegel, *Grammatik der Parsisprache*, pp.135, 166.［Cf. West trans., *Mainyo-i-Khard*, XXVII, 15 (p.157).］

4 Spiegel, *Altertumskunde*, II, p.164.［Cf. West trans., VIII, 15 (p.142).］

密特拉神的形象。[1]密特拉这个名字与现代波斯语中的"mihr"一词存在关联，后者的意思是"爱"、"太阳"。

665 而在札格列欧斯的神话故事中，我们看到公牛与神是等同的，公牛之祭便是以神为祭。然而，事实上，这头祭牲仅仅是英雄的一部分；他只将自己身上的动物属性送上了祭坛，在象征意义上弃绝了他的本能。他在这场祭祀活动中的内心感受[2]在屠牛的密特拉神脸上得到了绝佳的表现——那是一种由极度痛苦和迷醉交织而成的神情。他宰杀公牛既是出于自愿同时又是不得已而为之，[3]正因如此，某些密特拉神雕像的面部才会流露出那种相当哀怜的表情，与圭多·雷尼（Guido Reni）笔下殉难基督的感伤表情颇为神似。本多夫（Benndorf）在提到密特拉神的时候曾经指出：

> 他的面貌……特别是脸的上半部分，具有绝对理想化的特征，带着一种极端病态的表情。[4]

666 丘蒙也同样着重强调了屠牛者（密特拉神）的面部表情：

---

1 Spiegel, *Altertumskunde*, I, p.708.

2 波菲利（*De antro nympharum*, 24, in Taylor trans., p.190）说道："密特拉神和公牛，是一代人的造物主和上帝。"（Cited in Dieterich, *Mithrasliturgie*, p.72.）

3 公牛之死，也是自愿和非自愿的。正如密特拉神将一只蝎子刺入公牛的睾丸（金牛座的秋分时节）。

4 Benndorf and Schöne, Bildwerke des Lateranischen Museums, No.547.

在一流的复制品中，能看出他生着一张年轻人的脸，美到近乎女性化的地步，丰茂的鬈发簇拥着他的额头，仿若光环一般；他的头略向后倾，从而使他的眼光望向天空，而微蹙的眉头和嘴部则给整张脸平添了一种奇特的悲愁表情。[1]

667 据丘蒙猜测，奥斯替亚（Ostia）出土的那尊头像就是屠牛者密特拉神的头像，[2]它脸上的表情确定无疑是我们这些做医生的在病人脸上见惯的那种感伤的逆来顺受。一个值得注意的事实是，在基督教创立后的最初几个世纪里，灵性转化的过程也伴随着异乎寻常的情感释放，这不仅以神的恩慈与大爱这种崇高的形式表现出来，亦表现为人的感伤和幼稚症。早期基督教艺术中的羔羊象征便可归入此类。

668 既然感伤与残暴是一对姐妹，彼此从未远离过，那么，在我们这个纪元的第一到第三世纪之间，它们必定以某种方式形成了那个时代的典型特质。这种病态的面部表情点明献祭者分裂的心理状态：他是既想做，又不想做。由这个矛盾我们知道，这位英雄兼具献祭者和祭牲这两种角色。不过，密特拉神

1 *Textes*, I, p.182. 在另一段文本中（p.183），坎翁提及“英雄特征中悲伤和近乎变态的优雅”。

2 ［它也被认为是阿提斯。——英编注］

所牺牲的只是他的动物属性，或他的本能，[1]后者始终与太阳的行程存在着密切的象征关联。

669 在上面的探讨过程中，我们已经了解到，构筑了宗教体系的力比多最终要退行到玄牝之域，以此体现出我们与自身本源之间的真正纽带之所在。当早期基督教会的教父们由relgare（重新联系，向后联结）这个词推演出religio（敬畏，虔敬）一词时，他们至少可以引用这个心理事实来支持自己的观点。[2]正如我们已经看到的，这种退行的力比多将自身隐藏在无数属性极为驳杂的象征物中，其中有些具有男性特征——从根本上看，性别差异已退居次要位置，其心理意义并不像乍看起来那么重要。这出牺牲的戏剧，其精髓和驱动力在于无意识的能量转化，而人的自我对这种变化的认知，就像身处海面的水手感知海底的火山爆发一样。自然，当我们把牺牲及其庄严的仪典视为一个整体概念，欣赏它的美与崇高之时，必得承认公式化的心理镇静效果着实惊人。戏剧化的具体祭祀行为被归纳为

1 献祭者的力比多本质是明确的。在波斯，它是引诱第一个人犯下原罪（同居）的公羊；它也是人们献祭的第一个动物（Spiegel, I, p.511）。因此这只公羊也等同于伊甸园中的蛇，而据摩尼教看来，那条蛇就是基督。撒狄的墨利托（2世纪）教导基督说，羔羊等同于在亚伯拉罕所献祭的他儿子那里的灌木丛中抓住的那只公羊，而那灌木丛代表十字架。（Fr. V, cited in Robertson, p.412.）

2 由religere（反复检查，思考，回忆）进行的最初推导更为可信。（Cicero, *De inventione* 2, 53, and *De natura deorum*, 1, 42.）拉克坦提乌斯（*Divinae Institutiones*, 4, 28; in Flechter trans., I, p.282，修订版）从religare而得到以下思想："我们因虔诚而与上帝紧密联系在一起。"圣杰罗姆和圣奥古斯丁也有类似的想法。参见Walde, *Lateinisches Wörterbuch*, p.233, "diligo"。至关重要的对比存在于religo和neglego之间。

单调的抽象概念，形象的丰茂生命被压扁成为二维的东西。对事物的科学理解不可避免地会带来某些令人遗憾的结果——但这只是一方面；另一方面，借助于抽象方法，能使我们更深入地领会作为研究目标的现象。由此我们认识到，神话戏剧中的不同形象具有可以互换的性质，因为它们并不像物质世界中具体的形象那样拥有“存在”的意义。后者或许不得不忍受真实的悲剧境遇，而前者却只需在内倾意识臆想出的背景下演绎这出悲剧。人类头脑对于现象世界本质最大胆的猜想，诸如星辰的轮转、人类历史的总体发展规律等，只不过是一个神性大梦中的依稀幻觉而已，当其被应用于内心的戏剧中，便转而成为一种科学上的可能。这出神秘戏剧的要旨不在于人物形象的真实，而充当牺牲的是何种动物、献祭的对象是哪位神祇也并不那么重要；唯一重要的是，牺牲的行为确乎发生了，无意识里的转化进程也确乎在进行，没有人知道无意识的驱动力是什么，或者它的内容与对象是什么，它只是激活受其控制的想象材料，并且把自己隐藏在这些想象材料的伪装之下（就像是披着动物皮跳舞的演员，或是披着人牲之皮的祭司），从而间接地被意识所感知。

670 科学归纳法的一个极大优势在于，它给了我们一把钥匙，使我们得以窥见发生在幕后的神秘进程：在那里，我们可以抛开舞台上的五光十色，深入心理驱动力和心理意义的终极现实中去。这种理解剥离了无意识过程的所有副现象，令其以本色示人，就像我们的全部经验告诉我们的那样——无意识过程乃是一种自主量。是故，任何试图由意识领域推衍无意识的举动都无非是空谈而已，是没有结果的智力游戏。每逢有人在著作中以轻飘飘的语气谈论什么“下意识”，就不免令人疑心他们是在玩这种智力游戏，这些人显然没有认识到他们在肆意表达着一种多么狂妄的偏见。他们怎么能确定无疑地知道，无意识是处于意识“之下”而非“之上”？关于这个术语，有一点倒是可以确定的，那就是意识永远自认为高高在上——甚至高过天上的神。深愿有那么一天，它那“全能的神将令其颤抖震动”！

671 每年向龙献祭一名少女，在神话学层面上，恐怕是最理想的一种祭祀。为纾解恐怖母亲的愤怒，最美丽的少女作为人类强烈邪欲的象征被送上祭坛。这种祭祀的较为温和的形式，是以头生子和各种家养动物为祭。可资替代的另一种理想祭祀形式是自我阉割，而割礼又是自阉之祭的较温和形式。在上述的种种祭祀形式当中，起码还有少许实在的祭物，后来便逐渐发展到以象征性的举动来取代实物祭了。[1]通过献上这些宝贵的欲望之物和所有物，人们放弃了自身的本能欲望或曰力比

1 见西坡拉在给他儿子实施割礼之后跟他说的话（Exodus 4: 25）：“显然这对你来说是一场血腥的丈夫艺术。”［“血之新郎。”——英译注］《约书亚书》中说，约书亚为在荒野中出生的孩子着想而再次接受。“他以此方式替代了那些孩子的献祭，这已经变成了早期向耶和华献祭的惯例，即将男子的包皮献给他。”（Drews, *The Christ Myth*, p.83.）

多，为的是以新的形式重新获得它。通过献祭，人把自己从死亡恐惧中赎回，使冥王的要求得到了转圜。在晚近的秘教崇拜中，英雄已不再像古时候那样凭借一己的劬劳去战胜邪恶和死亡，而是变成了具有神性特质的主角，祭司般的自我献祭者和生命的复苏者。他现在既已成为神的形象，他的牺牲亦是一种超验的神秘祭礼，其意义远远超出以普通之物为祭的价值，这种牺牲象征的深化乃是对古老的人祭观念的回归，因为，要描述自我献祭（self-sacrifice）的概念，需要一种更有力、更完全的表达方式。密特拉神与其公牛之间的关系便十分接近于这个概念。在基督教中，英雄本人出于其自由意志而走向死亡。我们常在密特拉教的碑刻中看到一个奇异的象征图案：一只专门用来调酒的调缸[1]上面盘踞着一条蛇，蛇的对面有一头狮子，二者似乎是敌意地对峙着。[2]它们看起来是在为争夺调缸而打斗。调缸象征的是重生的母性器皿，蛇代表着恐惧和抗拒，而狮子则代表肆虐的欲望。[3]在屠宰公牛为祭的过程中，蛇几乎总是从旁相助，蜿蜒滑向自公牛伤口处流出的血泊。似乎正是出于这个因由，才有了将公牛的生命（它的血）敬献给蛇的举动，这是献给冥界诸神的祭品，就像奥德修斯在冥界给阴影吸

1 我们从波菲利（*De antr. nymph.*）那里了解到，“一个混料罐取代泉水被置于密特拉神附近”。（Cited in Cumont, *Textes*, I, p.101.）这对于理解双耳喷口杯有相当的重要性。也见佐西莫斯的双耳喷口杯（Berthelot, *Alchimistes grecs*, III, p.235）。

2 Cumont, I, p.100.

3 如太阳最热时候的黄道十二宫。

吮的牲血一样。我们已经指出了公牛和蛇之间的互补关系，又看到公牛象征活着的英雄，而蛇象征着死去的、被埋藏了的、阴森神秘的英雄。然而，既然英雄死后是重新回到母亲体内，蛇代表着吞噬的母亲，那么公牛之血与蛇的结合看上去便有了对立统一的意味，而狮与蛇争夺调缸的打斗也很可能具有同样的意义。或许正是出于这个原因，公牛祭才会带来奇迹般的丰饶。甚至在原始文明层次上，在澳洲的土著人那里，我们也遇到了这种观念，认为生命力会逐渐走向衰弱、变质或丢失，因此都须要助其每隔一段时间进行复苏。每当这种衰退的倾向（abaissement）出现时，就有必要举行生命力复苏的仪式。此类仪式样式繁多，不可胜数，但即便是发展到了更高的层次，它们原来的含义依然保持不变。如此，密特拉神宰杀公牛是对恐怖母亲即无意识的一种献祭，无意识自发地从意识中汲取能量，因为后者已经偏离自身本源太远，忘记了神的大能，而若没有神力的作用，一切生命都将凋萎，或因人的肆意胡为而乱成一团糟，最终归于灾难性的覆灭。在祭祀过程中，意识为了无意识的利益奉献出一己的权力和所有物，从而令对立统一成为可能，其结果便是能量的释放。同时，祭祀行为又是母亲的受精过程：地府幽冥的蛇—精灵饮下了牺牲之血，即英雄的灵魂。通过这种方式生命变为不朽，因为，英雄和太阳一样，通过自我献祭和重归母体使自己获得再生。经过所有这些讨论之后，我们应该能够易如反掌地从基督教神话中辨识出这种子对母的献祭。正如阿提斯为了母亲而自阉，而人们将他的模拟像挂在松树上以志纪念，同样地，基督被挂于[1]生命树，就是那殉难之木，或Ἑκάτη，又意同于母亲，从而将众生由死亡中赎回。通过再度进入母亲的子宫，他在死中偿清了[2]人类始祖亚当在生命中犯下的罪，同时他又凭借此举在精神层面上使被原罪败坏的生命复活。正如我们在前面说过的，圣奥古斯丁当真把基督之死解读为一种与母亲的圣婚，类似于阿多尼斯盛宴（feast of Adonis），就是在那场盛宴中，维纳斯和阿多尼斯被置于婚床之上：

> 基督从他的房中走出，仿佛新郎一般，他带着一个关于自己婚礼的预言进入这个世界的领域。他来到十字架的婚床前，在那里，他登上这婚床，完成了他的婚礼。当他体察到人的悲叹，就满怀爱意地舍了自己来代替他的新

---

1 普罗米修斯的结局是相似的献祭死亡：他被铁链绑在岩石上。另一个版本中，他的铁链穿过一根柱子。他自愿地承受上帝加诸他的这一惩罚。普罗米修斯的命运因此让人想起忒修斯和庇里托俄斯的不幸，他们迅速地成长为岩石，即神秘母亲。据阿忒那奥斯的说法，朱庇特释放了普罗米修斯，并命令他戴一顶柳木王冠和铁戒指，象征他被囚禁和奴役的经历。罗伯特森（p.397）将其与基督的荆棘王冠作对比。虔诚的信徒戴上王冠以纪念普罗米修斯，纪念他被奴役的经历。据此联系，王冠与订婚戒指有相同的意义：崇拜者们是"上帝的俘虏"。

2 朗吉努斯带来的矛伤取代了密特拉教祭仪中公牛献祭的匕首伤口。埃斯库罗斯说："厚颜无耻的利齿"刺穿了普罗米修斯的胸部（*Prometheus*, trans. by Smyth, I, pp.220—221）。奥丁和维齐洛波奇特利被长矛刺伤，阿多尼斯被野猪的尖牙杀死。

娘，从此他便与这女子（matrona）永远地合为一体。[1]

672 在圣奥古斯丁的语汇中，matrona被用来喻指教会，羔羊的新娘。古代传统中圣婚的情感色彩在这里已经演化到了自身的反面：欲望的享受变成了折磨，母亲和情人变成了殉难者的赎救对象。曾经的欢乐之事（具有男性特征的意识和具有女性特质的无意识的结合）如今成了一种痛苦；对圣婚象征的体验已不再局限于具象的肉体层面，而是升华到了更高的心理层面，是神与教会“肢体”（corpus mysticum）之间的结合。如果用现代心理学术语来表达，这种圣婚投射意味着意识和无意识的结合，此乃个体化进程所特有的超验功能。凡属无意识整合，无一例外地全都具有疗治效应。[2]

673 当我们将密特拉教的献祭和基督的牺牲做一对比，便看出了基督教象征高出前者一筹的地方：它坦白地承认，应被送上祭坛的并不仅仅是人的动物本能（以公牛为象征物），而是作为一个整体的自然的人，这就不是他的兽形象征物足以代表的了。人的兽形象征物代表着他的动物本能和全然受物种法则支配的境况，而自然人的意义却不限于此，作为一个自然的人，

---

1 *Sermo Suppositus*, 120, 8.［Cf. par.411，上文。］

2 同样的思想可在北欧人的神话中发现：通过挂在生命之树上，奥丁获得了如尼文的知识，和给予其永生的令人振奋的饮料的知识。人们倾向于将此神话题材追溯至基督教的影响。但是维齐洛波奇特利呢？

还意味着拥有一些专属于人类的东西，即拥有令自己背离法则的能力，换用神学语言来说，就是“犯罪”的能力。人性中的这种可变性，不断地在人的面前敞开其他可能的选择，这才使得智人的灵性发展成为可能。然而，其不利方面在于，它用一种乖谬的学习能力取代了本能绝对而且显然值得信靠的引导，前一种能力我们在类人猿身上也能见到。失去了本能的准确性，我们拥有的只是一种不确定性，这便要求我们的意识具有洞察、判断、选择和鉴别能力。假如意识成功地用上述功能弥补了本能准确性的缺失，它将越发努力地用种种可靠的规范和行为模式来取代本能行为的直觉。如此一来，又将招致另一方面的危险，即意识脱离其本能根基的危险，强化自觉意志以代替自然冲动的危险。

674 自然人的牺牲，乃是为达成这一目标而进行的尝试，因为只有这样，意识中主导的理想才得以完全地自我主张，按照一己的想法来塑造人性。这种思想的崇高性是不容辩驳的，也确实不应当受到质疑。然而，就在这崇高的巅峰之上，一个疑问在困扰着我们：人性是否能够以这种方式被塑造？我们的主导理念是否有能力在不破坏自然材料的前提下对其加以塑造？答案只有到经验中去寻找。同时，向高处攀登的尝试也是必需的，因为如不经过此举，我们就永远无法证实这种大胆而激烈的自我改造的实验究竟是否可行，亦永远无从估量或了解那些对此尝试有所助益的力量或令其成为绝对不可能的力量。只有攀到高处，我们才看得出自然人的自我牺牲是否像基督徒所认为的那样，是人类问题的最终解决方案，抑或一种尚可进一步加以修正的观念。密特拉教的牺牲依旧以古老的杀牲行为作为象征，其目的只是驯服和约束本能的人，[1]而基督教的牺牲观念则以人的死亡为象征，它所要求的是整个人的降伏——不仅是驯服其动物本能，而是要全捐弃这类本能，并且约束他作为一个人所特有的精神机能，以求达到超脱俗世的灵性目标。这崇高的理想乃是一种艰难的教化，难免会令人疏离了他的本性，也在很大程度上疏离了大自然。历史经验证明，上述的尝试完全可行，并且在长达几个世纪的时间里促进了意识的发展，若是没有上述尝试的训练，人类意识根本不可能有如此的发展。此类发展并不是随心所欲的发明，也不仅仅是出于知识分子的幻想；它们有其自身的内在逻辑和必然性。自启蒙运动以来，唯物主义一直抨击基督教教义在物质上的不可能性，但这种攻击是完全不得要领的。宗教教义必须是一种物质上的不可能，因为它对物质的世界无话可说，而是一种“超验的”象征或曰无意识过程，只能被人的心灵所理解，它似乎与意识的不可避免的发展有所关联。对宗教教义的信仰也同样是一种不可避免的权宜现象，只要人类文明还要继续发展，这种信仰迟早要被适当的理解和知识所取代。

1　密特拉教是罗马军团的宗教，而且只有男性可入教。

675 在米勒小姐的幻想当中，也存在着一种内在的必然性，推动着剧情由马的牺牲向英雄本人的牺牲发展。前者象征着对生理欲望的弃绝，而后者则蕴含着更深刻、更具道德价值的意义，即人的自我牺牲，对于自我（egohood）的捐弃。当然，在米勒小姐的案例中，这一切只是在隐喻的意义上成立，因为自愿舍身为祭的并不是作者本人，而是剧中的主人公Chi-wan-to-pel。这一道德上的至关重要之举被委托给剧中的英雄去完成，米勒小姐只是以钦佩而赞成的眼光从旁观看，仿佛并没意识到她自己的阿尼姆斯形象是在被迫完成她本人显然没能做到的事情。故而，从牲祭到人祭的发展只是一个概念而已，并且，当米勒小姐在这幻想的牺牲一幕中以虔诚的旁观者角色出场时，她的参与并无任何道德上的意义。正如此类情形下通常的状况一样，当剧中英雄，就是那至关重要的魔力之举的承载者走向死亡之际，她完全没意识到这究竟意味着什么。当幻想中的英雄死去，附着于这个形象身上的心理投射便不复存在，具有威胁性的牺牲之举随之重新回撤到幻想主体本身，也就是说，附着于幻想者个人的自我之上。无法预测这出戏剧将以何种方式告终。至于米勒小姐以后会怎样，由于缺乏相关的资料，加之对她这个人并不了解，所以我也做不到未卜先知，更不能斗胆臆测，说她会由此演化成精神疾患，在现实中谱写一部“Chi-wan-to-pel之牺牲”的姊妹篇。实际上，这是一种全然的沉溺，并非沉溺于生命中积极进取的可能性，而是沉溺于无意识的幽冥世界，这一种崩溃压倒了她的英雄，也同样压倒了她们。

676 Chi-wan-to-pel是被一条蛇咬死的。我们已经找到了丰富的证据，说明蛇是祭礼中宰牲的工具［圣西尔维斯特的传说、童贞验定、埃及大神拉及希腊神话中医药神菲罗克忒忒斯被蛇咬伤、枪矛和箭的象征等］。它是宰牲的刀子，但也是阳具象征，代表着谷物中包含的再生力量——像尸体一样被埋入大地，同时为大地授精。蛇同时象征着转化行为的守护精灵以及转化的物质本身，这一点在炼金术中表现得尤为明显。蛇盘踞于阴森地洞之中，等于生活在地母的子宫里，如同瑜伽中所讲的Kundalini（昆达里尼，"灵量"）之蛇，蜷曲在人的腹腔内，脊柱底部的根持穴内。炼金术领域流传着关于加布里库斯（Gabricus）和贝娅（Beya）的神秘传说，他们是一对皇室兄妹—夫妻。在圣婚过程中，加布里库斯完全进入贝娅，以至于消失在后者体内；他被埋藏在她的子宫里，在那儿分解为原子，化作灵—蛇，即墨丘利之蛇。[1]在精神病患者当中，此类幻想绝非罕见。我的一位患者曾经把自己幻想成一条蛇，缠绕在母亲身上，最终爬进她的身体。

677 在米勒小姐的幻想中，咬死主人公的是一条绿色的蛇。我的另一位患者幻想中的蛇也是绿色的，[2]她描述道："接着，一条绿色的小蛇进入我的嘴里，我感觉它是那么娇小，无比可爱，仿

1 Cf. *Psychology and Alchemy*, par.436: "Visio Arislei".

2 "The Psychology of Dementia Praecox" (1936 edn., p.127).

佛有着人的灵慧，它似乎想要告诉我什么事情。它那个样子，就好像要吻我一样。”施皮尔莱茵的病人提到她幻想中的蛇时说道：“它是属于上帝的动物。它的身上绿色、蓝色和白色相间，简直美妙绝伦。那条响尾蛇是绿色的；它非常危险……蛇能拥有人的头脑，它能做出神性的裁断；它还是孩童的朋友。它能拯救那些需要保住此世生命的孩子。”[1]蛇作为一种再生工具的意义在这里是显明无误的。

678 对于Chi-wan-to-pel而言，马是他的兄弟，那么蛇就是他的姐妹（“我的小姐妹”）。骑手与他的马共同构成了一个类似于“马人”的共同体，[2]二者之间的关系恰如人和他的阴影的关系——较高的人与较低的人、自我意识与阴影、吉尔伽美什与恩奇都。男人内心的女性特质也是如此，这种属性作为他自身无意识中的女性一面而存在，我已将它命名为阿尼玛。我们发现，在精神病患者身上，阿尼玛经常以蛇的形式体现出来。绿色是生命的颜色，和人的阿尼玛十分相配；绿色也是造物圣神的颜色。我曾把阿尼玛定义为生命自身的原型。[3]在此，由于蛇的象征意义，我们又必须将阿尼玛视为具有“精神”的属性。这是一个明显的矛盾，其原因在于，当阿尼玛形象与其他的原型之间未加分化之时，她代表着整体的无意识。而经过进

---

1 Spielrein, p.366.

2 关于案例材料，见Gerhard Adler, *Studies*, Ch. V, “Consciousness and Cure”。

3 见我的“Archetypes of the Collective Unconscious”。

一步的分化，(智慧)老人的形象便独立于阿尼玛而显现为“精神”的原型。智慧老人之于阿尼玛，乃是后者“精神上”的父亲，就像沃旦之于布伦希尔德，或拜多斯(Bythos)之于索菲娅(Sophia)一样。我们可以在赖德·哈葛德(Rider Haggard)的小说中发现许多经典的例子。

679 Chi-wan-to-pel将那条蛇呼作“小姐妹”，这对于米勒小姐来说并不是一件无足轻重之事，因为Chi-wan-to-pel这位英雄乃是她的兄弟与所爱，她的“幽灵恋人”，她的阿尼姆斯。她自己则是给他带来死亡的生命之蛇。在英雄和他的马双双死去之后，那条绿蛇依然存在，它不是别的，正是作者本人的无意识心理；此时此刻，正如我们已经看到的，她也将遭遇和Chi-wan-to-pel同样的命运，也就是说，我们的作者即将被她自己的无意识压倒。

680 马与蛇或者公牛与蛇之间的冲突，象征着力比多自身的内部冲突，是一种同时向前又向后的趋力。[1]力比多似乎并不仅仅是一种不断向前运动的，无休止地追求着生活、进化和创造的欲力，就像叔本华在他的“宇宙意志”论中所设想的那样，而死亡则是一种外来的灾患或厄运；力比多和太阳一样，它的坠落也是出于其本身的意愿，这是它自身的退化。在生命的前半程，它全力地向上；而在生命的后半程，它便指向了另一个

1 布洛伊尔称之为“矛盾情绪”或“矛盾意向”，史德喀尔称之为“心灵现象的双极性”(*Die Sprache des Traumes*, pp.535f.)。

目标，起初是轻缓的，后来便更为明显地向下滑落。人在年轻时候，生命无穷的扩展欲望往往被掩盖在“拒绝长大”心态的层层遮蔽之下；同样，在生命的后半程，指向“另一个目标”的欲望也经常被固守原来生活形态的执着及徒劳的心态所掩盖。力比多本性中这种明显的矛盾，在维罗那考古博物馆藏的一尊普里阿波斯神像身上得到了生动的体现：这位生殖之神在偏头微笑，手指向一条正咬着他生殖器的蛇。

681 在鲁本斯（Rubens）的《最后的审判》这幅画中，我们也能找到类似的母题：画面前景中，一个人正在被一条大蛇所阉割。通过这一母题，阐明了世界末日的意义。[1]吞噬世界的大火，翻天覆地的大灾难，笼统地说就是想象中的世界末日，其实是一种原始意象的投射：那就是大转变，由生到死的对立转化，在鲁本斯的笔下表现为大蛇对人的阉割。这一令个体心理存在造就的现象世界土崩瓦解的激变意象，其来源是无意识，以梦境或朦胧的预感的形式向意识头脑显现。后者越是不愿听从其中的暗示，其中的象征符号就越是恐怖，以求获得足够的注意。蛇作为恐怖的象征物在人的梦境里起着十分重要的作用。由于蛇是有毒的动物，因此有蛇入梦往往是身体疾病的

1 蛇在神话中扮演的角色与世界末日类似。据说在沃鲁斯帕，当尘世巨蟒出现并带来巨大破坏的时候，洪水就会开始暴发。蛇的名字叫耶梦加得，其字面意思是“巨大的龙”。[Paul, *Grundriss der germanischen Philologie*.——英编注]毁灭世界的芬瑞斯狼同样也与海洋相联系。Fen源自弗丽嘉的住所芬撒里尔；它本来的意思就是“海洋”（Frobenius, *Zeitalter*, p.179）。小红帽的故事中，蛇或者鱼被狼所代替，因为它是典型的毁灭者。

一个早期征兆。然而，通常来说，梦中之蛇喻示着无意识的活跃或群集显现，并且伴随着一些生理上的症状——主要出现在腹部。对这一梦象的具体解读，总要依照不同患者的个别情况，相应地有所调整。在年轻人身上，它表示对生活的畏惧；在老年人身上，则是对死亡的畏惧。对于米勒小姐来说，绿蛇的致命含义在接下来发生的事件中显露无遗。不过，要说出无意识获得如此优势的真正原因，不是件容易的事。我们缺乏关于她个人身世的必要材料。我只能说，我在此类的病案当中，经常注意到一些共同的特点，包括异常狭隘的意识，出于疑惧而僵硬死板的态度，以及因童稚的天真或迂腐的偏见而受到局限的精神和情感。根据我们对米勒小姐的星点了解来判断，给她带来局限的恐怕多半是情感上的天真：她低估了自身潜在的可能性，过于轻松地跃入危险的深水区域，而进入那个区域，本该预先对阴影有一定的了解才行。对待这样的人，应当尽可能多地令其了解一些心理学知识。这样即使不能保护他们免于精神病发作，也可以使得此病的预后显得更有希望。这是我时常观察到的结果。在像这样的临界型病例中，对病人心理的真实理解往往具有生死攸关的重要意义。

682 在我们最初开始研究米勒小姐的幻想时，曾因剧中英雄的名字而引发了一段关于波波卡特佩尔（Popocatapetl）火山象征含义的讨论，说它象征着人身上的“创造性”部分；现在，当米勒小姐的幻想之剧即将落幕之际，我们再次有机会看到火山是如何在英雄的死亡过程中起到了协助作用，并且通过地震这种方式，使他最终消失于地腹深处。正如火山生下了这位英雄，并且为他赋名，它最后又将他吞回到自己体内。[1]从这位英雄死前最后的话中，我们得知他所渴望的爱人，那个唯一懂得他的女子，名叫“Ja-ni-wa-ma”。在这个名字的发音当中，我们听出了一种熟悉的咿呀之声，那是我们在海华沙的幼年时代时常听到的：哇哇（wawa），哇妈（wama），妈妈（mama）。在我们的生命中，那个唯一真正理解我们的人就是妈妈。“理解”这个词在德语中是verstehen（在古高地德语中为firstân），其中的ver-可能来自原始日耳曼语中的前缀fri-，这一前缀又等同于希腊语中的περί，意为“环绕、围绕”。古高地德语中的antfristôn（意为“解读”），据认为相当于firstân这个词。由此推知，verstehen的基础含义就是“围在某物四周”。[2]拉丁语中comprehendere和希腊语中κατασυλλαμβάνειν所表达的意象都和德语中的erfassen（“掌握、懂得”）相似。以上所有词语中共有的一个因素，是“包围、拥抱”的意念。毫无疑问，世界上

1 见荷尔德林在其诗歌《恩培多克勒》中的憧憬，也见查拉图斯特拉通过火山口的冥府之旅。我已经在别处（“On the Psychology of Occult Phenomena”, pars.140ff.; “Cryptomnesia”, 181ff.）指出尼采的这段文字是一种潜在记忆。死亡是一种重返母体。所以埃及法老孟卡拉将其女儿埋在镀金的木质母牛中，以作为重生的保证。母牛被放置在一间华丽的公寓中，并向他进贡。在毗邻的公寓中是法老的妾的画像。Herodotus, II, 129, in Selincourt trans., p.153.

2 Kluge, *Wörterbuch*.

没有什么人或物能比母亲更完全地拥抱我们。当一个神经症患者抱怨这个世界不理解他的时候，他要告诉我们的是，他想要他的母亲。这一思想在保尔·魏尔伦（Paul Verlaine）的诗歌《熟悉的梦》中，得到了美妙的表达：

我时常做一个梦，奇怪而悲切，
一个陌生的女人，我爱她，她也爱我，
每次见她，都隐约有所不同，
却分明不是别人，
正是她，那个爱我，懂我的人。
因她懂得我，我的心只为她变得透明，
唯独在她跟前，一切苦恼都消失无踪。
也唯有她，用她的泪水，
抚慰我苍白濡湿的前额。
她的头发是棕色、金黄还是火红？我说不清。
她的名字？只记得它是如此甜美、动听，
就像生活中消逝的亲人。
她的凝视，仿佛雕像的凝视，
她的声音，遥远，平静而冷峻，
如同那个已然远逝的亲爱的声音。[1]

1 *Poèmes saturniens* (1866).

九

后　记

683　米勒小姐的幻想就这样告终了。其结果之所以令人悲哀，主要因为它们是在无意识入侵的威胁已然分明可辨的关键时刻突然地中断。米勒小姐显然没有提供任何可理解自己幻象的真正意义的线索（即使是对价值观感觉敏锐的弗鲁尔努瓦对此亦无从解释）。我们实在无法假定，米勒小姐能够应付得了这样一个时期，也就是说，她能以正确的态度将这个英雄同化到她的意识人格之中。为此，她必须认清命运对自己的要求，了解那些突然闯入她意识当中的怪异形象意味着什么。显然，在她身上已经出现了某种程度的人格分裂，因为她的无意识已是独立先行，源源不断地推出大量的并非出于她的意识且令她备感奇特怪异的意象。在客观的观察者眼中，这些幻象显而易见是一种不受意识控制的心理能量的产物。对于这些渴望、冲动和象征性事件，人的意识完全无能为力，难以做出肯定或否定的应对。本能冲动试图把做梦者从童年的沉睡中唤醒，却遭到显然已经失序的个人自尊的对抗。同时，我们必须假定，与此相对应的狭隘的道德视野亦是一种阻碍力量。因此，没有任何东西能帮助她理解上述象征的心理含义。我们的文化早已忘记了如何象征地思考，就连神学家们也没有能力更进一步地对早期教父们的释经学加以运用。新教主义的心灵治疗更是处于一种危险的境地。当今时代，还有谁情愿费心由"一堆乱糟糟的病态幻想"当中去努力拼凑出基督教的基本观念？当医生们开始认真看待这些幻想产物并帮助患者了解其中的喻义时，对于身处上述境遇的患者来说，是一个积极的信号，是救命的福音。通过这种方式，患者有可能至少部分地吸收无意识，从而相应地部分修复危险的人格分裂。同时，上述吸收作用还可以帮助一个人抵御那种危险的孤立感，就是当人面对自身人格中令人费解的、非理性的侧面时所产生的孤立感。孤立感会带来恐慌，而太多时候，恐慌即精神病的肇始。一个人意识和无意识之间的裂隙越宽，致命的人格分裂就离他越近，这会在有神经质倾向的个体身上导致神经症，而在具有精神病体质的个体身上导致精神分裂症和人格断裂。故而，心理治疗的宗旨就是要通过将无意识倾向整合到意识头脑当中，从而缩小乃至最终弥合二者间的裂隙。通常情况下，来自医生的这种暗示性激励在患者方面是被无意识所认知的，或者如我们所说，是一种“本能”的领会，其精神内涵尽管未被察觉，但它却悄无声息地潜入患者精神生活的意识层面，多半是以经过伪装的形式，发生在他自己不知不觉的情况下。所有这一切传递都发生得水到渠成，毫无障碍，只要患者的意识里含有某些象征性的意念——“对于拥有象征符的人，通过是容易的”，炼金术士如是说。另一方面，假如分裂的倾向已然存在，或许是从年轻时候就开始的，那么无意识每前进一步，都只能拉大它与意识之间本已存在的裂隙。要想架起一道跨越这条裂隙的桥梁，通常都需要外来的帮助。假使先前我有机会为米勒小姐提供治疗，我会将我写在这本书里的一些内容告诉她，从而强化她的意识头脑，使之能够理解集体无意识的内容。如若没有这些“集体表征”(representationscol lectives)(即便是对于未开化的土著，他们也同样具有心理治疗价值)，人就不可能理解这些无意识创造物的原型联想意义。上述的尝试，如果单单从以个人人格为取向的心理学角度来进行还是远远不够的。任何一个有志于治疗严重分裂症的医者，必须对他准备治疗的解剖学和精神进化史有所了解。精神病医师必须具备解剖学、心理学、胚胎学及生物进化学的相关知识。在一定程度上，神经症患者心理上的分裂可以通过单纯的人格心理学疗法得以纠正，但这种方法并不能够解决移情问题，而后一问题在大多数病例中都会出现，并且其中总是潜藏着集体内容。

684 米勒小姐的情况属于典型的严重精神失常的前兆性的无

意识表现。它们的出现并不代表此种精神失常必定出现。正如我先前说过的，这要取决于意识头脑对它们的态度是正面的还是负面的，以及其他一些因素。米勒小姐的案例用在本书中非常恰当，因为我个人与这个案例毫无瓜葛，这样应可避免那种屡见不鲜的指责——说我为立论而“影响”了该患者。假如米勒小姐在她的自发幻想创作初露苗头之时便开始延医诊治，那么，打个比方说，Chi-wan-to-pel这出戏后半部分的情节发展就很可能是另外一种样子，其结局亦可能如我们所愿，不至于落到如此灾难性的下场。

685 至此，我们已经完成了预定的研讨工作。我们设定的任务目标是：审视一个具体的个体幻想的体系及其来源。在分析探讨的过程中所遇到的众多问题犹如拦路虎一般，令我们这一全景式的理解和参透其复杂性的努力不免有些流于浮泛。有人提出，由于某些工作假说未必具有永久的正确性，甚或存在谬误，因此不应将之公布于众，但我不赞同这种观点。当然，我已尽一己所能严防错误的出现，时刻警醒自己要充分意识到此类研究中处处潜伏的危险。因为在这个诡秘的领域中，一旦出现错误，其危害性将尤其巨大。它和其他行业不同，我们这些做医生的并不十分情愿被置于研究者的位置之上。我们无法自主选择要完成的任务，也不能自主划定研究探索的领域，因为患者们总是带着形形色色的、不可预见的问题到我们这里求诊，期望我们能药到病除、妙手回春，这不免令我们产生力不胜任之感。对我来说，促使我不断研究下去的最强大的动力永远来自我的临床实践，而这种力量包含在一个简简单单又无人能够忽视的问题之中：“你怎么能治好一种连你自己都不了解的病呢？”梦境、幻觉、幻想和妄想都是特定情况的表达。如果我不理解那些梦境，也不理解患者身处的境况，那么我的治疗又能有什么用处？我向来无意利用我的病人来证明自己的理论。在我看来，最重要的是全面透彻地理解病人的境况，其中自然包括其无意识的补偿活动，这要比证明自己的理论重要得多。在米勒小姐一案中也是如此。我已经尽我所能地尝试着理解她的境况，并把自己努力的结果作为一个实例写在这里，用以阐明一些问题的性质和范围……对于这些问题，任何一个有意从事心理治疗的医生都应加以科学的了解。身为这样的医生，需要的是一种关于心理的科学，而不是一套这方面的理论。我以为对科学的追求不在于孰是孰非的争吵，而在于努力扩充并加深人类的知识。谨以此书献给那些对科学抱着同样想法和感受的人。

图43. 古代浮雕

附　录

米勒的幻想

这篇文章译自《心理档案》(日内瓦版),V(1906),第36—51页的"无意识创造力想象实例"。它一共包含五页内容,其中由精神医师弗卢努瓦署名的"引言"在此没有转译。弗卢努瓦称米勒小姐的这份材料是一份"译稿",据此我们认为,米勒小姐最初是用英语写成她的这篇"回忆录"的,后被(弗卢努瓦或他人)翻译成了法语。弗卢努瓦把米勒小姐描述为一位"年轻的美国女子,曾经在本校(指日内瓦大学)进修过一个学期,现已回到美国,从事着一种非常高贵的事业,即记者兼演讲家"。不过,至今为止,我们始终没有发现米勒小姐"回忆录"的原稿。因此,无论是在本书中还是在1916年欣克尔翻译的英文版中,使用的都是经过两次转译的文本(只是,1916版的内容有删节,而本书则提供了全文)。由于荣格教授的研究是基于该材料的法文版本，因此，对于一些他认为具有特殊重要性的字句，我们在此都用法语标注在方括号中。与此相同，对于那些在弗卢努瓦此前公开的材料中未予译出的英文字句和段落，我们也用括号加以标注。——英编注

无意识创造性想象实例

作者：（纽约）弗兰克·米勒小姐

一、短暂暗示现象或瞬间自我暗示现象

这里我想说的是我在自己身上观察到的一种奇异现象，它以不同的形式发生。由于找不到更好的词来定义，所以我只好暂且把它叫作“短暂暗示现象或瞬间自我暗示现象”。其主要表现是：在某些短暂的时间内，大概只有几秒钟吧，其他人头脑中的印象或感觉会对我造成极其强烈的暗示效果，以至于我竟把它们当成了自己的印象或感觉，然而这种作用转瞬即逝，当事情过后，我能清楚地意识到那是一种错觉。以下是一些例子：

1. 鱼子酱是我酷爱的食品，但我们家的一些成员却很反感它的气味和味道。当我准备吃鱼子酱的时候，如果他们中的哪一位开始对这东西表现出厌恶，这种厌恶感就会立刻在我身上造成清楚的影响，在随后的一段时间里，鱼子酱的气味和味道都会令我反胃。不过，只消一分钟的时间，我就能努力令自己

驱散这种印象，重新发现鱼子酱的魅力。

2. 下面这个例子，是愉快体验的传递。我不喜欢某些品牌的香水，因为它们味道太冲，令我觉得刺鼻，以至于作呕反胃，极不舒服。然而，若是某位女士在我面前嗅着自己身上喷的古龙水，同时向我夸赞它那浓烈的香味，那一瞬间她的快感就会传达到我的头脑中，成为我的；不过，这种情形只能维持三至五秒钟，过了这段时间，得来的快感便消失得无影无踪，我原来对强烈气味的反感也恢复如初。我觉得，自己能够很轻易地驱散愉快体验的暗示，重拾自己内心对那种事物的真正的反感；但要驱散反感的暗示，恢复一种喜爱的感觉，则要困难得多。

3. 当我入迷地听别人讲故事或者自己阅读一个有趣的故事时，我常常产生一种幻觉，好像自己不是置身于故事之外，而是真的成了故事中的一员，这种感觉有时能持续一分钟之久。特别是在欣赏一些精彩的戏剧演出时[比如，莎拉·伯恩哈特(Sarah Bernhardt)，杜丝(Duse)或欧文(Ivring)的演出]，这种感觉便尤为明显。就拿莎拉·伯恩哈特主演的《大鼻子情圣》这部戏来说吧，当舞台上出现一些极其感人的场面，比如，当克里斯蒂安被杀时，莎拉·伯恩哈特扮演的女主角扑到他身上，试图堵住从伤口汩汩而出的鲜血——我就完全被幻觉攫住，以致自己胸口真的感到刺痛，就在克里斯蒂安被刺的相同位置。这种感觉有可能持续一分钟，也可能只有一秒钟。

4. 这种短暂的暗示有时会显得有些古怪，其中，想象力起着尤为突出的作用。比如，我非常享受海上的航行，上次的横渡大西洋之旅更是在我脑海中留下了无比生动的记忆。最近，有人向我出示了一幅美丽的风景照，上面是一艘蒸汽轮船航行在汪洋大海上；看到这张照片，我立刻陷入幻觉之中（这幻觉是那么美，又有超强的冲击力，令人难以抗拒），我真切地感到了轮船马达的震动，海浪的起伏和船体的摇晃。这种幻觉在我身上维持了恐怕连一秒钟都不到，但在那几乎难以察觉的短短瞬间，我仿佛再次置身于海上了。几天之后，当我再次看到那张照片时，同样的情形又发生了，只是感觉没有上一次那么清晰了。

5. 下面这个例子中所发生的，显然是创造性幻想的结果。一天，我在浴室里洗澡，准备淋浴的时候，我把毛巾裹在头上缠绕起来，以保护我的头发不被水打湿。那是一条很厚实的毛巾，缠绕之后在头顶形成一个圆锥形，我站到镜前，打算用别针把它固定牢靠。头上毛巾的圆锥形状，无疑使我想起了古埃及人的那种尖角形头饰；于是，在那一瞬间，我在意识中无比清晰地感到，自己正站在一个基座上，变成了一尊不折不扣的埃及雕像，连每个细节都分毫不差；四肢僵直，一脚在前，手持权杖……这种变身的幻觉真的是妙不可言。遗憾的是，我能感到它就像彩虹一般渐渐消散；而且，像行将消散的彩虹一样，它在完全化为乌有之前，又朦朦胧胧地重现了一次。

6. 再说另外一种奇特的现象。有位颇具名气的艺术家，很想为我发表的一些作品配上插图。但我在此方面有着自己的一套见解，一般而言是很难讨好的。虽然如此，我却成功地启发他画出了日内瓦湖等地的风景，而他是从来没到过那些地方的；他自己也常常表示，我能让他画出他从未见过的东西，感受到他从未感受过的氛围：也就是说，有能力把他当成我的工具来使用。

对于上面所讲的这些事，我并不怎么看重——因为它们是那么难以捕捉和模糊——我想，任何一个有点神经质又富于想象力、对外来影响极易产生共情反应的人，都会体验过类似的现象。我觉得，就其本身而言，它们似乎无关紧要，除非它们能帮助我们理解其他一些复杂的事情。我相信，在健康的人身上，这种易产生共情的（sympathetic[1]）、怜悯的心理特征，在创造此类“暗示”意象或印象的过程中起着重要的作用。现在的问题是，它可能不是那样，在适当的条件下，有一些事物会相当新异，完全不同于一个人已知的经验，也可以出现在他的心理范围内。有时这些内容犹如彩虹一般绚烂明丽，其来源和成因也和彩虹一样，纯粹出于天然，无丝毫人为造作。因为，这些奇异的经验片段（我指的是上述经验中的最后一种）与生活中的日常经验是如此不同，就像彩虹有别于蓝天一样。

1 ［弗卢努瓦出版的英译版。］

我在上面描述了在自己身上观察到的几种情形，意欲以此作为引子，以便在下文中进一步介绍两三种更为重要的意识体验。在我看来，这些体验应该可以或多或少地帮助我们了解更多人所经历的更加复杂、更加神秘的现象：这些人往往由于没有能力——或是不情愿——分析自己头脑中非常态的、下意识或无意识的活动，因而陷入迷乱境地。

二、"荣耀归于上帝"：一首梦中之诗

1. 你无法想象，冬季里乘船从敖德萨到热那亚的海上旅行会是多么地赏心悦目，沿途可以在君士坦丁堡、士麦那、雅典、西西里岛的几个港口及意大利西海岸上岸观光，时间虽短，那风光却叫人心荡神迷……除非是那种落俗到毫无美感的人，面对博斯普鲁斯海峡的壮美，有谁能不顿生景仰，遐思万千？面对雅典的古文明遗迹，又叫人怎能不抚思悠悠岁月，整个心魂与之共鸣？1918年时，我便有幸和家人一起享受了这样一次旅行，当时我只有20岁。

我们先是从纽约乘船渡海到斯德哥尔摩，之后又经圣彼得堡抵达敖德萨，这是一段漫长而艰苦的旅程；随后我们告别了城市，把那些喧嚣的街道、世俗的烦恼统统抛在身后，进入了波浪、天空和寂静的世界，我感到了一种真正的快乐[une véritqble volupté]……我常常一连几个小时待在甲板上，把身子瘫在躺椅上，做着白日梦。以前听闻的各个国家的历史、神

话和传说，在我脑海中混乱地重现，化为一片晶亮的薄雾；恍惚之中，真实的事物仿佛失去了其存在的真实性而变得缥缈，而虚幻的梦境和意志则成了唯一真实的现实。起初的一段时间，我甚至回避任何人的陪伴，只想一个人待着，沉迷于自己的幻想世界——在那个奇妙境界中，我从前见过、听过的那些真正伟大的、美好的东西全都再次浮现在我脑际，带着崭新的生机与活力。我每天还花很多的时间给久别的友人们写信，读书，或者在纸上胡乱涂抹些短诗，追忆我们到访过的地方。其中还有一些相当严肃的诗作。不过，当旅行临近结束时，船员们表现得格外热情友好[se montrèrent tout ce qu'il y a de plus empressés et aimables]，于是我也开始教他们英语，大家一起度过了许多愉快的时光。

船近西西里海岸，靠泊于卡塔尼亚港期间，我写成了一首海上歌谣，不过有点接近于一首以大海、美酒和爱情为主题的广为流传的歌（"Brine, wine and damsels fine"[1]）。一般说来，意大利人个个是天生的歌者；有一位船员，我听到他夜间在甲板上值更时唱起动听的歌，这给了我极深的影响，于是我忍不住想写点什么来配合他唱的曲调。

此后不久，我出了一点儿状况。不是有句老话说"见过那不勒斯死而无憾"吗？这句话差点儿应验在我身上——我们

1 [英文。]

的船停靠在那不勒斯的时候，我生了一场重病（只不过还不至于要命罢了）；后来，我的身体恢复了一些，能够上岸了，并乘着车子参观了该城的几处主要景点。我逛得疲惫不堪，而且我们还打算第二天去比萨游玩，所以我很快就回到船上，早早地上床就寝，睡前也没想什么，只想到这船上的船员们相貌英俊，可城里的意大利乞丐们却是那么丑陋不堪。

2. 从那不勒斯到莱戈恩要走一夜的水路，那一晚我睡得还算不错（我平素鲜有睡到深沉无梦的时候）。我是在下面所讲的这个梦快要结束时，被我母亲的声音叫醒的，也就是说，这个梦发生在我醒来之前的最后一刻。

一开始，一个句子出现在我朦胧的意识当中："当众晨星同声歌唱。"[1]如果打个比方说，这就有如一段前奏曲，引出了与此相关的神造万物、普天欢唱，颂赞响彻天宇的意念。然而，在梦境所特有的混乱与奇异的自相矛盾之中，这一切又同时伴随着纽约某顶尖乐团所演唱的清唱剧中的合唱，以及我本人对于弥尔顿《失乐园》的不甚清晰的记忆。随后，从这一片混响之中，渐渐有字词显现出来。又过了一会儿，字词们自动排列成行，形成了三段诗：那是我的字迹，写在一张带蓝格线的普通书写纸上，就是我随身常带的旧诗本子中的一页。简而言之，这些诗句在梦中写下的过程，似乎就和我醒来几分钟后，在现实里

1 ［英文。］

所做的毫无区别。

就在此刻，我听见母亲的声音在叫我："好啊，醒醒吧！你不能整天地呼呼大睡，还能看到比萨城吧！"我一下子就从铺上跳下来，嘴里叫着："别和我说话！一个字也别说！我刚才做了个平生最美的梦，一首真正的诗！我看见了，也听见了其中的每个字、每一节，甚至包括副歌部分。我的笔记本在哪儿？我必须马上把它记下来，趁我还没忘。"我母亲早已看惯了我在任何时间写东西，她不但欣然接受我的突发奇想，而且，当我尽可能快地组织语言，把梦中的情形讲给她听时，她还对这个梦深表赞赏呢。我花了好几分钟才找到我的笔记本和铅笔，还不小心被一件衣服绊了一跤；这些耽搁尽管短暂，却足以使我对梦中情景的即时回忆开始浅淡下来。因此，当我准备好记录时，印象中的字句已经变得不那么清晰了。不过，我还是轻易地想起了诗的第一节；写到第二节时就困难多了；而回想最后一节更是花费了我莫大的力气。在这过程中，我还免不了要分心想到自己这会儿的可笑样子：衣衫不整，躺在卧舱的上铺，忙乱潦草地涂写，而我妈妈还在一旁拿我打趣。正因如此，我最初记下的是个不完美的版本。接下来，我便把此事忘到了脑后，因为我还得在旅途中给大家充当导游呢。直到几个月后，这次漫长的旅行已告结束，当我在瑞士洛桑安顿下来，准备开始读书时，这个旧梦才又冒出来，重新萦绕住了安静独处的我。于是我又写下了梦中之诗的第二个版本，比上一版更准确，我是说，它更接近于我梦中诗的原样。我把这两个版本都写在下面，以供比较参考：

第一个版本[1]	**第二个版本（更准确）**
当上帝最初创造了声音，	当永生神第一次创造了声音
无数只耳朵随即产生	无数只耳朵随即产生，
一个巨大的声音	聆听那环绕着整个宇宙
回荡在整个宇宙：	回荡着的一个沉重而清澈的声音：
“荣耀归于上帝——声音之神！”	“所有的荣耀归于声音之神！”
当上帝最初赐予我们美（光），	当永生神第一次创造了光，
无数双眼睛随即开启，	无数双眼睛随即开启，
那聆听之耳与眺望之眼	聆听之耳与眺望之目啊
再次献上颂歌：	再次吟诵起一首强有力的赞美诗：
“荣耀归于上帝，美（光明）之神！”	所有的荣耀归于光之神。
当上帝第一次赐予我们爱，	当永生神第一次赐予我们爱，
无数颗心随之跳跃；	无数颗心迸发出生命。

1 ［两个版本都是英文的。］

听着美妙之音的耳朵，	耳听妙乐、目注明光
看着漂亮美景的双眼，	
和充满爱之歌的心儿，一起唱道：	大爱之心齐声唱响：
“荣耀归于上帝——爱之神！”	“一切荣耀归于我们的爱神！”

3. 我对灵学或反自然现象（我特意选用了这个词，以区别于“超自然现象”）从来不是内行。然而几个月后，我开始研究，试图找出可能引起这样一个梦的原因和必要条件。

最令我诧异的是，尽管《摩西五经》中记载，上帝创世的时候最先创造了光，我向来也深信这一点，但在我的梦中之诗里，却把光的创造放在了第二位。直到现在，我仍然觉得这似乎是一个无法解释的幻想。有意思的是，古希腊哲学家阿那克萨哥拉（Anaxagoras）也说过，宇宙从混沌中诞生，归于一股旋风的功劳——既是有旋风，通常就会发出风声。然而，当时我还没学过哲学，既不知道阿那克萨哥拉是何许人也，更不了解他关于奴斯（voῦs）的理论，竟然在无意识中按照他的观点构筑了梦中的思路。同样，我对莱布尼茨（Leibniz）及其“神在运算中创造世界”（dum Deus calculat fit mundus）的理论也是一无所知。不过，我们还是先看看我探讨这个梦可能的来源时所得到的发现吧。

首先是来自弥尔顿的《失乐园》这部作品的影响。我们家里藏有一部装订精美的版本，内有古斯塔夫·多雷绘制的插图，我从童年时代起就非常熟悉这本书。其次是《约伯记》的影响，打从我记事的时候起，家里人就时常为我大声朗诵其中的内容。现在，如果你把我诗中的首行拿来与《失乐园》开头的部分做个对照，你会发现二者的韵律完全一致（∪ — / ∪ — / ∪ — / ∪ — ）：

当永生神第一次造出声音，
才可能有了人类第一次反抗的声音……

另外，我的诗在总体思路上与《约伯记》当中的段落多少有些相似，还有一两处令人想起亨德尔（Handel）的清唱剧《创世记》[1]（出现在此梦开头的朦胧状态中）。

记得在我15岁的时候，母亲曾经给我读过一篇文章，令我十分兴奋。文章是关于“意念自动创造其对象”的，我听后几乎整整一宿没睡着觉，心里一直琢磨那里面说的究竟是什么意思——我在9岁到16岁之间，常去一个长老派教堂办的主日学校听课，那儿的神父是个极有修养的人，现在担任着一所知名学院的院长。在最初的关于他的童年记忆中，我看到还是个小姑娘的自己，坐在教堂的宽大长椅上，竭力抵御着瞌睡的侵袭，耳中听到他讲的“混沌”、“宇宙”、“爱的赠予”等，却不明白

1 ［可能指的是海顿的《创世记》。——卡尔·古斯塔夫·荣格］

那都是什么意思。

关于梦，我回想起自己15岁的时候，有一次准备迎接几何考试，直到上床睡觉前还有一道题没弄明白。睡到半夜，我突然醒来，在床上坐起身，嘴里念念有词地重复着刚刚在梦中发现的一个公式，随后又倒头睡着了。等到第二天清早起床时，那道题的解题思路在我头脑中变得一清二楚。还有一次，我怎么也想不起一个拉丁文单词，后来也和上面说的一样，在睡梦中找到了答案。另外，有很多次，我梦到远方的朋友们给我写了信，结果我一觉醒来，他们的信果然到了。其实这种事件并不难理解：我喜欢在睡觉时估算他们大概会在什么时间写信给我，而在梦中，“对来信的期待”被“信已寄到”的想法所置换了。我之所以得出这个结论，是依据以下事实：有几次我在梦中梦到我收到了信，醒后却没有真的收到来信。

总结前文，当我认真思索前面所讲的一切，并考虑到自己在那段时间里曾经创作了多首诗歌的情况，我觉得那个梦似乎并没有当初想的那么不同寻常。它似乎只是我头脑中关于《失乐园》《约伯记》《创世记》等作品的印象，加上“意念自动创造其对象”“爱的礼物”“混沌”“宇宙”等概念糅合作用的结果。正如万花筒中的彩色碎玻璃片能组成漂亮而稀奇的图案一样，在我看来，自己头脑中关于哲学、美学、宗教等各个方面的片段印象也会融合起来（在旅行和走马灯般游历的各国景象的刺激之下，再加上大海的空阔寂寥和难以捉摸的魅力），这一切作用于我的心灵，就产生了这个美丽的梦。仅此而已，别无他况。[Ce ne fut que cela et rien de plus.]（"Only this and nothing more!"）[1]

三、"飞蛾逐日"：一首创作于入睡前（半睡半醒间）的诗作

即将离开日内瓦奔赴巴黎的前一天，我感到疲惫至极。那天我跑到萨雷布山去远足，回来时发现有份电报在等着我，要求我立即收拾行李，安排好手头所有的事情，在两小时内起程。在火车上，由于疲劳过度，我几乎连一小时都没睡上。女士包厢里热得可怕。快到四点钟的时候，我从枕着的提包上抬起头，坐起身来，伸了伸肿胀的手脚。这时我看见一只小小的蝶，或者说是飞蛾吧，忽闪着翅膀，在追逐着从窗帘后的玻璃嵌板中透进的光亮——随着车身的摇晃，那光也在不停地晃动着。我又躺下，努力让自己再睡一会儿，而且几乎成功了；也就是说，我觉得自己已经渐渐入眠，但还没有完全失去自我意识。就在此时，下面这首诗忽然出现在我脑际，任凭我怎么驱赶，它就是顽固地不肯离去。于是，我拿起一支铅笔，直接把它抄下来：

---

1 ［引自英文。］

飞蛾扑火[1]

我渴盼你——当我第一次爬进意识，
当我睡在茧中，我的梦里全是你。
我的无数同类，只要寻到来自你的一星光亮，
便舍命飞扑，至死不渝，
再有一个多小时，我卑微的生命即将消逝；
我还有最后一次的努力，作为我首要的愿望，不过将是
接近你的荣光：在那一刻，赢得你销魂的一瞥，
我将死得心满意足；
因为我曾经看到了他完美的辉煌
——那是美丽、温暖与生命的源头。

这首小诗给了我深刻的影响。起初，我对此找不到一个足够清晰和直接的解释。但几天之后，我再次捧起了前一年冬天在柏林时读过并且令我感到极度愉悦的一篇文章，我把它大声读给我的一个朋友听，结果遇到了下面的这段话："人

1 ［标题和诗歌是英文。］米勒小姐向我展示了她的手稿，由于火车的晃动，字迹有些潦草。手稿里面有一两处修改，或细节的调整，其余内容也同样是笔记，这些修改是在这些内容写完后，她读第一遍之后就做出的。唯一值得注意的是第一行，它最初是："当意识第一次觉醒时，我渴望你。"最后三个单词（consciousness first woke）被大笔修改了，并且直接引到页尾处，在那里写着："最初我爬向意识的时候"。——T.F.

对上帝的渴望，正如飞蛾对星光的渴望一样充满激情……”一直以来，我已经把这些文字忘得干干净净。但是，显然正是它们的影子趁我入眠之时潜入了我的大脑，再次显现在那首诗中。除此之外，我在几年前还看过一出名为《飞蛾与火》(*The Moth and the Flame*)[1]的话剧，回想起来，它也很可能是我那首诗的灵感来源。您看，飞蛾这个词曾经多么频繁地给我留下印象！还要补充的是，那年春天，我读过一本拜伦诗集，我非常喜欢那些诗，经常沉浸其中。更值得注意的是，我那首诗最

---

1 ［这是美国剧作家克莱德·费齐于1898年4月11日创作的喜剧。下面关于其情节的梗概(来自*New York Dramatic Mirror* 1898年4月16日的一篇评论)完整地呈现在这里，因其女主人公的性格及其问题的有趣的相关性。

“以飞蛾和火焰出现在沃顿夫妇在其纽约的家里为孩子们举办的派对上为开场。”他们的女儿马里昂，拒绝了道格拉斯·罗兹的求爱而与内德·弗莱彻订婚，后者的名声有些不好，而她希望他能有所改进。孩子们的派对进行到最高潮的时候，枝形吊灯“嘭”的一声掉下来，宣示了房主的自杀。由于深知弗莱彻是个骗子，而且担忧因马里昂与其结婚而必将给家族带来耻辱，沃顿先生自尽了。然而宾客们并不知此，欢乐继续。发现这一可怕的事之后，马里昂步履蹒跚地进入房间，倒在了母亲怀里，抽泣着向她道出此事，而对此一无所知的一堆狂欢者们依然在为这位心碎的女士高歌畅舞。这个家庭面临可怕灾难的威胁，然而弗莱彻此人，作为马里昂的未婚夫，宣称其无意参与沃顿家族的事务。

“第二场场景在圣休伯特教堂，弗莱彻和马里昂的婚礼在这里举行，沃顿夫人邀请宾朋参与此盛事。婚礼被一位女性粗暴地打断了，她要求弗莱彻娶她，并给她的孩子冠以他的姓。弗莱彻否认了女人的故事，而马里昂相信他。但是闯入者坚持自己的说法，并走上圣坛。之后弗莱彻用力将她打了下去。马里昂吓坏了，哭叫道‘懦夫！’，并将花束扔到脚下，跑出了教堂。

“最后一场，弗莱彻要尽伎俩恐吓马里昂嫁给他，他告诉马里昂，她父亲(的自杀)损害了其受尊敬的社会地位，而他(弗莱彻)的金钱保持了沃顿家族在世人眼中的荣耀。但是她拒绝了他，并意属依然痴心的罗兹。而弗莱彻幡然悔悟，发誓要迎娶那位他所弃如敝屣的女人，然后全剧终。”——英编注］

后两行(因为我已经……)的韵律和以下两句拜伦的诗极其相似:

> 现在就让我死去吧,因为我已经生活在信仰中,
> 哪怕宇宙崩塌我也不会颤抖!

我想可能是由于反复阅读,使得这本书在我头脑中打下了烙印,从而在意念和韵律两方面给予我启发,形成了上面那首诗的灵感。

我把这首半睡半醒状态下得来的诗和那些完全清醒状态下写成的诗,以及前面那首深睡眠状态下得来的诗加以比较,感到这三种类型似乎构成了一个完美的自然序列。半睡半醒的中间状态,在清醒和熟睡这两个极端之间形成简单而自如的过渡,这排除了人们可能有的关于"超自然"力量参与我梦中创作的猜测。

四、"CHI-WAN-TO-PEL":半梦半醒之间的戏剧

我对蒙眬之境的现象,或者说大脑在半睡半醒状态下的创作,抱有特殊的兴趣。而且我相信,对此进行精细而明辨的考察,将会大大地有助于我们揭示所谓的"灵魂"之谜,驱除相关的迷信思想。正是出于以上想法,我才把自己的这份观察记录寄给您,我知道,这些记录如果不是我交给您,而是落入某些不

那么精确地注重真实，或对粉饰、夸大事实的倾向不那么严加防范的人手里，极有可能生成某种荒诞不经的虚构故事，比灵媒们的胡说八道更不着边际。下面这份观察记录，是我根据自己从半梦半醒状态中醒转之后马上做的笔记整理出来的，我的原则是尽可能地保持记录的原生真实状态，而把自己事后的评论和解释另成一节附于其后，并在原文相应的地方用括号加大写字母作为标注，以免混淆。

1902年3月17日观察记录　午夜12点半

第一阶段：对我来说，那天晚上充满了麻烦和焦虑，直到11点半左右才就寝。尽管已经很疲惫了，但我心里仍然无法安静，躺在床上辗转反侧，无法入睡，心灵的天线仿佛处于接收状态。屋里一片漆黑。我闭着眼睛，觉得有什么事情即将发生，我等待着。随后，忽觉一阵强大的松弛感流过全身，我没有动，保持着几乎完全的被动状态。接着，我眼前闪过一束束线条、火花和螺旋形的火苗，这都是神经紧张和视力疲劳的症候；在这之后，最近发生的一些小事的零碎片段如万花筒般一一闪现。此时我有一种感觉，仿佛有什么东西正要传达到我的头脑中。我心里好像有个声音在一遍遍地重复着："请讲吧，我的神，您的仆人在聆听——请您打开我的耳朵。"在我的视野中，忽然出现斯芬克斯的头，衬着埃及的背景，只一会儿就消失不见了。就在此时，我父母叫我，我立即回应，没有半点儿迟疑——这可以证明我并没有睡着。

第二阶段：突然间，一个阿兹特克幽灵出现在我眼前，每个细节都丝毫不差；只见他两手箕张，手指粗大，头侧向一边，戴着甲胄，头上是富有美洲印第安特色的羽饰。其总体形象有点儿像墨西哥纪念碑上的雕刻。[1]一点一点地，“Chi-wan-to-pel”这个名字自动地在我头脑中显现出来，我觉得它就属于刚刚显现的那个人物，秘鲁印加人的儿子。一棵奇异的、树干虬结的针叶树；一艘大三角帆船行驶在海湾的紫色水面上；一座兀立的危崖。一片嗡嗡嚷嚷混杂的声音，说的仿佛是“wa-ma, wa-ma”。

（一段空白）场景转换，一片森林出现了，林木参差不齐，葳蕤茂盛。主人公Chi-wan-to-pel身上裹着一袭红、蓝、白交织的，颜色鲜亮的毛毯，一路骑着马从南方赶来。一个身着鹿皮、用珠子和羽毛将自己装扮起来的印第安人，正偷偷地匍匐前行，准备向Chi-wan-to-pel射上一箭。就在此刻，Chi-wan-to-pel却以一副傲然无惧的姿态，挺胸直面他的偷袭。那印第安人震慑于眼前的一幕，于是悄然溜走，消失在密林深处。Chi-wan-to-pel来到一个小丘顶上，下马，带着缰绳放马儿在附近吃草。他本人则用英语发表了以下的一番独白：[2]“我来自那些大陆脊梁的尖端，来自那最遥远的洼地。自从我离开父亲的宫

1 ［见p.461。］

2 ［但是此处弗卢努瓦用法语写出。］

殿，便四处游荡，经历了一百个月圆月缺，不断地追寻我的一个疯狂的欲望：就是要找到那个“懂我的她”。我曾尝试用很多珠宝诱惑了许多美女，试图用热吻诱出她们心中的秘密，用大胆的举动赢得她们的赞赏。（他一一列举了那些他已熟知的女人。）Chi-ta，我同族的公主……一个傻瓜，像只孔雀般虚荣，脑袋里除了饰品和香水一点点思想也没有。Ta-nan，那个乡下的女孩儿……呸！简直就是一头十足的母猪。除了长着一个胸脯和肚腹，满脑子想的就是寻欢作乐，其他什么都不想。还有Ki-ma，那个女祭司，纯粹就是一只鹦鹉，只知重复那些从神父那里学来的空洞乏味的词语，一点理解力和真诚都没有！疑神疑鬼、矫揉造作、极度虚伪！……唉！怎么就没有一个女人能理解我呢？怎么就没有一个女人能像我，可与我成为灵魂沟通上的姐妹呢？在她们所有人当中，没有一个了解我的心灵，没有一个能读懂我的思想—差得太远！她们当中，没有谁能陪我一道去找寻那闪光的顶点，无人能与我一起去品味那超越人类的“爱”字！

（一段空白）他悲哀地喊道：“在这茫茫世间，竟然都找不到一个知心人！我找遍了一百个部落，经历过一百次月圆月缺，难道我永远都找不到一个能读懂我灵魂的人？——能，凭着全能的神发誓，我能！——然而，还要经过一万个月缺月圆，才能等到她纯洁的灵魂诞生。她的父母，必定要从另外一个世界降临。她的肤色如雪，发如浅金。在母腹之中她就体会到悲伤。

她的一生总有苦难相随。她也像我，永远在寻寻觅觅——却找不到一个相知的心灵。她身后跟着无数追求者，但他们当中没有一个懂得她的心。时时有诱惑袭击她的灵魂，但她却不肯屈服……我将出现在她的梦里，而她将会理解。我的身体保持着纯洁无瑕，走过一万个月缺月圆，终于等到她的时代；而她呀，她迟到了整整一万个月缺月圆。但她将会理解！只有经历一万个月缺月圆，才能诞生一个像她这样的灵魂！"

（一段空白）树丛中蹿出一条绿色的毒蛇，游弋到他跟前，在他胳膊上咬了一口；随后，又咬了他的马。马儿立刻倒地而死。Chi-wan-to-pel对马儿说道："永别了，我忠实的兄弟！你安歇吧！我向来爱你，你也曾出色地为我效力。永别了，我很快就来陪你！"我转头对蛇说道："谢谢你，小姐妹，有你帮忙，我才结束了这长久的流浪！"接着，他发出痛苦的叫声，大声祈求上天："全能的上帝，快带我走吧！我一生都在寻求你，遵守你的诫命。啊，求你别让我的躯体遭到朽坏，成为秃鹫啄食的腐肉！"远方出现了一座冒着烟的火山，伴随着地震的隆隆声，紧接着，便是山崩地裂。Chi-wan-to-pel的身体被开裂的大地吞没，口中极度痛苦地喊道："啊，她会懂的！Ja-ni-wa-ma，ja-ni-wa-ma，唯有你才懂得我！"

评论与注释

我想，您也会同意，这部半睡半醒的幻想之作颇值得注意。

若论情节的完整和形式的独特，它当然没有欠缺；我们甚至可以说，它在不同主题的糅合方面有着些许独到之处。我们甚至还可以把它改编成一出独幕情节剧。倘若我本人倾向于夸大此类创作的意义，又辨识不出这千变万化的幻影中包含的许多熟悉的成分，我很有可能任由自己像那些灵媒一样，把Chi-wan-to-pel当成自己的“主控灵”和精神引路人。当然，我无须向您解释，我是从来不搞那些活动的。那么，就让我们探询一下上面记录的这一小段幻想内容可能的来源吧。

首先，关于Chi-wan-to-pel这个名字：有一天，在完全清醒的状态下，我头脑中突然跳出了A-ha-ma-ra-ma这么一个词，周围环绕着亚述式的装饰花纹。我感到莫名其妙，只好拿它与我已知的其他名字对照，如亚哈随鲁（Ahasuerus）、亚苏拉巴马（Asurabama，楔形文字泥板的制造者），试图发现这个词是打哪儿来的。这里我要做的也一样，比较Chi-wan-to-pel和Po-po-cat-a-pel这两个词[1]（后者是位于中美洲的一座火山的名字，上学时老师曾经教过我们这个词的发音），它们的结构真是惊人的相似。

我还注意到，此前一天，我曾收到一封那不勒斯来信，信封上印有冒烟的维苏威火山远眺图［K］。在我的孩提时代，我曾经对阿兹特克遗迹、秘鲁和印加历史特别感兴趣［A和B］。

1 ［原文。常指波波卡特佩特火山；事实上它在中墨西哥。］

不久前，我还参观过一个令人着迷的印第安文化展，他们的服饰装束后来都在我的梦中找到了合适的位置[D]。莎士比亚剧中的名段，[1]就是卡修斯向布鲁特斯袒胸求死的那一幕，可以轻易解释为我梦中同样情节[E]的出处；而情节[F]则让我想起佛祖释迦牟尼离开他父亲的宫殿出走，或是塞缪尔·约翰逊（Samuel Johnson）笔下阿比西尼亚（Abyssinia）王子拉塞拉斯（Rasselas）的故事。此外，这出短剧里还有许多地方令人联想到朗费罗的印第安史诗《海华沙之歌》，比如，Chi-wan-to-pel的独白中有好几段在韵律上就无意识地模仿了这首史诗。还有他寻找和自己[G]一样的人的那种炽烈渴望，与经瓦格纳天才演绎的齐格弗里德对布伦希尔德的情感又是何其相似！最后[I]，我最近听了费力克斯·阿德勒（Felix Adler）的一场演说，题为《神圣不可侵犯的人格》（*The Lnviolable Personality*[2]）。

纽约所特有的亢奋生活，常常在一天内给人的头脑留下由上千种不同因素糅杂而成的总体印象。音乐会、报告会、书籍、评论、戏剧表演等，这一切足以使你头晕目眩。有人说，任何进入你大脑的东西都不会完全被忘掉；只消有合适的契机，某些意念的关联或是遇到某种情景的巧合，就足以勾起哪怕是最最

1 *Julius Caesar*，第四幕，第三场。

2 ［原文。英文。］

浅淡的一个印象。这一点似乎在许多实际例子中得到了印证。比如在这儿，梦中之城[C]的诸般细节都是我近来读到的一份评论封面画的翻版，可以说分毫不差。所以，这整件事情很可能不过是以下列举的这些因素在我梦境中拼出的一幅“马赛克”画面：

A. 阿兹特克遗迹和秘鲁印加文明的历史；

B. 秘鲁的皮萨罗；

C. 我近来在各种杂志上看到的版画绘画作品；

D. 印第安文化展，其中的印第安服饰等；

E. 记忆中莎士比亚剧作《裘利斯·恺撒》中的一段；

F. 释迦牟尼离家出走和拉塞拉斯离家出走的故事；

G. 和 H. 齐格弗里德对布伦希乐德的苦恋；

I. 关于《神圣不可侵犯的人格》那场演说的回忆；

J. 从信封上看到的维苏威火山风光。

现在，如果我再补充一点，就是在那之前的好几天，我一直在苦思冥想，寻找一份“创意”。那么您就可以毫无困难地看出，这幅梦中的“马赛克拼图”或许正是我繁忙生活中必然获得的纷繁印象，只是采用了这样一种离奇的梦的形式。当时已临近午夜时分，也许是我身体上的疲惫和精神上的烦扰在某种程度上干扰和扭曲了我的思维流动，不得而知。

另外，我担心自己对精确性的追求可能令我的观察报告带有过分个人化的色彩。然而我希望（也算是一种自我辩解吧）这些材料能帮助其他人解脱头脑中类似的负担，为澄清那些通常由灵媒和巫师来展示的复杂精神现象尽自己的一份微薄之力。

译名对照表

Anna Catherina Emmerich　安娜·卡特琳娜·埃梅里希
Acts of Thomas《多默行传》
Adalbert Kuhn　阿达尔贝特·库恩
Adonis　阿多尼斯
Aegina　爱琴纳岛
Agni　阿耆尼
Ahriman　阿里曼
Ahura　阿乎拉
Aidoneus　埃多纽斯
Aion　伊雍
Aitareya Upanishad《他氏奥义书》
Amrita　甘露
Angramainyu　安格拉曼尤
anima　阿尼玛
animus　阿尼姆斯
animus-figure　阿尼姆斯形象
Antaeus　安泰俄斯
Anton Unternahrer　安东·温特纳海尔
anubis　阿努比斯
Aphrodite　阿芙洛狄忒
Apophis　阿波斐斯
Areopagus　雅典战神山
Ariantes　阿瑞安提斯
Asclepieia　医神庙
Athene　雅典娜
Atman　阿特曼
Avesta《波斯古经》
Azhi　阿豸
Aziz　阿齐兹

Baal　巴尔
Bacchus　巴库斯
Bertschinger　伯奇格尔
Biblia parperum《平民圣经》
Bodhisattva　菩萨
Bologna　博洛尼亚
Brahmana《梵书》
Brimo　布里真
Bundahish《班达希经》
bundle of instincts　本能丛集

Cacodaimon　卡柯狄蒙
Carolingian Utrecht Psalter　《乌特勒支诗篇》
Carus　加鲁斯
catechism　《教义问答书》
Cerberus　刻耳柏洛斯
Charon　卡戎
Chimera　奇美拉
Chuang-tzu　《庄子》
Cicero　西塞罗
collective representations　集体表象
complex　情结
concretism　具体主义
cross-cousin-marriage　交表婚
Crotopos　克罗托珀斯

Delphi　德尔斐
Deucalion　丢卡利翁
Diogenes　第欧根尼
Dionysius the Areopagite　丢尼修
Dionysus　狄俄尼索斯
Dionysus Lysius　狄俄尼索斯-利西乌斯

E.T.A.Hoffmann　霍夫曼
Eabani　厄巴尼
economy of the libido　力比多经济
Edessa　伊得萨
ego　自我
Eilithyia　伊莉西娅
endogamous　族内婚
engourdissement　木僵状态
Enkidu　恩奇都
Ephraem the Syrian　厄弗莱姆
Epimetheus　厄毗米修斯
Eros　厄洛斯
Erotes　厄洛忒斯
Erythia　厄律提亚岛

Farnese　法纳斯
Faust　《浮士德》
feminine spirit　女性化之灵
Freud　弗洛伊德

Gaia　盖亚
Galatians　《加拉太书》
Galileo　伽利略
Gibil　吉比尔
Gilgamesh　吉尔伽美什
god Shiva　湿婆神
Golgotha　各各他
Gorgon　戈耳贡三姐妹

Hansel and Gretel　《糖果屋》
Hanuman　哈努曼
Hecate　赫卡忒
Hector　赫克托尔
Heimarmene　海玛门尼
Hephaestus　赫菲斯托斯
Hera　赫拉
Hercules　海格力斯
hermaphrodite　雌雄同体
Hermes　赫尔墨斯
Herodotus　希罗多德

Hesiod　赫西奥德
hieros gamos　圣婚
Holderlin　荷尔德林
homoousian　梵我如一
Hovamol Edda《豪瓦毛尔·埃达》
Hyperion's Song of Fate《许贝利翁的命运之歌》

I Ching《易经》
incest　乱伦情结
incest-taboo　乱伦禁忌
incest prohibition　乱伦阻障
individuation process　自性化过程
Indra　因陀罗
introversion　内倾

Jagaddeva　佳噶提婆
Janaka　阇那迦
Janet　让内
Julius Caesar《裘利斯·恺撒》
Jupiter Anxurus　朱庇特
Jusas　朱萨斯

Kaineus　开纽斯
Kama　伽摩
Kartha Upanishad《诃萨奥义书》
Klagenfurt　克拉根福
Kombili　昆比利

lacus Curtius　库尔提乌斯之池
Lapithae　拉庇泰人
libidinal affluxes　力比多流
Lindus　林多斯
Linus　莱诺斯
Logos　逻各斯
Lombroso　龙勃罗梭
Lovatelli urn　洛瓦台利之瓮

Maeterlinck　梅特林克
mana personality　超自然人格
Mani　摩尼
Marsyas　玛尔叙阿斯
Matarisvan　摩多利首
Mater Natura　自然母亲
Matuta　玛图塔
Maurice　莫里斯
Melampus　墨兰普斯
Mime　迷魅
Mithras　密特拉神
Monimos　牟尼摩斯
month of Boedromion　波得罗密翁月
mother complex　母亲情结
Mother Earth　大地母亲
Mothetr Holle　女神霍勒大妈
Mount Cithaeron　基泰戎山
Mudjekeewis　麦基凯威斯
Mysteries of Saint John and the Holy Virgin《圣约翰和圣母经》

Namaqua Hottentots　纳马瓜·霍腾托茨
Naunet　纳乌奈特
Nemeanlion　涅墨亚狮子
neurosis　神经症

Nicaea 尼西亚
Nodfyr 驱祟篝火
numen 努曼
Nun Amon 修女阿蒙神

Ogygian 俄古革斯
On-Heliopolis 昂–赫利奥波利斯
Orthrus 双头尤
Ostia 奥斯替亚
Ovid 奥维德

Pallas Athene 帕拉斯·雅典娜
Pan 潘神
Pannonian 潘诺尼亚
Papremis 帕普雷米斯
participation mystique 神秘参与
Patmos 帕特莫斯岛
Paul Verlaine 保尔·魏尔伦
Pegasus 帕伽索斯
Peirithous 庇里托俄斯
Pelasgians 佩拉斯吉人
Philoctetes 菲洛克忒忒斯
Phrygia 弗里吉亚
Pindar 品达
Pirkê de Rabbi Elieser 《拉比·以利亚沙文萃》
Plotinus 普罗提诺
Plutarch 普鲁塔克
Pluto 普鲁托
Poseidon 波塞冬
Pramantha 普拉曼萨
Primal Experience 原始经验
prima materia 原初物质
Proclus 普罗克洛斯
Procrustean bed 普洛克路斯忒斯之床
Prometheus 普罗米修斯
psychic energy 心理能量
psychic localization 心灵局限
psychologem 心理结构
Psychology and Alchemy 《心理学与炼金术》
Purana 《宇宙古史》
pururavas 补噜罗婆
Purusha 普鲁沙
Pyrrha 皮拉

Ra 埃及大神拉
Rama 罗摩
Ramayana 《罗摩衍那》
Recherches sur la culte de Vénus 《维纳斯崇拜研究》
regressions 心理退行
Renan 雷纳
representationscol lectives 集体表征
Revelation 《启示录》
Rig-Veda 《梨俱吠陀》
Rosirucian 炼金术士
Rudra 鲁陀罗

sacrilegious backward grasp 亵渎神明的反向控制
Sallust 萨卢斯特
Samson 参孙
Schmid 施密德

Schopenhauer　叔本华
Scylla　斯库拉
self　自性
shadow　阴影
Shvetashvatara Upanishad《白识净者奥义书》
Sita　悉多
Socreates　苏格拉底
Sol　太阳神索尔
sphinx　斯芬克斯
spiritus rector　精神领袖
St. Augustine　圣奥古斯丁
St. Sebastian　圣塞巴斯蒂安
Stoics　斯多噶学派
Symposium　会饮篇

Tages　塔吉斯
Tartarus　塔尔塔洛斯
Thebes　底比斯
the Mothers　玄牝
The One　太一
The Primal Will　原初意志
Theseus　忒修斯
The Stage of Life《论人生阶段》
the Terrible Mother　恐怖母亲
the wise old man　智慧老人
Timaeus《蒂迈欧篇》
Tvashtri　陀湿多

Uranos　乌拉诺斯
Urvara　沃尔瓦拉
Urvasi　黎明女神；优喱婆湿

Valentinian　瓦伦提尼安
Vedas《吠陀经》
von Hartmann　冯·哈特曼

Weber　韦伯

Yahweh　耶和华
Yajñavalkya　耶若婆劫
Yama　阎罗王
Yggdrasill　世界之树

Zagreus　札格列欧斯
Zeus　宙斯
Zosimos　佐西莫斯